焊接结构疲劳分析

HANJIE JIEGOU PILAO FENXI

第2版

■ 张彦华 编著

化学工业出版社

· 北京 ·

内容简介

本书较系统地介绍了焊接结构的疲劳强度及分析方法。全书共分6章，分别介绍了材料的疲劳性能、焊接接头的疲劳强度、焊接结构的疲劳强度分析方法、焊接结构疲劳裂纹扩展断裂力学分析、焊接结构疲劳强度的随机分析和焊接结构的抗疲劳设计与控制。

本书适合焊接结构设计分析的工程技术人员和科研人员使用，也可供相关专业的本科生和研究生参考。

图书在版编目（CIP）数据

焊接结构疲劳分析/张彦华编著．—2版．—北京：
化学工业出版社，2024.8

ISBN 978-7-122-45678-6

Ⅰ．①焊… Ⅱ．①张… Ⅲ．①焊接结构-疲劳强度-
分析 Ⅳ．①TG403

中国国家版本馆 CIP 数据核字（2024）第 099057 号

责任编辑：周　红
责任校对：边　涛 　　　　　　　　　　装帧设计：张　辉

出版发行：化学工业出版社（北京市东城区青年湖南街13号　邮政编码100011）
印　　装：河北延风印务有限公司
787mm×1092mm　1/16　印张16　字数381千字　2024年9月北京第2版第1次印刷

购书咨询：010-64518888 　　　　　　　　售后服务：010-64518899
网　　址：http://www.cip.com.cn
凡购买本书，如有缺损质量问题，本社销售中心负责调换。

定　　价：128.00元 　　　　　　　　　　　版权所有　违者必究

第 2 版前言

焊接结构耐久性的关键要素之一是焊接接头的疲劳强度。焊接接头的疲劳强度不仅仅取决于单一的焊缝质量，还受控于整体结构的约束、焊接方法和参数、材料性能匹配、焊接缺陷、焊接残余应力、环境条件等多方面因素的综合作用。随着新材料、新工艺和新结构的应用以及极端工作环境的作用，对焊接接头疲劳强度提出了更高的要求。因此，加强焊接结构疲劳强度研究对于保证结构完整性具有重要意义。

近年来，工程结构的疲劳寿命分析与健康管理技术在结构完整性监控方面受到高度重视。疲劳寿命分析的关键是将构件承受的应力-应变循环转化为寿命消耗，进而对结构件剩余使用寿命进行预测，需要考虑持久/蠕变、疲劳、材料劣化等损伤所导致的结构件性能衰减。基于失效物理模型和数据驱动的焊接结构剩余使用寿命预测需要采用断裂力学分析方法，建立综合时域应力模型，依据损伤容限评估结构件寿命。焊接结构疲劳分析方法是焊接结构剩余寿命预测的基础。

焊接结构的疲劳破坏往往起源于焊接接头的应力集中区，因此，焊接结构的疲劳实际上是焊接接头细节部位的疲劳。焊接接头的疲劳裂纹萌生取决于焊趾或焊根等应力集中区的局部缺口应力应变状态，疲劳裂纹扩展受控于裂纹（包括缺口效应在内）的局部应力强度因子。因此，焊接结构和焊接接头的疲劳问题需要从不同的层次进行分析，不同层次疲劳分析方法之间相互补充，以满足不同工况的要求。

本书第 2 版根据焊接结构疲劳强度以及相关研究的发展，对第 1 版的内容进行了适当的修订。书中内容不妥之处，敬请读者多赐意见。

编著者

第1版前言

　　疲劳断裂是焊接结构失效的一种主要形式。研究焊接结构的疲劳行为及影响因素，是焊接结构或构件疲劳强度设计的基础。焊接结构的疲劳破坏往往起源于焊接接头的应力集中区，因此，焊接结构的疲劳实际上是焊接接头细节部位的疲劳。焊接接头中通常存在的焊接缺陷、焊接残余应力，都会使焊接结构更易产生疲劳裂纹，从而导致疲劳断裂。焊接接头的力学不均匀性也会对焊接结构的疲劳性能产生重要影响。

　　研究表明，在焊接结构疲劳损伤中，焊接接头局部最大应力起着主导作用，焊趾或焊根等应力集中区产生的缺口效应对焊接结构的疲劳强度有较大影响。工程设计中可精确计算焊接构件的名义应力，由于焊接工艺条件所引起的接头缺口效应在设计阶段往往难以准确预估，由此导致焊接结构的疲劳评价很难建立统一的分析方法，需要根据焊接结构的特点及载荷情况分层次进行分析，这是焊接结构疲劳强度设计的显著特点。

　　本书旨在较系统地介绍焊接结构的疲劳强度及评价方法。编写本书是笔者多年的想法，也是国内焊接结构强度设计与研究人员所需要参考的。

　　本书由张彦华编著。由于笔者对相关知识的掌握和学识水平有限，很难对焊接结构疲劳强度理论体系有全面准确的把握，书中难免存在不足之处，恳请读者予以指正。

编著者

目录

≡ 第 **5** 章 ≡ 　**焊接结构疲劳强度的随机分析**　　　　　　　　**177**

≡ 第 **6** 章 ≡ 　**焊接结构的抗疲劳设计与控制**　　　　　　　　**208**

第 1 章

材料的疲劳性能

疲劳断裂是金属结构失效的一种主要形式。大量统计资料表明，在金属结构失效中，约 80% 以上是由疲劳引起的。研究材料的疲劳行为及影响因素，是结构或构件疲劳强度设计的基础。

1.1 疲劳研究的发展

疲劳是材料或结构在循环载荷作用下发生的损伤和破坏现象。工程技术界对材料疲劳问题的研究和试验历史可以追溯到 19 世纪初。1829 年，德国采矿工程师 Albert 对矿山卷扬机焊接铁链进行了重复载荷试验，提出了第一份疲劳研究报告。随着铁路的发展，车轮轮轴以及桥梁的疲劳问题引起了人们的重视。1854 年，Braithwaite 在伦敦土木工程师学会上发表的论文中第一次用到"疲劳（Fatigue）"一词，用于描述材料在交变载荷作用下承载能力逐渐耗尽以致最终断裂的破坏过程。

德国工程师 Wöhler 根据他在 1852～1870 年间的长期试验研究，发现钢制列车车轴在重复载荷作用下的强度要远低于静载强度，疲劳寿命随着应力幅的增加而减少，当应力幅低于某一数值时，即使循环次数再多，试件也不会断裂，并且指出应力的幅值远比应力的最大值重要。Wöhler 首次提出了 S-N 曲线和疲劳极限的概念，把工作应力和疲劳极限联系起来，为疲劳研究奠定了基础。1870～1890 年间，Gerber 等人研究了平均应力对疲劳的影响，Goodman 提出了关于平均应力的简化理论。

20 世纪初，光学显微镜开始用于疲劳机理的研究，人们观察到局部滑移线和滑移带引起的裂纹。1910 年，Basquin 提出了表征 S-N 曲线的经验公式，即在双对数坐标系下应力和循环次数之间在较大的应力范围内具有线性关系。1920 年，Griffith 发现玻璃脆性断裂时的名义应力取决于微裂纹尺寸。在 20 世纪 20 年代，Gough 等人在疲劳机理研究方面做出了重大的贡献，1924 年 Gough 出版了一部关于金属疲劳的综合性著作。1930 年，Peterson 建立了应力集中系数和疲劳极限的关系。1937 年，Neuber 提出了缺口应力集中理论。1939 年，Weibull 提出了材料强度的统计理论。1945 年，Miner 和瑞典工程师 Palmgren 发表了线性累积损伤准则，这就是著名的 Palmgren-Miner 准则。

人类付出昂贵的代价才获得了对材料疲劳的认识。1953～1954 年间，英国的德-哈维兰飞机公司设计制造的"彗星"号民用喷气飞机接连发生了 3 次坠毁事故。为了找到事故的原因，英国皇家航空研究院的工程师进行了大量的研究工作，终于确认罪魁祸首是座舱的疲劳裂纹。产生这种裂纹的原因是高空飞行的"彗星"客机使用增压座舱，长时间飞行、频繁起降使机体反复承受增压和减压引发飞机铝制蒙皮的金属疲劳。"彗星"号空难事故原因是当时对于金属疲劳的认识不够深入，飞机设计并没有相应的对策，造成机体上产生裂纹并扩展。对事故的调查让航空界开始重视压力反复变化对飞机结构的影响和研究金属疲劳问题，为后来飞机研制解决金属疲劳问题打下了基础。例如"彗星"客机最初采用方形舷窗，使用加压客舱的客机多次起降，在方形舷窗拐角处会出现金属疲劳导致的裂纹。后来客机舷窗采用圆形或设计有很大的圆角，以降低应力集中，提高金属疲劳强度。

"彗星"号事故引起人们对低周疲劳的重视。1954 年，描述塑性应变幅值和疲劳寿命之间关系的 Manson-Coffin 公式发表，材料的应变疲劳研究取得了从定性到定量的突破。1957 年，美国学者 Paris 提出了在循环载荷作用下，裂纹尖端的应力强度因子范围值是控制构件疲劳裂纹扩展的基本参量，并于 1963 年提出了著名的疲劳裂纹扩展速率公式（Paris 公式），为疲劳研究提供了一个估算疲劳裂纹扩展寿命的新方法，后来在此基础上发展了损伤容限设计，从而使断裂力学与疲劳这两门科学逐渐融合。

目前，尽管工程界对材料或结构的疲劳给予了足够的重视，制定了各种规范以防止结构的疲劳失效，但是，由于疲劳的影响因素较多，在现代机械装备和工程结构的设计中要全面评估每一个技术细节对疲劳性能的影响。1998 年 6 月 3 日，德国发生的高速列车脱轨，造成 100 多人遇难的事故，就是由于一个双壳车轮的钢制轮箍发生疲劳破损而引发的。随着现代机械结构日益向高温、高压、高速方向发展，疲劳问题也会越来越突出，材料或结构的疲劳研究和抗疲劳设计是一项永无止境的课题。

1.2 疲劳断裂机理

疲劳是材料在循环应力或应变的反复作用下所发生的性能变化，是一种损伤累积的过程。经过足够次数的循环应力或应变作用后，金属结构局部就会产生疲劳裂纹或断裂。

疲劳与脆性断裂相比较，两者断裂时的形变都很小，但疲劳断裂需要多次加载，而脆性断裂一般不需要多次加载；结构脆性断裂是瞬时完成的，而疲劳裂纹的扩展较缓慢，需经历一段时间甚至很长时间才发生破坏。对于脆性断裂而言，温度的影响是极其重要的，随着温度的降低，脆性断裂的危险性迅速增加，但材料的疲劳强度变化不显著。

金属结构的疲劳抗力取决于材料本身、构件的形状、尺寸、表面状态和服役条件。任何材料的疲劳断裂过程都经历裂纹萌生、稳定扩展和失稳扩展（即瞬时断裂）三个阶段。在疲劳断口上可观察到"年轮弧线"的痕迹，并可分为裂纹源、疲劳裂纹扩展区和瞬时断裂区，如图 1-1 所示。

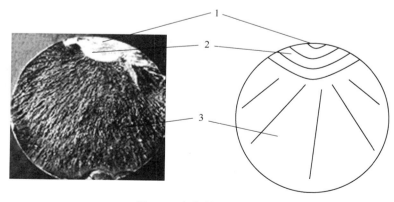

图 1-1　疲劳断口示意图

1—裂纹源；2—疲劳裂纹扩展区；3—瞬时断裂区

（1）疲劳裂纹萌生

疲劳源区即疲劳裂纹的萌生区，疲劳裂纹萌生都是由局部塑性应变集中所引起的，材料的质量（冶金缺陷与热处理不当等）或设计不合理造成的应力集中，或是加工不合理造成表面粗糙或损伤等，均会使裂纹在零件的某一部位萌生。疲劳裂纹一般有三种常见的萌生方式，即滑移带开裂、晶界和孪生界开裂、夹杂物或第二相与基体的界面开裂。

疲劳裂纹大都是在金属表面上萌生的。一般认为，具有与最大切应力面相一致的滑移面的晶粒首先开始屈服而发生滑移。在单调载荷和循环载荷作用下，都会出现滑移。图 1-2（a）为单调载荷和高应力幅循环载荷作用下的粗滑移，在低应力幅循环载荷作用下，则出现细滑移［图 1-2（b）］。随着循环加载的不断进行，金属表面出现滑移带的挤入和挤出现象［图 1-2（c）］，滑移带的挤入会形成严重的应力集中，从而形成疲劳裂纹。图 1-3 为单晶体的疲劳裂纹形核示意图。图 1-4 为循环应力作用下铜单晶表面的挤入挤出形貌。

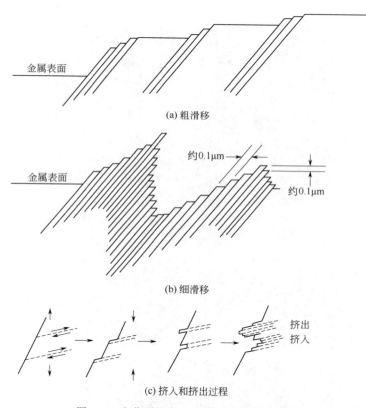

（a）粗滑移

约0.1μm

约0.1μm

金属表面

（b）细滑移

挤出
挤入

（c）挤入和挤出过程

图 1-2　疲劳裂纹在金属表面上的形成过程

（2）疲劳裂纹扩展

疲劳裂纹的扩展可以分为两个阶段，即第Ⅰ阶段裂纹扩展和第Ⅱ阶段裂纹扩展（图 1-5）。第Ⅰ阶段裂纹扩展时，在滑移带上萌生的疲劳裂纹首先沿着与拉应力成 45°的滑移面扩展。在微裂纹扩展到几个晶粒或几十个晶粒的深度后，裂纹的扩展方向开始由与应力成 45°的方向逐渐转向与拉伸应力相垂直的方向，这就是第Ⅱ阶段的裂纹扩展。裂纹从与主应力成 45°方向逐渐转向与主应力垂直方向扩展，成为宏观疲劳裂纹直至失稳和断裂。在带切口试件中，可能不出现裂纹扩展的第Ⅰ阶段。

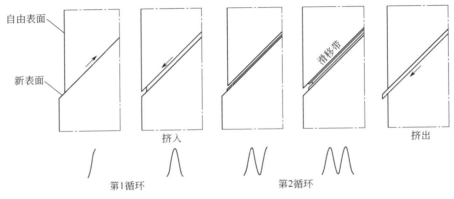

图 1-3 单晶体的疲劳裂纹形核示意图

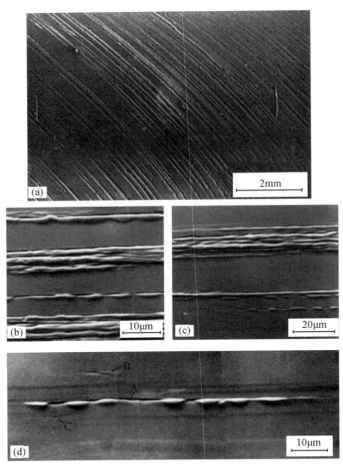

图 1-4 铜单晶表面的挤入挤出形貌

　　疲劳裂纹扩展区宏观上平坦光滑，而微观上则凹凸不平。断口表面由若干凹凸不平的小断面连接而成，小断面过渡处形成台阶。多裂纹萌生情况下，相邻裂纹扩展相遇时还会发生重叠现象（图 1-6）。

　　在裂纹扩展的第 Ⅱ 阶段中，疲劳断口在电子显微镜下可显示出疲劳条带（图 1-7）。

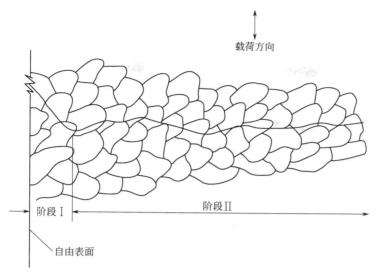

图 1-5　疲劳裂纹的扩展示意图

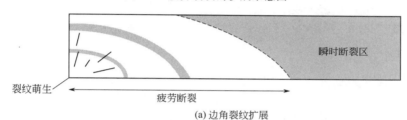

图 1-6　矩形截面试件裂纹扩展断口示意图

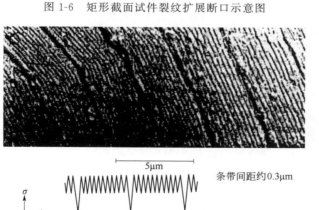

图 1-7　疲劳裂纹扩展条带

将图 1-7 中的疲劳条带数目、排列与循环加强程序加以对照，可以发现一个加载循环形成一个疲劳条带。变换加载程序，疲劳条带的数目和排列也随之变化，并由此推断出，只在循环加载的拉伸阶段裂纹才扩展。

疲劳条带的形成通常引用塑性钝化模型予以说明。在每一循环开始时，应力为零，裂纹处于闭合状态 [图 1-8（a）]。当拉应力增大，裂纹张开，并在裂纹尖端沿最大切应力方向产生滑移 [图 1-8（b）]。拉应力增长到最大值，裂纹进一步张开，塑性变形也随之增大，使得裂纹尖端钝化 [图 1-8（c）]，因而应力集中减小，裂纹停止扩展。卸载时，拉应力减小，裂纹逐渐闭合，裂纹尖端滑移方向改变 [图 1-8（d）]。当应力变为压应力时，裂纹闭合，裂纹尖端锐化，又回复到原先的状态 [图 1-8（e）]。图 1-8（f）为裂纹在下一循环时的张开情况。由此可见，每加载一次，裂纹向前扩展一段距离，这就是裂纹扩展速率 da/dN，同时在断口上留下一疲劳条带，而且裂纹扩展是在拉伸加载时进行的。在这些方面，裂纹扩展的塑性钝化模型与实验观测结果相符。

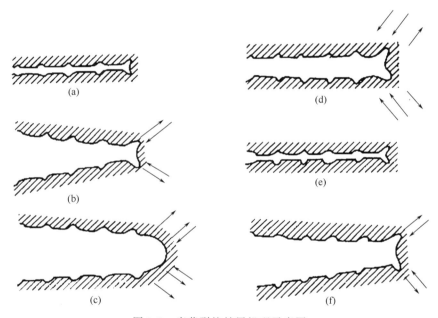

(a)

(b)

(c)

(d)

(e)

(f)

图 1-8　疲劳裂纹扩展机理示意图

（3）断裂

断裂是疲劳破坏的最终阶段，这个阶段和前两个阶段不同，它是在一瞬间突然发生的。这是由疲劳损伤逐渐累积引起的，由于裂纹不断扩展，使零件的剩余截面面积越来越小，当构件剩余截面不足以承受外载荷时（即剩余截面上的应力达到或超过材料的静强度，或者当应力强度因子超过材料的断裂韧度时），裂纹突然发生失稳扩展以致断裂。裂纹的失稳扩展可能是沿着与拉伸载荷方向成 45° 的剪切型或倾斜型，这种剪切可能是单剪切型 [图 1-9（a）]，也可能是双剪切型 [图 1-9（b）]。

1.3　材料的疲劳强度

材料或构件的疲劳有多种类型。根据构件承载方式，疲劳可分为弯曲疲劳、扭转疲劳、拉压疲劳及复合疲劳；按照环境和接触情况，可分为大气疲劳、腐蚀疲劳、高温疲劳、热

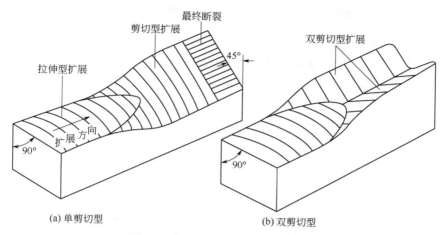

图 1-9 断面上裂纹扩展过程示意图

(a) 单剪切型   (b) 双剪切型

疲劳、接触疲劳等；按照应力高低和断裂寿命，可分为应力疲劳（高周疲劳）和应变疲劳（低周疲劳），这是最基本的分类方法。

1.3.1 应力疲劳与应变疲劳

在常温下工作的结构和机械的疲劳破坏取决于外载荷的大小。从微观上看，疲劳裂纹的萌生都与局部微观塑性有关，但从宏观上看，在循环应力水平较低时，弹性应变起主导作用，此时疲劳寿命较长，称为应力疲劳或高周疲劳；在循环应力水平较高时，塑性应变起主导作用，此时疲劳寿命较短，称为应变疲劳或低周疲劳，其疲劳寿命一般低于 5×10^4 次。

（1）应力疲劳

应力疲劳过程中，循环塑性应变为零或者远小于弹性应变，载荷历程以及疲劳损伤由循环应力控制。循环应力的类型主要有拉-拉、拉-压、压-压等形式，应力与时间的关系一般为正弦波或随机载荷，如图 1-10 所示。应力的每一个变化周期，称为一个应力循环。在应力循环中，有最大应力 S_{max}、最小应力 S_{min}、应力范围 ΔS 和平均应力 S_m，应力幅值 S_a 是应力循环中的变化分量。应力循环的性质由平均应力和应力幅值来决定，应力循环的不对称特点由应力比 $R = S_{min}/S_{max}$ 表示，称为应力循环特征。

应力循环参数之间的关系为：

$$\Delta S = S_{max} - S_{min} \qquad [1\text{-}1(a)]$$

$$S_a = \frac{S_{max} - S_{min}}{2} \qquad [1\text{-}1(b)]$$

$$S_m = \frac{S_{max} + S_{min}}{2} \qquad [1\text{-}1(c)]$$

$$S_{max} = S_m + S_a \qquad [1\text{-}1(d)]$$

$$S_{min} = S_m - S_a \qquad [1\text{-}1(e)]$$

式中的应力 S 若为正应力则用符号 σ 表示，若为剪应力则用 τ 表示。

在给定平均应力、最小应力或应力比的情况下，应力幅度（或最大应力）与疲劳破坏时的循环次数的关系（应力-寿命曲线）称为 $S\text{-}N$ 曲线。图 1-11 是钢与铝合金光滑试件的 $S\text{-}N$ 曲线，从图中可以看出，当 N 值达到一定数值后，钢的 $S\text{-}N$ 曲线就趋于水平，但铝合金的 $S\text{-}N$ 曲线则没有明显的水平直线段。

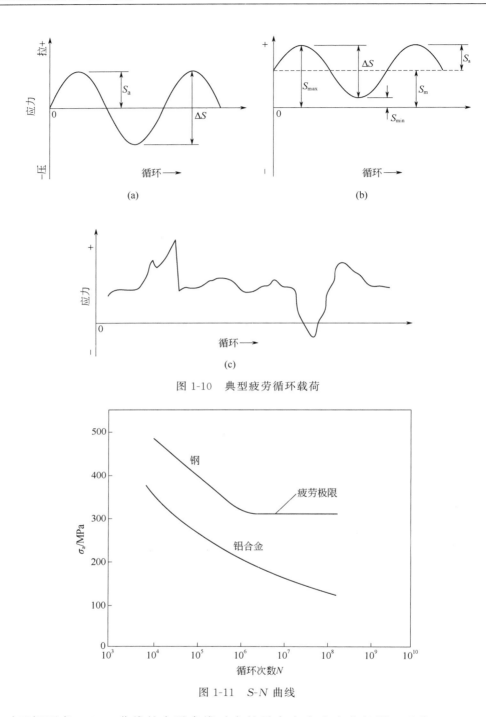

图 1-10　典型疲劳循环载荷

图 1-11　S-N 曲线

对于钢而言，S-N 曲线的水平直线对应的最大应力为疲劳极限。通常，$R = -1$ 时，疲劳极限的数值最小，此时对应的最大应力就是应力幅值，用 S_{-1} 表示。对于 S-N 曲线没有明显水平直线段的材料（如铝合金），通常规定承受一定次数应力循环（如 10^7）而不发生破坏的最大应力为某一特定循环特征下的条件疲劳极限。S-N 曲线的形状以及疲劳极限表征了材料的疲劳性能。图 1-12 为两种材料的 S-N 曲线，两条曲线发生了交叉，表明材料 A 的疲劳性能在低应力范围高于材料 B，而在高应力范围则低于材料 B。

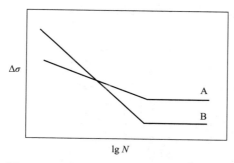

图 1-12　两种材料的 S-N 曲线与疲劳极限

S-N 曲线可以通过对疲劳试验数据进行统计处理获得，常用的试验方法见图 1-13。根据试验数据的分布规律和拟合方法的不同，S-N 曲线常用的表达式有幂函数、指数函数和三参数幂函数。

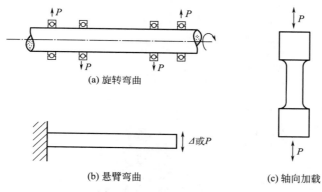

图 1-13　常用的试验方法

① 幂函数式：

$$S^m N = A \tag{1-2}$$

式中，m 和 A 是与材料、应力比、加载方式等有关的参数。

② 指数函数式：

$$e^{mS} N = A \tag{1-3}$$

③ 三参数幂函数式：

$$(S - S_0)^m N = A \tag{1-4}$$

式中，S_0 相当于 $N \to \infty$ 时的应力，可以近似取疲劳极限。

幂函数和指数函数表达式只限于表示中等寿命区 S-N 图的线段，而三参数幂函数表达式可表示中、长寿命区的 S-N 曲线。

疲劳极限是描述材料高周疲劳性能的主要指标，在常温和空气介质条件下，材料疲劳极限与静强度（特别是抗拉强度）之间具有比较好的相关性。一般而言，材料疲劳极限随抗拉强度的升高而升高。图 1-14 为碳钢和合金钢的疲劳极限与抗拉强度的关系。当钢材处于中等强度水平以下时（σ_b 约为 1400MPa），疲劳极限与抗拉强度之间呈线性关系，进一步提高抗拉强度则偏离线性关系。此外，钢材的抗拉强度与硬度具有正相关，所以钢材的疲劳极限与硬度之间也具有一定的相关性，如图 1-15 所示。

在缺乏材料疲劳极限试验数据和试验条件的情况下，可以参考相关材料疲劳极限与

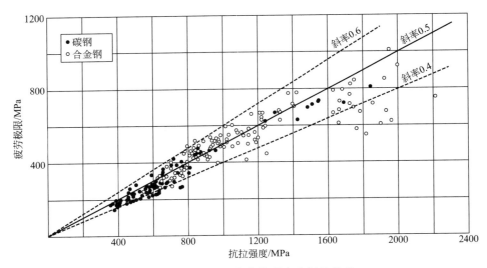

图 1-14　疲劳极限与抗拉强度之间的关系

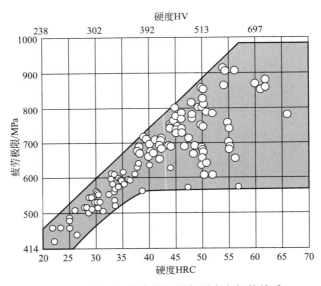

图 1-15　典型钢材疲劳极限与硬度之间的关系

抗拉强度的经验关系估算疲劳极限。但是，由于疲劳极限是材料抵抗微量塑性变形累积的抗力指标，具有与抗拉强度不同的物理本质，加之影响材料疲劳极限的因素较多且复杂，因此根据材料静强度估算疲劳极限难以得到准确的结果。

（2）应变疲劳

应变疲劳试验一般是控制总应变范围或者塑性应变范围。此时的应力-应变关系为图 1-16 所示的环形滞后回线形式。在循环加载过程中，材料的力学性能会随应变循环而改变。当控制应变恒定时，其应力随循环数增加而增加，然后渐趋稳定的现象称为循环硬化；应力随循环数增加而降低，然后渐趋稳定的现象称为循环软化，如图 1-17 所示。在不同总应变范围内得到的一系列稳定滞后回线顶点轨迹即为循环应力-应变曲线（图 1-18）。循环应力-应变曲线通常有两种表达形式，一种是以应力幅与总应变幅来表达，即

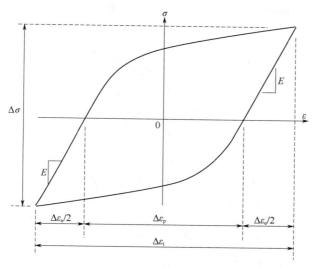

图 1-16 循环加载时的应力-应变曲线

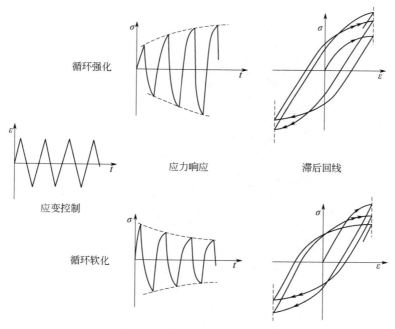

图 1-17 循环强化与循环软化

$$\frac{\Delta\varepsilon_t}{2} = \frac{\Delta\sigma}{2E} + \left(\frac{\Delta\sigma}{2K'}\right)^{1/n'} \tag{1-5}$$

另一种是以应力幅与塑性应变幅来表达，即

$$\frac{\Delta\sigma}{2} = K'\left(\frac{\Delta\varepsilon_p}{2}\right)^{n'} \tag{1-6}$$

式中，K' 为循环强化系数；n' 为循环应变硬化指数。

在给定的 $\Delta\varepsilon$ 或 $\Delta\varepsilon_p$ 下，测定疲劳寿命 N_f，将应变疲劳实验数据在双对数坐标系上作图，即得应变疲劳寿命曲线（ε-N 曲线），如图 1-19 所示。

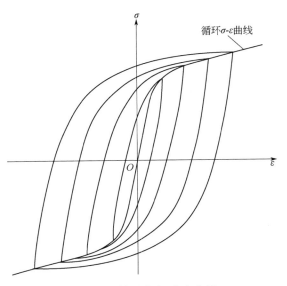

图 1-18　循环应力-应变曲线

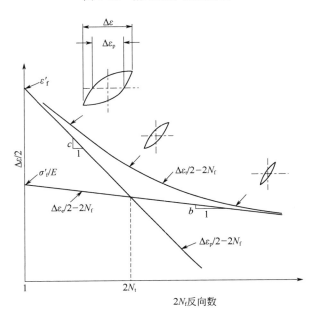

图 1-19　应变疲劳寿命曲线

Manson 和 Coffin 分析总结了应变疲劳的实验结果，给出下列应变疲劳寿命公式

$$\frac{\Delta \varepsilon_t}{2} = \frac{\sigma'_f}{E}(2N_f)^b + \varepsilon'_f(2N_f)^c \tag{1-7}$$

式中，$2N_f$ 是发生破坏的载荷反向次数；σ'_f 是疲劳强度系数；b 是疲劳强度指数；ε'_f 是疲劳塑性系数；c 是疲劳塑性指数。式（1-7）中的第一项对应于图 1-19 中的弹性线，其斜率为 b，截距为 σ'_f/E，第二项对应于塑性线，其斜率为 c，截距为 ε'_f。弹性线与塑性线交点所对应的疲劳寿命称为过渡寿命 N_t。当 $N_f < N_t$，是低循环疲劳；当 $N_f > N_t$，是高循环疲劳。

在长寿命阶段，以弹性应变幅为主，塑性应变幅的影响可以忽略，因此有

$$\frac{\Delta \varepsilon_e}{2} = \frac{\sigma'_f}{E} (2N_f)^b \tag{1-8}$$

在短寿命阶段，以塑性应变幅为主，弹性应变幅的影响可以忽略，则有

$$\frac{\Delta \varepsilon_p}{2} = \varepsilon'_f (2N_f)^c \tag{1-9}$$

这就是著名的 Manson-Coffin 低周应变疲劳公式。

上述各式中的参数 σ'_f、b、ε'_f 和 c 要用实验测定。求得了这 4 个常数，也就得出了材料的应变疲劳曲线。为简化疲劳试验，以节省人力和物力，很多研究者试图找出 σ'_f、b、ε'_f 和 c 与拉伸性能间的关系。Manson 总结了近 30 种具有不同性能材料的实验数据后给出：$\sigma'_f = 3.5\sigma_b$，$b = -0.12$，$\varepsilon'_f = \varepsilon_f = \ln(1 - 1/\psi)$，$c = -0.6$。因此，只要测定了抗拉强度和断裂延性，即可求得材料的应变疲劳寿命曲线。这种预测应变疲劳寿命曲线的方法，称为通用斜率法。显然，用这种方法预测的应变疲劳曲线带有经验性，在很多情况下和实验结果符合得不是很好。

图 1-20 为不同金属应变-疲劳寿命曲线。一些金属的疲劳寿命在应变幅约为 0.01 时相同，应变幅较高时，高延性金属的疲劳寿命高；应变幅较低时，高强度金属的疲劳寿命高。合理选择金属的强度和延性组配有利于保证应变幅在较大范围内的疲劳性能。

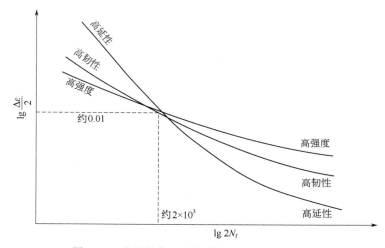

图 1-20　金属性能对应变-疲劳寿命曲线的影响

焊接接头的应变疲劳较单一母材复杂，由于焊接接头力学性能的不均匀性，各区域的应变循环特性不同，低强区的材料应变范围大。对于垂直焊缝的横向应变疲劳，若为高强匹配接头，循环塑性应变集中在母材，破坏偏向母材一侧；若为低强匹配接头，则循环塑性应变集中在焊缝，破坏发生在焊缝。而平行焊缝的纵向应变疲劳，则各区域应变相同，由于焊缝性能一般低于母材，再加上缺陷、表面质量等因素的影响，疲劳裂纹通常是产生在焊缝区。

最为普遍的情况是，在名义应力疲劳载荷作用下，焊接接头应力集中区由于缺口效应而发生微区循环塑性变形，并受到周围弹性区的约束。这种局部塑性循环区疲劳裂纹萌生与早期扩展对于接头的疲劳寿命有很大影响。

1.3.2　疲劳极限图

反映材料疲劳性能的 S-N 曲线是在给定应力比 R 条件下得到的。对称循环（$R = -1$）

时的 $S\text{-}N$ 曲线是基本 $S\text{-}N$ 曲线。当应力比 R 改变时，材料的 $S\text{-}N$ 曲线也随之发生变化。如果在不同的应力比 R 条件下对同一材料进行疲劳试验，就可以得到该材料的 $S\text{-}N$ 曲线族。

应力比 R 增大，表示循环平均应力 S_m 增大。当应力幅 S_a 给定时，有：

$$S_m = \frac{1+R}{1-R}S_a \tag{1-10}$$

上式给出了 R 与 S_m 间的一一对应关系，故讨论应力比 R 的影响，实际上是讨论平均应力 S_m 的影响。

S_a 给定时，R 增大，平均应力 S_m 也增大，表示循环载荷中的拉伸部分增大，这对于疲劳裂纹的萌生和扩展都是不利的，将使得疲劳寿命 N_f 降低。平均应力对 $S\text{-}N$ 曲线影响的一般趋势如图 1-21 所示。平均应力 $S_m=0$（$R=-1$）时的 $S\text{-}N$ 曲线是基本 $S\text{-}N$ 曲线；$S_m>0$，即拉伸平均应力作用，则 $S\text{-}N$ 曲线下移，表示同样应力幅作用下的寿命下降，或者说，同样寿命下的疲劳强度降低，对疲劳有不利的影响；$S_m<0$，即压缩平均应力存在，图中 $S\text{-}N$ 曲线上移，表示同样应力幅作用下的寿命增长。或者说，在同样寿命下的疲劳强度提高，压缩平均应力对疲劳的影响是有利的。

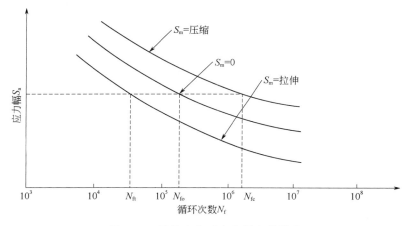

图 1-21　平均应力对疲劳强度的影响

在给定寿命（如 $N=10^7$）条件下，根据 $S\text{-}N$ 曲线族可得到不同应力比 R 所对应的疲劳强度。分别以平均应力为横坐标，最大应力和最小应力或应力幅为纵坐标，可以作出等寿命曲线图或疲劳极限图。

图 1-22 是以最大应力和最小应力为纵坐标，平均应力为横坐标的疲劳极限图。图中最大应力线与最小应力线的交点为静载下的极限强度，最小应力线与横轴交于 E 点，E 点的最小应力为 0，从 E 点作横轴的垂直线，交最大应力线于 D 点，D 点纵坐标对应脉动循环应力的疲劳极限。在对称循环（$R=-1$）情况下，$S_m=0$，所对应的 A 点为对称循环的疲劳极限。用直线连接 O、C 两点，则 OC 与坐标轴的夹角为 45°，平均应力一定时，曲线 AC、BC 与直线 OC 所对应点的距离为发生疲劳破坏时的应力幅 S_a。

疲劳极限图中曲线 AC 为最大应力线，BC 为最小应力线。在曲线所包围的面积内的任何一点表示在给定寿命内不发生疲劳破坏的交变应力范围，曲线外的点表示在给定寿命内要发生疲劳破坏，曲线上的点所对应的疲劳寿命相同。

从疲劳极限图上可以看到，若要求的寿命不变，则应力幅随平均应力的增加而减少。

为了更清楚地说明应力幅随平均应力改变而变化的情况，常常把等寿命曲线用应力幅和平均应力表示（图 1-23）。当寿命给定时，平均应力 S_m 越大，相应的应力幅 S_a 越小；且无论如何，平均应力 S_m 都不可能大于材料的极限强度 S_u。极限强度 S_u 为高强脆性材料的极限抗拉强度或延性材料的屈服强度。

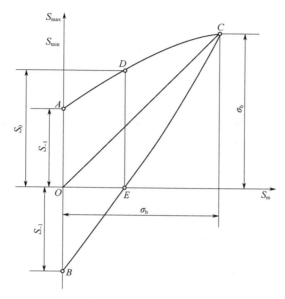

图 1-22　疲劳极限图

以应力幅为纵坐标、平均应力为横坐标表示的等寿命曲线如图 1-23 所示，其中 S_u 为材料的极限强度。在 S_a-S_m 图中，给定寿命曲线与坐标轴之间的区域内任意点表示在规定寿命内都不发生疲劳破坏。而在曲线外的任一点所对应的应力幅下循环加载，则达不到规定的寿命就发生疲劳破坏。用曲线上的任一点所对应的平均应力和应力幅循环加载则恰好达到规定的寿命。

对于任一给定寿命 N，疲劳极限应力 S_a-S_m 关系曲线常用经验公式来表示，常用的

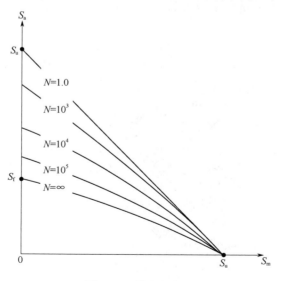

图 1-23　等寿命曲线

经验公式有 Goodman 直线、Gerber 抛物线、Soderberg 直线以及 Morrow 直线等，依次可以表示为：

$$\frac{S_a}{S_e} + \frac{S_m}{S_u} = 1 \qquad\qquad [1\text{-}11(a)]$$

$$\frac{S_a}{S_e} + \left(\frac{S_m}{\sigma_f}\right)^2 = 1 \qquad\qquad [1\text{-}11(b)]$$

$$\frac{S_a}{S_e} + \frac{S_m}{S_y} = 1 \qquad\qquad [1\text{-}11(c)]$$

$$\frac{S_a}{S_e} + \frac{S_m}{\sigma_f} = 1 \qquad\qquad [1\text{-}11(d)]$$

图 1-24 为上述经验公式的比较。利用上述关系，已知材料的极限强度 S_u 和基本 S-N 曲线，即可估计不同应力比或平均应力下的疲劳性能。

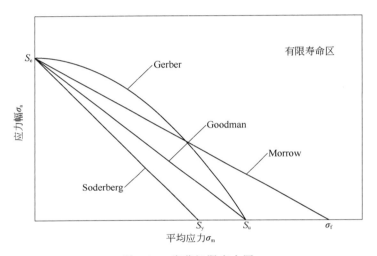

图 1-24　疲劳极限应力图

图 1-25 为用最大应力和最小应力表示的一组合金结构钢的疲劳极限图。图中由原点

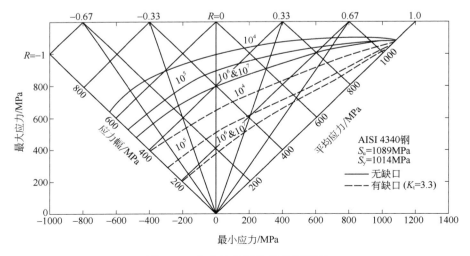

图 1-25　合金结构钢的疲劳极限图

出发的每条射线代表一个循环特性。利用该疲劳极限图，可直接读出给定寿命 N 下的 S_a、S_m、S_{max}、S_{min}、R 等各种循环应力参数，便于工程设计使用。在给定的应力比 R 条件下，由图中相应射线与等寿命线交点读取数据，即可得到不同 R 条件下的 S-N 曲线。此外，还可利用此图进行载荷间的等寿命转换。

1.4　影响材料疲劳性能的因素

描述材料基本疲劳性能的 S-N 曲线是由小尺寸光滑试件得到的，将其应用于实际构件的疲劳强度设计中，还需要考虑应力集中、构件尺寸、表面状态、温度及环境等因素的作用。

1.4.1　应力集中的影响

（1）应力集中与缺口效应

① 应力集中现象　构件截面形状或尺寸突变处（如台阶、开孔、沟槽等）的局部应力迅速增大的现象称为应力集中。如图 1-26 所示，带有圆孔的受拉伸载荷的薄板，在离孔较远截面的应力均匀分布。而在孔的周围应力分布发生了很大的变化，在孔的边缘，拉应力最大，离孔边越远，应力越小，最后趋近于净截面平均应力。

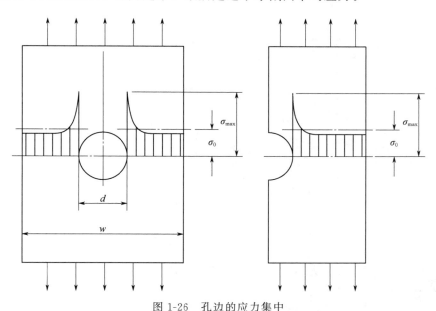

图 1-26　孔边的应力集中

在弹性范围内，应力集中处的最大应力（又称峰值应力）与名义应力的比值称为应力集中系数。例如图 1-26 所示的孔边应力集中系数为

$$K_t = \frac{\sigma_{max}}{\sigma_0} \tag{1-12}$$

式中　σ_{max}——截面中最大应力值；

　　　σ_0——截面中平均应力值。

当最大应力不超过材料的弹性极限时，K_t 只与切口零构件的几何形状有关，故又称为几何应力集中系数或弹性应力集中系数。

弹性力学分析表明，具有圆孔的平板受拉时（图 1-26），最大应力发生在孔边端点处，应力集中系数 $K_t=3$。

应力集中以及由此引起的应力分布不均匀具有较大的局部性，这种局部应力服从圣维南原理，距离应力集中区越远，其影响越小，应力峰值迅速衰减，应力分布趋向均匀分布。例如，对于带中心孔的无限宽板（图 1-27），弹性力学给出各应力分量的解为

$$\frac{\sigma_y}{\sigma_0} = 1 + 0.5\left(\frac{r}{x}\right)^2 + 1.5\left(\frac{r}{x}\right)^4 \tag{1-13}$$

$$\frac{\sigma_x}{\sigma_0} = 1.5\left(\frac{r}{x}\right)^2 + 1.5\left(\frac{r}{x}\right)^4 \tag{1-14}$$

式中，σ_x、σ_y 分别为 x、y 方向上的应力分量。

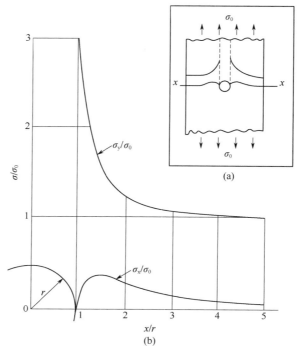

图 1-27　孔边的应力分布

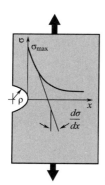

图 1-28　缺口端部应力梯度

应力集中导致缺口局部区域应力具有较高的应力梯度（图 1-28）。研究表明，缺口根部的应力梯度可以表示处于高应力状态下的材料体积，缺口根部表层的晶粒是处于高载荷作用。由于疲劳裂纹萌生起源于材料表面，显然在高应力作用下的缺口根部表层最易萌生裂纹。所以应力梯度对于缺口疲劳强度有重要影响。

② 缺口效应　构件中的缺口是典型的应力集中问题，其他应力集中现象可以等效为广义缺口，由此引起的应力集中和对构件强度的影响称为缺口效应。

缺口效应与缺口的几何形状密切相关。具有椭圆孔的无限大板（图 1-29），均布应力垂直于椭圆长轴的情况下，最大应力发生在椭圆孔边的长轴端点处，应力集中系数为

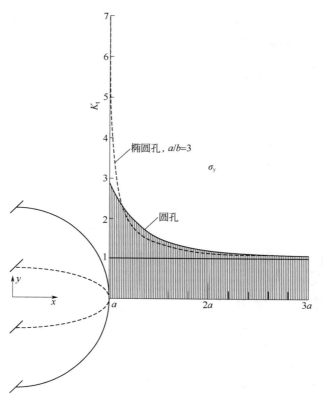

图 1-29　孔边的应力集中

$$K_t = 1 + \frac{2a}{b} \tag{1-15}$$

椭圆长轴端点处的曲率半径为

$$\rho = \frac{b^2}{a} \tag{1-16}$$

于是式（1-15）又可以写成

$$K_t = 1 + 2\sqrt{\frac{a}{\rho}} \tag{1-17}$$

由式（1-15）可以看出，当 $a = b$ 时，椭圆孔就成为圆孔，$K_t = 3$。随着 a/b 增大，应力集中增大，例如对于 $a/b = 10$ 的椭圆孔，$K_t = 21$；而对于 $a/b = 100$ 的长椭圆孔，$K_t = 201$，可见应力集中程度是十分可观的。对于极扁平的椭圆孔，式（1-17）可表示为

$$K_t \approx 2\sqrt{\frac{a}{\rho}} \qquad (\rho \ll a) \tag{1-18}$$

当 $b \to 0$，即 $\rho \to 0$ 时，最大应力趋于无限，类似于裂纹的奇异性问题。

对于带 V 形缺口的无限大平板，可采用近似方法计算应力集中系数。如图 1-30 所示，按 V 形缺口尖端圆弧半径与椭圆孔长轴端圆弧半径相等的原理，用式（1-17）计算 V 形缺口尖端的应力集中。

当 V 形缺口尖端 $\rho \to 0$ 时，形成一尖锐缺口，在拉伸应力作用下，缺口尖端的应力无限大，将出现所谓的奇异性。如图 1-31 所示，缺口尖端局部区应力可表示为：

$$\sigma_{ij} \propto r^{-1+\lambda} \tag{1-19}$$

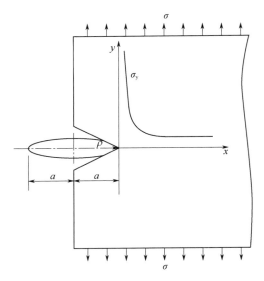

图 1-30　V 形缺口应力集中的近似计算

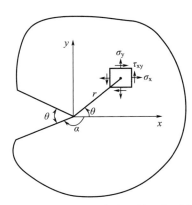

图 1-31　V 形缺口尖端区域坐标系统

其中，λ 为奇异指数，λ 与 V 形缺口角 β 有关，如图 1-32 所示。从图中可以看出，当 $\beta = 180°$时，$\lambda = 1$，是无缺口情况；$\beta < 180°$时，λ 总小于 1，根据式（1-19）可知，当 $r \to 0$ 时，缺口尖端应力具有奇异性；当 $\beta = 0$ 时，缺口转化为裂纹，$\lambda = 0.5$ 或 1/2，即裂纹尖端的应力奇异指数为 0.5 或 1/2。类似于裂纹应力强度因子，可引入缺口应力强度因子 $K_{\mathrm{I}}^{\mathrm{V}}$，则式（1-19）为

$$\sigma_{ij} = K_{\mathrm{I}}^{\mathrm{V}} r^{\lambda-1} f_{ij}(\theta)$$

式中，$f_{ij}(\theta)$ 为角函数。$K_{\mathrm{I}}^{\mathrm{V}}$ 用于表征缺口尖端附近奇异应力场的强弱，但目前还不能像裂纹应力强度因子一样实用。

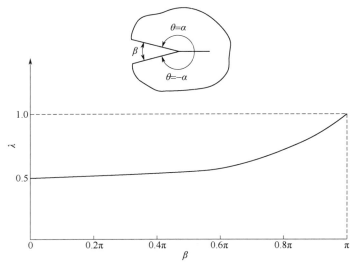

图 1-32　V 形缺口尖端应力奇异指数与缺口角的关系

由上述分析可见，缺口越尖锐，应力集中系数越大，应力梯度也越大。对于有限尺寸构件，应力集中系数还与构件的几何尺寸有关。图 1-33 分别表示带有沟槽和台阶的平板的

应力集中系数与缺口和构件几何尺寸之间的关系。典型构件的应力集中系数如图 1-34 所示。

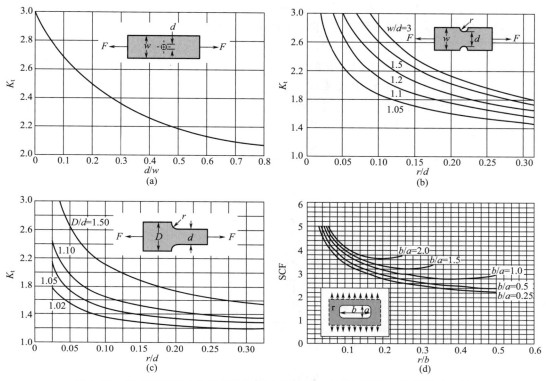

图 1-33　带有沟槽和台阶的平板的应力集中系数与缺口和构件几何尺寸关系

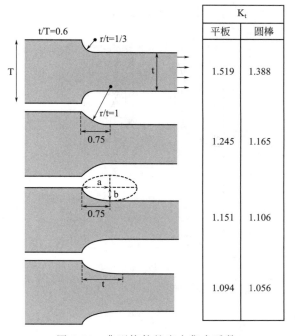

	K_t	
	平板	圆棒
	1.519	1.388
	1.245	1.165
	1.151	1.106
	1.094	1.056

图 1-34　典型构件的应力集中系数

两个或两个以上的应力集中因素相互重叠可使应力集中进一步加剧，这种现象称为重复缺口效应。例如在圆孔边有缺口时（图1-35），会呈现更为严重的应力集中。重复应力集中问题的理论求解较为困难。对于二重应力集中问题，如果应力集中因素Ⅱ的作用远小于应力集中因素Ⅰ的作用，则二重应力集中系数可表示为应力集中系数 $K_Ⅰ$ 与应力集中系数 $K_Ⅱ$ 的乘积

$$K_{Ⅰ,Ⅱ} = K_Ⅰ K_Ⅱ$$

如果应力集中因素Ⅱ的作用远超过应力集中因素Ⅰ的作用，则缺口效应主要取决于应力集中因素Ⅱ的作用。但是，一般情况下的重复缺口效应问题不能简单求出，可以通过有限元方法获得数值解。

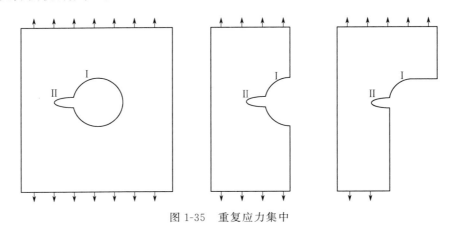

图 1-35　重复应力集中

缺口应力集中对循环应力和疲劳极限的影响分别如图1-36和图1-37所示。

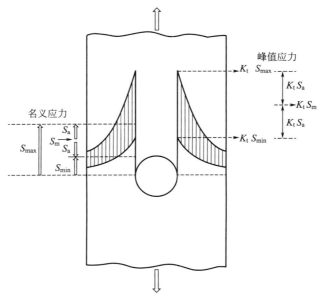

图 1-36　缺口根部的弹性应力

（2）疲劳缺口系数

应力集中引发的缺口效应使疲劳强度降低，其作用与缺口效应的强弱有关（图1-38）。

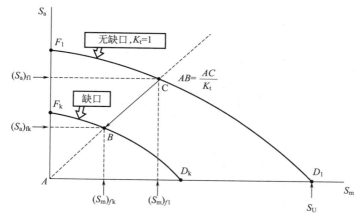

图 1-37 缺口件的疲劳极限

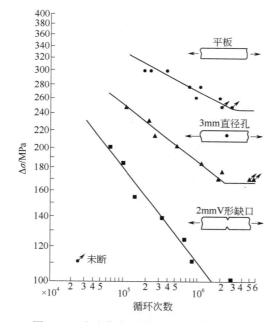

图 1-38 应力集中对低碳钢疲劳强度的影响

应力集中对疲劳强度的影响可以用疲劳缺口系数 K_f 来衡量，K_f 定义为无缺口试件疲劳强度 σ_A（应力幅）与缺口试件疲劳强度 σ_{AK}（应力幅）的比值

$$K_f = \frac{\sigma_A}{\sigma_{AK}} \tag{1-20}$$

K_f 是大于 1 的系数。缺口应力集中将使得疲劳强度下降，故 K_f 反映了缺口的影响。疲劳缺口系数 K_f 是与弹性应力集中系数 K_t 有关的。K_t 越大，应力集中越强烈，疲劳寿命越短，K_f 也越大。但实验研究的结果表明，K_f 并不等于 K_t。疲劳缺口系数 K_f 一般小于理论应力集中系数 K_t。这是由于缺口应力集中区的循环塑性应变使峰值应力降低，如图 1-39 所示。图 1-40 为缺口疲劳系数与缺口圆弧半径的关系。

弹性应力集中系数 K_t 只依赖于构件的几何形状，而疲劳缺口系数 K_f 却与材料有关。为了表征应力集中对材料疲劳强度的影响，定义下式为疲劳缺口敏感系数

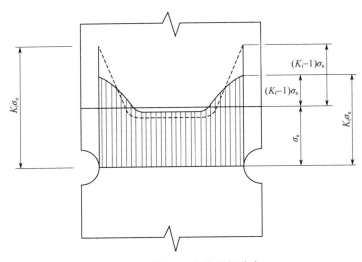

图 1-39　缺口应力的重新分布

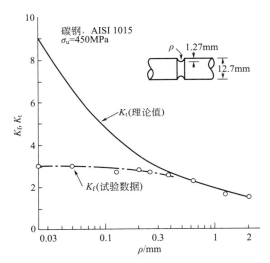

图 1-40　缺口疲劳系数与缺口圆弧半径的关系

$$q = \frac{K_f - 1}{K_t - 1} \tag{1-21}$$

即疲劳缺口敏感系数 q 与缺口几何形状及材料有关，其取值范围为 $0 \leqslant q \leqslant 1$。$q = 0$，$K_f = 1$，缺口对疲劳性能无影响；$q = 1$，$K_f = K_t$，缺口对疲劳性能影响严重。

定义

$$n_K = \frac{K_t}{K_f}$$

为缺口支撑系数。n_K 与相对应力梯度和材料屈服强度有关。典型缺口的 K_t、K_f 与缺口半径之间的关系如图 1-41 所示。

在较高应力（中低寿命）水平下，延性材料的 K_f 还与疲劳寿命有关（图 1-42）。

疲劳缺口敏感系数首先取决于材料性质。一般来说，材料的强度提高时，q 增大，晶粒度和材料性质的不均匀性增大时，q 减小。不均匀性增大使 q 减小的原因是材质的不均

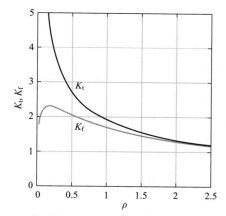

图 1-41　典型缺口的 K_t、K_f 与缺口半径之间的关系

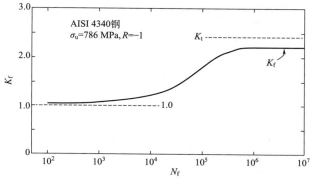

图 1-42　缺口疲劳系数与疲劳寿命

匀相当于内在的应力集中，在没有外加的应力集中时它已经存在，因此减少了材料对外加应力集中的敏感性。此外，疲劳缺口敏感系数还与缺口的曲率半径有关（见图 1-43），

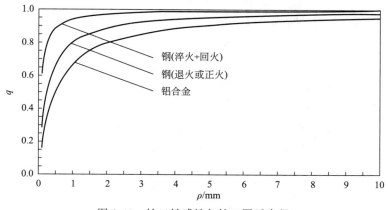

图 1-43　缺口敏感性与缺口圆弧半径

因此 q 并不是材料常数。疲劳缺口敏感系数 q 可用 Neuber 公式计算

$$q = \frac{1}{1 + \sqrt{\dfrac{A}{r}}} \tag{1-22}$$

或 Peterson 公式计算

$$q = \frac{1}{1 + \dfrac{a}{r}} \tag{1-23}$$

式中　r ——缺口半径；

　　　A ——与材料有关的参数；

　　　a ——与材料有关的参数，可用下式计算

$$a = 0.0254 \left(\frac{2068}{\sigma_b} \right)^{1.8} \tag{1-24}$$

在高周疲劳范围，缺口应力对于裂纹萌生和裂纹扩展的初始阶段虽不是唯一的影响因素，但往往是决定性因素（图 1-44）。

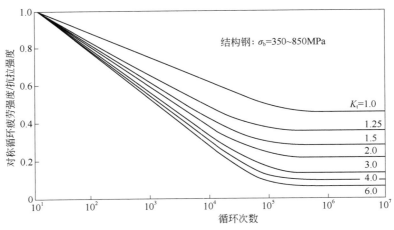

图 1-44　不同缺口效应时结构钢的 S-N 曲线

材料强度对 K_f 的影响如图 1-45 所示。低强材料的晶粒较高强材料的晶粒粗大，相同缺口条件下，低强材料缺口端部损伤区（约为两个晶粒范围）的平均应力低，而高强材料的损伤区平均应力提高，K_f 提高，使得高强材料缺口的疲劳裂纹萌生寿命降低。

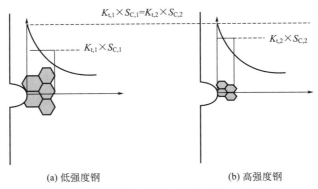

(a) 低强度钢　　　　　　(b) 高强度钢

图 1-45　材料强度对缺口疲劳系数 K_f 的影响

（3）应力梯度的影响

由式（1-23）可知，对于两个材料相同（a 值相同）、几何相似（K_t 相同）的缺口，缺口根部半径 r 越大，疲劳强度下降越大。如图 1-46 所示，K_t 相等时，大缺口的应力梯

度较小，小缺口的应力梯度较大。因此，缺口半径大，高应力区域体积大，疲劳破坏的可能也大。

对于图 1-47 所示的两个试样来说，小试样比大试样的疲劳强度高一些，其原因也是应力梯度造成的。如图 1-48 所示，同种材料，缺口尺寸不同，但应力集中系数相同。在高应力梯度区，大缺口端部损伤区（两个晶粒范围）的平均应力高，而小缺口的应力梯度变陡，损伤区平均应力降低，K_f 降低，使得小缺口的疲劳裂纹萌生寿命提高。由此可见，缺口试样的尺寸效应不同于光滑试样，需要考虑高应力区（如体积、面积、长度）和应力梯度的影响。

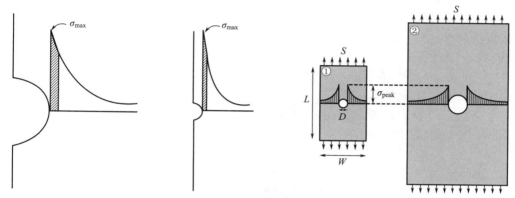

图 1-46　几何相似缺口高应力区体积　　　　图 1-47　小试样与大试样的应力梯度

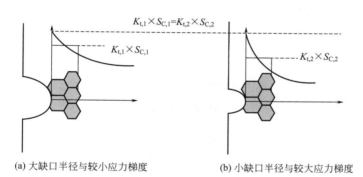

(a) 大缺口半径与较小应力梯度　　　　(b) 小缺口半径与较大应力梯度

图 1-48　缺口尺寸与应力梯度的影响

这说明缺口试样疲劳强度取决于高应力和高应力所包括的范围。疲劳累积损伤不仅与峰值应力有关，而且与损伤区内的平均应力和相对应力梯度有关。应力集中并非支配疲劳寿命的唯一因素，疲劳分析时需要考虑应力梯度的影响。

1.4.2　尺寸效应

人们在疲劳强度试验中早就注意到了试件尺寸越大、疲劳强度就越低这一现象。标准试件的直径通常在 6～10mm，它比实际零部件的尺寸小，因此疲劳尺寸效应在疲劳分析中必须加以考虑。

导致大小试件疲劳强度有差别的主要原因有两个方面。

① 对处于均匀应力场的试件，大尺寸试件比小尺寸试件含有更多的疲劳损伤源，如图 1-49 所示。

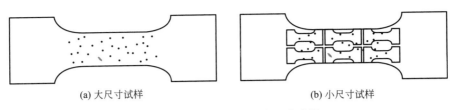

(a) 大尺寸试样　　　　　　　　　(b) 小尺寸试样

图 1-49　大尺寸试样与小尺寸试样

② 对处于非均匀应力场中的试件，大尺寸试件疲劳损伤区中的应力比小尺寸试件更加严重。显然前者属于统计的范畴，后者则属于传统宏观力学的范畴。

尺寸效应可以用尺寸系数 $\varepsilon(\varepsilon < 1)$ 来表征，定义为大尺寸试件的疲劳强度 S_L 与标准试件的疲劳强度 S_0 之比，即

$$\varepsilon = \frac{S_L}{S_0} \tag{1-25}$$

尺寸修正后的疲劳极限为 $S_L = \varepsilon S_0$。

对于常用金属材料，通过大量实验可建立经验公式估计尺寸系数。如 Shigley 和 Mitchell 于 1983 年给出：

$$\varepsilon = 1.189 d^{-0.097}$$
$$8\mathrm{mm} \leqslant d \leqslant 250\mathrm{mm} \tag{1-26}$$

当直径 $d < 8\mathrm{mm}$ 时，$\varepsilon = 1$。此式一般只用作疲劳极限修正。

尺寸效应对于长寿命疲劳影响较大。应力水平高、寿命短时，材料分散性影响相对减小。尺寸效应与材料有关，如图 1-50 所示。

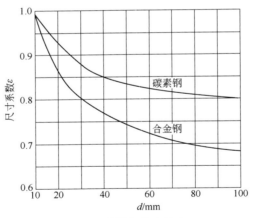

图 1-50　材料与尺寸效应

如前所述，缺口试样的尺寸效应不同于光滑试样，需要考虑高应力区（如体积、面积、长度）和应力梯度的影响。此外，发生疲劳失效时大多数裂纹萌生于高应力表面，除了应力集中和应力梯度的影响外，实际上还包含高应力部分的材料体积（或面积、长度）变化的影响，大尺寸试样具有更多的处于高应力区的材料，失效概率会提高。

1.4.3　材料表面状态的影响

在交变载荷作用下，疲劳裂纹常开始产生于零部件的表面，在弯曲及扭转载荷下，表层的应力最高，且表层还存在各种缺陷。因此，材料表面状态对疲劳强度有很大影响。

若材料表面粗糙，将使局部应力集中的程度加大，裂纹萌生、寿命缩短。

材料强度越高，材料表面粗糙度的影响越大；应力水平越低，寿命越长，材料表面粗糙度的影响越大（图 1-51）。表面加工时的划痕、碰伤可能就是潜在的裂纹源。

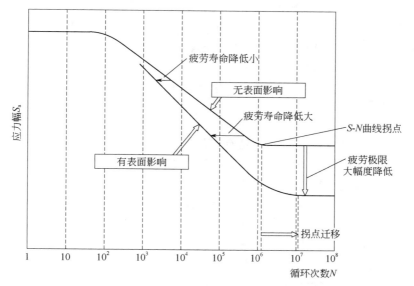

图 1-51　表面质量对疲劳强度的影响（粗糙/光滑）

材料表面状态对构件疲劳强度的影响用表面系数 C_{surf} 表示。表面系数 C_{surf} 为具有某种表面状态材料的标准试样与该材料的表面抛光标准试样的疲劳强度之比。图 1-52 为不同状态的结构钢表面系数 C_{surf} 与抗拉强度的关系。

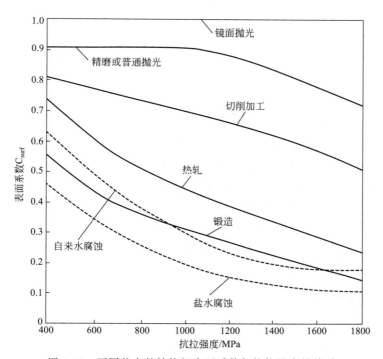

图 1-52　不同状态的结构钢表面系数与抗拉强度的关系

为了提高疲劳性能，除降低材料表面粗糙度外，常常采用各种方法在构件的高应力表面引入压缩残余应力，压缩残余应力可降低交变载荷产生的平均应力，达到提高疲劳寿命的目的。

表面喷丸处理，销、轴、螺栓类冷挤压加工，紧固件干涉配合等，都可以在零构件表面引入残余压应力，这是提高疲劳寿命的常用方法。材料强度越高，循环应力水平越低，寿命越长，延寿效果越好。在有应力梯度或缺口应力集中处采用喷丸，效果更好。

在构件高应力表面引入压缩残余应力，可以提高疲劳寿命。而残余拉应力则使构件疲劳强度降低或寿命减少。但在温度、载荷、使用时间等因素的作用下，应力松弛可能会抵消这些作用。

表面渗碳或渗氮处理，可以提高表面材料的强度并在材料表面引入压缩残余应力，这两种作用对于提高材料疲劳性能都是有利的。实验表明，渗碳或渗氮处理可使钢材疲劳极限提高一倍。对于缺口试件，提高疲劳强度的效果更好。

镀铬或镀镍，将在钢材表面层引起残余拉应力，使材料的疲劳极限下降（图1-53），有时可下降50%以上。镀铬、镍对疲劳性能影响的一般趋势是：材料强度越高，寿命越长，镀层厚度越大，镀后疲劳强度下降越大。必要时，可采取镀前渗氮、镀后喷丸等措施，以减小其不利影响。

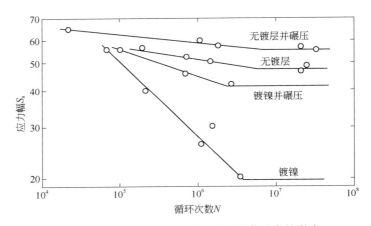

图1-53 结构钢表面镀镍及喷丸对疲劳强度的影响

热轧或锻造，会使材料表面脱碳、强度下降并在材料表面引入拉伸残余应力。这两种不利的作用会使材料疲劳强度显著降低。材料强度越高，疲劳强度降低越严重。

镀锌或镀镉对疲劳性能的影响要小一些，但对磨蚀的防护效果比镀铬差。

残余压应力并非总使疲劳极限提高，当其值过大或分布极不均匀时，会在硬化层中产生裂纹，使疲劳极限降低。一般来说，残余应力类似于平均应力的影响。当残余应力与外加的应力叠加起来超过屈服极限时，残余应力就会消失，所以，必须控制外加应力，过高的外加应力可使压缩残余应力消失，只保留应变硬化的影响。

1.4.4 温度和环境的影响

金属材料的疲劳极限一般是随温度的降低而增加的。但随着温度下降，材料的断裂韧性也下降，表现出低温脆性。一旦出现裂纹，则易于发生失稳断裂。对此，应当十分注意。

高温将降低材料的强度，可能引起蠕变，对疲劳也是不利的。蠕变损伤和疲劳损伤不是各自独立发展，在一定条件下，两者之间存在交互作用，使部件寿命大大减少。在蠕变温度范围内，疲劳寿命随拉应变保持时间的延长而降低，这归因于许多因素，如晶格空洞的形成、环境的影响、平均应力的变化、热时效引起的显微组织失稳和缺陷的形成等。在高温发生的这些变化都与时间有关，因此，高温疲劳又称为与时间有关的疲劳，需要考虑蠕变与疲劳的交互作用。图 1-54 是蠕变-疲劳断裂机制图，表示的是拉应变保持时间一定的条件下总应变范围与疲劳寿命的关系。图中共有四条曲线，疲劳裂纹萌生线和疲劳断裂线以及蠕变裂纹萌生线和蠕变断裂线。当应变范围较大时，低周疲劳是主要的失效方式，拉应变保持时间和应变速率对材料的疲劳性能影响不大；当应变范围较小时，属高周疲劳，也不需要考虑应变保持时间内引起的蠕变损伤；中间应变范围区为蠕变-疲劳交互作用区，疲劳寿命受拉应力保持时间和应变速率的强烈影响，材料在该区的行为是高温疲劳研究的重点。

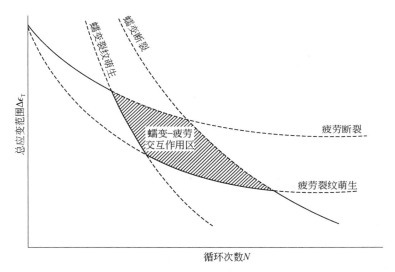

图 1-54　蠕变-疲劳交互作用示意图

　　材料在高温循环载荷作用下，疲劳寿命随加载频率降低、拉应变保持时间增加和温度升高而降低的现象归因于疲劳-蠕变的交互作用。

　　材料在海水、水蒸气、酸碱溶液等腐蚀介质环境下的疲劳称为腐蚀疲劳。腐蚀介质的作用对疲劳是不利的。有关内容在本章 1.6 节进行详细讨论。

1.5　疲劳裂纹扩展

1.5.1　断裂力学参量和断裂判据

　　如前所述，材料的疲劳断裂过程都经历裂纹萌生、稳定扩展和失稳扩展（即瞬时断裂）三个阶段。因此，材料的疲劳寿命是裂纹萌生寿命与扩展寿命之和（图 1-55）。图 1-56 为疲劳裂纹在不同阶段的尺度特征。其中阶段 1 为较难观察的微观尺度的裂纹扩展，阶段 2 为工程上可检测的裂纹尺度，阶段 3 为宏观可见的裂纹扩展。应力集中系数对裂纹萌生和微裂纹扩展有较大影响，而宏观裂纹扩展则由应力强度因子控制，最终断裂则由材料的断裂韧度控制（图 1-57）。

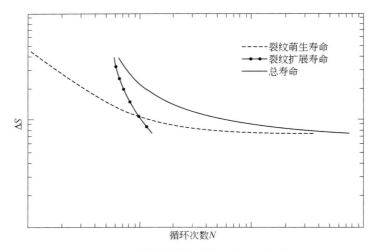

图 1-55 疲劳裂纹萌生寿命和扩展寿命

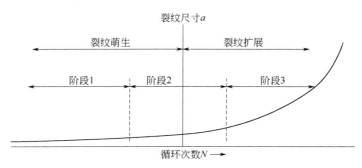

图 1-56 疲劳裂纹在不同阶段的尺度特征

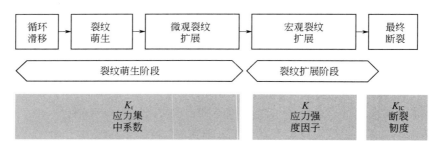

图 1-57 疲劳寿命及控制参量

（1）应力强度因子

设一无限大平板中心有一长为 $2a$ 的穿透裂纹（图 1-58），垂直裂纹面方向平板受均匀的拉伸载荷作用。距离裂纹尖端为（r, θ）的一点的应力和位移为

$$\sigma_x = \frac{K_{\mathrm{I}}}{\sqrt{2\pi r}} \cos \frac{\theta}{2} \left(1 - \sin \frac{\theta}{2} \sin \frac{3\theta}{2} \right) \qquad [1\text{-}27(\mathrm{a})]$$

$$\sigma_y = \frac{K_{\mathrm{I}}}{\sqrt{2\pi r}} \cos \frac{\theta}{2} \left(1 + \sin \frac{\theta}{2} \sin \frac{3\theta}{2} \right) \qquad [1\text{-}27(\mathrm{b})]$$

$$\tau_{xy} = \frac{K_{\mathrm{I}}}{\sqrt{2\pi r}} \sin \frac{\theta}{2} \cos \frac{\theta}{2} \cos \frac{3\theta}{2} \qquad [1\text{-}27(\mathrm{c})]$$

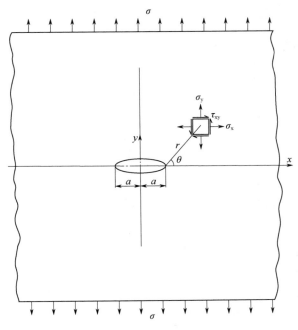

图 1-58　裂纹尖端区域的坐标系统

对于薄板平面应力状态

$$u = 2\frac{K_{\mathrm{I}}}{E}\sqrt{\frac{r}{2\pi}}\cos\frac{\theta}{2}\left(1 + \sin^2\frac{\theta}{2} - \upsilon\cos^2\frac{\theta}{2}\right) \qquad [1\text{-}28(\mathrm{a})]$$

$$v = 2\frac{K_{\mathrm{I}}}{E}\sqrt{\frac{r}{2\pi}}\sin\frac{\theta}{2}\left(1 + \sin^2\frac{\theta}{2} - \upsilon\cos^2\frac{\theta}{2}\right) \qquad [1\text{-}28(\mathrm{b})]$$

对于厚板平面应变状态

$$u = 2(1+\upsilon)\frac{K_{\mathrm{I}}}{E}\sqrt{\frac{r}{2\pi}}\cos\frac{\theta}{2}\left(2 - 2\upsilon - \cos^2\frac{\theta}{2}\right) \qquad [1\text{-}29(\mathrm{a})]$$

$$v = 2\frac{K_{\mathrm{I}}}{E}\sqrt{\frac{r}{2\pi}}\sin\frac{\theta}{2}\left(2 - 2\upsilon - \cos^2\frac{\theta}{2}\right) \qquad [1\text{-}29(\mathrm{b})]$$

由上述裂纹尖端应力场可知，如给定裂纹尖端某点的位置 (r, θ) 时，裂纹尖端某点的应力、位移和应变完全由 K_{I} 决定，K_{I} 称为应力强度因子，它是衡量裂纹尖端区应力场强度的重要参数，下标 Ⅰ 代表 Ⅰ 型（张开型）裂纹。同样可以定义 Ⅱ 型和 Ⅲ 型裂纹的应力强度因子 K_{II} 和 K_{III}。受单向均匀拉伸应力作用的无限大平板有长度 $2a$ 的中心裂纹的应力强度因子为

$$K_{\mathrm{I}} = \sigma\sqrt{\pi a} \qquad (1\text{-}30)$$

即应力强度因子 K_{I} 取决于裂纹的形状和尺寸，也决定于应力的大小，同时考虑了应力与裂纹形状及尺寸的综合影响。典型裂纹的应力强度因子计算式见图 1-59。

K_{I} 也称为裂纹扩展驱动力。当 K_{I} 达到某一临界值时，带裂纹的构件就会发生断裂，这一临界值称为断裂韧度 K_{IC}。因此断裂准则为

$$K_{\mathrm{I}} \geqslant K_{\mathrm{IC}} \qquad (1\text{-}31)$$

应当注意，裂纹扩展驱动力 K_{I} 与应力和裂纹长度有关，与材料本身的固有性能无关；而断裂韧度 K_{IC} 是反映材料阻止裂纹扩展的能力，是材料本身的特性。K_{IC} 值可通过有

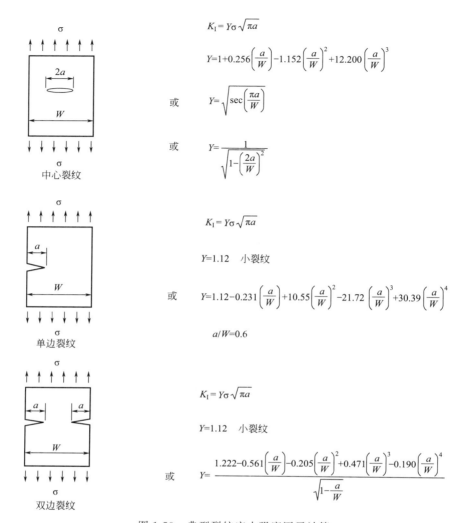

$$K_I = Y\sigma\sqrt{\pi a}$$

$$Y = 1 + 0.256\left(\frac{a}{W}\right) - 1.152\left(\frac{a}{W}\right)^2 + 12.200\left(\frac{a}{W}\right)^3$$

或

$$Y = \sqrt{\sec\left(\frac{\pi a}{W}\right)}$$

或

$$Y = \frac{1}{\sqrt{1 - \left(\frac{2a}{W}\right)^2}}$$

中心裂纹

$$K_I = Y\sigma\sqrt{\pi a}$$

$$Y = 1.12 \quad 小裂纹$$

或

$$Y = 1.12 - 0.231\left(\frac{a}{W}\right) + 10.55\left(\frac{a}{W}\right)^2 - 21.72\left(\frac{a}{W}\right)^3 + 30.39\left(\frac{a}{W}\right)^4$$

$$a/W = 0.6$$

单边裂纹

$$K_I = Y\sigma\sqrt{\pi a}$$

$$Y = 1.12 \quad 小裂纹$$

或

$$Y = \frac{1.222 - 0.561\left(\frac{a}{W}\right) - 0.205\left(\frac{a}{W}\right)^2 + 0.471\left(\frac{a}{W}\right)^3 - 0.190\left(\frac{a}{W}\right)^4}{\sqrt{1 - \frac{a}{W}}}$$

双边裂纹

图 1-59　典型裂纹应力强度因子计算

关标准试验方法来获得。

K_{IC} 一般是指材料在平面应变下的断裂韧度，平面应力状态下的断裂韧度（用 K_C 表示）和试样厚度有关，而当板材厚度增加到平面应变状态时，断裂韧度就趋于一稳定的最低值。

（2）弹塑性断裂力学参量及断裂判据

线弹性断裂力学的应用限于小范围屈服的条件。对于延性较好的金属材料，裂纹尖端区已不满足小范围屈服的条件，线弹性断裂力学理论已不再适用，需要采用弹塑性断裂力学的方法分析构件裂纹尖端的应力-应变场。

为了描述弹塑性断裂问题，需要寻找新的断裂控制参量。J 积分和裂纹尖端张开位移（CTOD）是常用的弹塑性断裂力学参量。

① J 积分　Rice 于 1968 年提出用 J 积分表征裂纹尖端附近应力-应变场的强度。如图 1-60 所示，设有一单位厚度（$B = 1$）的 I 型裂纹体，逆时针取一回路 Γ，其所包围的体积内应变能密度为 ω，Γ 回路上任一点作用应力为 $\boldsymbol{T}$，J 积分的定义为

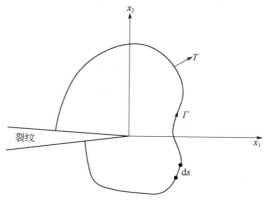

图 1-60　J 积分路线

$$J = \int_{\Gamma} \left(\omega \mathrm{d}y - \boldsymbol{T} \cdot \frac{\partial \boldsymbol{u}}{\partial x} \mathrm{d}s \right) \tag{1-32}$$

可以证明，J 积分与积分路径无关，即 J 积分的守恒性。

在小范围屈服的条件下，J 积分与应力强度因子 K_1 具有对应关系，如平面应力的 I 型裂纹问题有

$$J = \frac{K_1^2}{E} \tag{1-33}$$

由此可见，J 积分上具有能量释放率的物理意义。J 积分是表征材料弹塑性断裂行为的特征参量，断裂准则为

$$J \geqslant J_{\mathrm{IC}} \tag{1-34}$$

J_{IC} 平面应变条件下的 J 积分临界值，即弹塑性断裂韧度，为材料常数，可以通过标准试验方法测定。

② 裂纹尖端张开位移（CTOD）　对承载裂纹体结构，由于裂纹尖端的应力高度集中，致使该区域材料发生塑性滑移，进而导致裂纹尖端的钝化，裂纹面随之张开，称为裂纹张开位移（COD）。根据不同的度量方法和应用目的，裂纹张开位移（COD）常用裂纹尖端张开位移（CTOD）和裂纹尖端张开角（CTOA）来表征。

Wells 认为裂纹尖端张开位移（CTOD）可以表征裂纹尖端附近的塑性变形程度，因此提出了 CTOD 判据。裂纹体受 I 型载荷时，裂纹尖端张开位移 δ（mm）达到极限值 δ_{c}（mm）时裂纹会起裂扩展，断裂准则为

$$\delta \geqslant \delta_{\mathrm{c}} \tag{1-35}$$

δ_{c} 为材料的裂纹扩展阻力，可通过标准试验方法测定。与 J 积分判据一样，CTOD 是一个起裂判据，而无法预测裂纹是否稳定扩展。

为了便于试验测定和数值计算，CTOD 常用的定义方法如图 1-61 所示。图 1-61（a）采用变形后裂纹表面上弹塑性区交界点处的位移量作为 CTOD，这一定义具有明显的力学意义，但实验中不容易测得；图 1-61（b）定义 CTOD 为发生位移后裂纹自由表面轮廓线的切线在裂尖处的距离，这个定义不但便于测定，而且在大多数情况下应用均有满意的精度；图 1-61（c）采用裂纹扩展时原始裂纹顶端位置的张开位移作为 CTOD。采用这个定义直观易懂，所以应用较广。但缺点是，从理论上讲，原始裂纹顶端的位置难以确定。图 1-61（d）采用从变形后裂纹顶端对称于原裂纹做一直角，与上下裂纹表面的交点

1—1′之间的距离定义为 CTOD，这一定义被广泛地应用于中心穿透裂纹问题的研究之中，便于有限元分析。

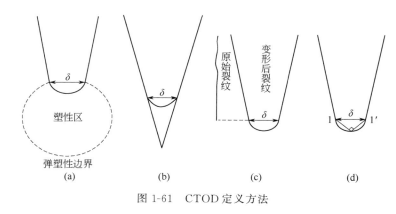

图 1-61　CTOD 定义方法

CTOD 是裂尖变形的直接度量，在材料发生整体屈服之前均适用。与 J 积分相似，小范围屈服条件下 CTOD 与应力强度因子或应变能释放率是等价的。Irwin 和 Dugdale 分别给出了平面应力条件下的小范围屈服时无限大平板中心裂纹受到单向拉伸时的 δ 与 K_{I} 的关系

$$\delta = \begin{cases} \dfrac{4K_{\mathrm{I}}^2}{\pi E\sigma_{\mathrm{s}}} & \text{Irwin} \\[3mm] \dfrac{K_{\mathrm{I}}^2}{E\sigma_{\mathrm{s}}} & \text{Dugdale} \end{cases} \tag{1-36}$$

两者只相差一个系数 $4/\pi$。因此，δ 与 K_{I} 的一般关系可写为

$$\delta = a\,\frac{K_{\mathrm{I}}^2}{E\sigma_{\mathrm{s}}} \tag{1-37}$$

J 积分与 CTOD 之间的一般关系为

$$J = k\sigma_{\mathrm{s}}\delta \tag{1-38}$$

k 的值在 $1.1\sim2.0$ 之间，其数值主要由试件的几何形状、约束条件和材料的硬化特性等决定。

（3）裂纹尖端循环塑性区

从式（1-27）可以看出，当 $\theta = 0$，即在裂纹的延长线上，切应力为零，而正应力最大，所以裂纹容易沿着该平面扩展。当 $r \rightarrow 0$ 时，裂纹尖端处的应力趋于无穷大，这表明裂纹尖端处应力场具有 $r^{-1/2}$ 阶奇异性。而实际材料都不可能承受无限大的应力，当裂纹尖端附近的应力增大到材料屈服极限时，就会在围绕裂纹尖端处形成一个小的塑性区（图 1-62），因而应力奇异性是不存在的。在塑性区内，线弹性分析是无效的。

Irwin 认为，裂纹尖端产生塑性区后，其效果是提高了结构的柔度，降低了其承载能力。为了考虑塑性区的影响，可将裂纹长度由 a 修正到 $a + r_y$，r_y 为塑性区长度。I 型裂纹的 r_y 为

$$r_y = \frac{1}{2\pi}\left(\frac{K_{\mathrm{I}}}{\sigma_{\mathrm{s}}}\right)^2 \qquad \text{（平面应力）} \tag{1-39(a)}$$

$$r_y = \frac{1}{4\sqrt{2}\,\pi}\left(\frac{K_{\mathrm{I}}}{\sigma_{\mathrm{s}}}\right)^2 \qquad \text{（平面应变）} \tag{1-39(b)}$$

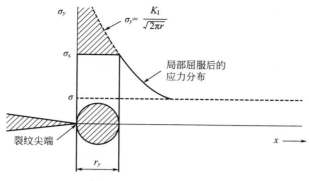

图 1-62　裂纹尖端塑性区

在循环应力作用下 ［图 1-63 （a）］，初次循环加载至最大应力 A 点形成的单调塑性区及应力分布如 ［图 1-63 （b）］ 所示。在卸载过程中，包围塑性区的弹性材料要发生弹性收缩，但由于塑性区内塑性应变的不可逆性，这种弹性收缩将会在塑性区内产生一个压缩残余应力 ［图 1-63 （c）］，而使裂纹闭合。在下一个加载过程中，只有当裂尖应力克服压缩残余应力的作用后，裂纹才开始张开，导致有效应力范围降低，使得循环塑性区小于单调加载时产生的塑性区。

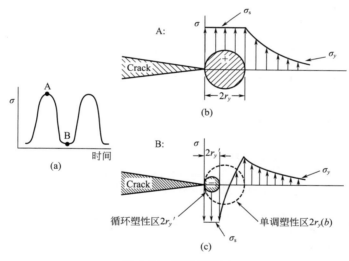

图 1-63　循环塑性区

1.5.2　疲劳裂纹扩展行为

根据断裂力学理论，一个含有初始裂纹（长度为 a_0）的构件，当承受静载荷时，只有当应力水平达到临界应力 σ_c 时，亦即裂纹尖端的应力强度因子达到临界值 K_{IC}（或 K_C）时，才会发生失稳破坏。若静载荷作用下的应力 $\sigma < \sigma_c$，则构件不会发生破坏。但是，如果构件承受一个具有一定幅值的循环应力的作用，这个初始裂纹就会发生缓慢扩展，当裂纹长度达到临界裂纹长度 a_c 时，构件就会发生破坏。

裂纹在循环应力作用下，由初始裂纹长度 a_0 扩展到临界裂纹长度 a_c 的这一段过程，称为疲劳裂纹的亚临界扩展。采用带裂纹的试样，在给定载荷条件下进行恒幅疲劳试验，记录裂纹扩展过程中的裂纹尺寸 a 和循环次数 N，即可得到如图 1-64 所示的 a-N 曲线。图 1-64 给出了 3 种载荷条件下的 a-N 曲线。

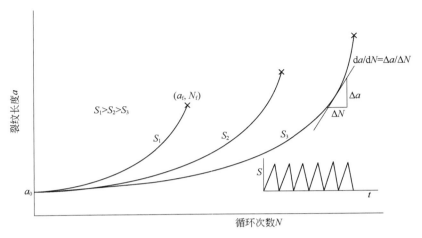

图 1-64　a-N 曲线

如果在应力循环 ΔN 次后，裂纹扩展为 Δa，则每一应力循环的裂纹扩展为 $\Delta a / \Delta N$，这称为疲劳裂纹亚临界扩展速率，简称疲劳裂纹扩展速率，即 a-N 曲线的斜率，用 $\mathrm{d}a / \mathrm{d}N$ 表示（图 1-65）。一般情况下，疲劳裂纹扩展速率可以表示为

$$\frac{\mathrm{d}a}{\mathrm{d}N} = f(\sigma，a，C) \tag{1-40}$$

式中，C 为与材料有关的常数。

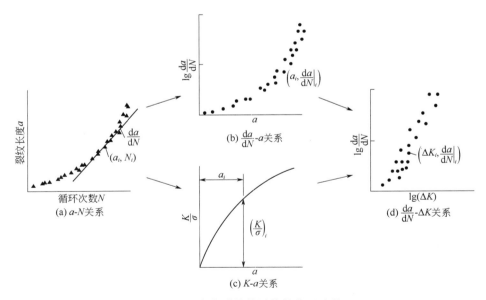

图 1-65　疲劳裂纹扩展数据处理过程

Paris 指出，应力强度因子 K 既然能够描述裂纹尖端应力场强度，那么也可以认为 K 值是控制疲劳裂纹扩展速率的主要力学参量（见图 1-66）。据此提出了描述疲劳裂纹扩展速率的重要经验公式——Paris 公式

$$\frac{\mathrm{d}a}{\mathrm{d}N} = C\Delta K^{m} \tag{1-41}$$

式中，ΔK 为应力强度因子幅度（$\Delta K = K_{\max} - K_{\min}$），$K_{\max}$ 和 $K_{\min}$ 是与 $\sigma_{\max}$、$\sigma_{\min}$ 以及裂纹长度分别对应的应力强度因子（见图 1-66），C、m 是与环境、频率、温度和循环特性等因素有关的材料常数。

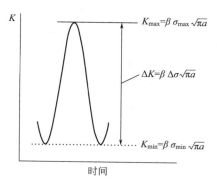

图 1-66　应力强度因子范围

如将疲劳裂纹扩展速率 $\mathrm{d}a/\mathrm{d}N$ 与裂纹尖端应力强度因子幅度 ΔK 描绘在双对数坐标系中（图 1-67），经回归分析可得 Paris 公式中的 C、m 值。完整的 $\lg(\mathrm{d}a/\mathrm{d}N)\text{-}\lg\Delta K$ 的曲线可分为低、中、高速率三个区域，对应疲劳裂纹扩展的三个阶段，其上边界为 K_{IC} 或 K_{C}（平面应变或平面应力断裂韧度），下边界为裂纹扩展门槛应力强度因子 ΔK_{th}。在第 I 阶段，随着应力强度因子幅度 ΔK 的降低，裂纹扩展速率迅速下降。ΔK 为门槛值 ΔK_{th} 时，裂纹扩展速率趋近于零。若 $\Delta K < \Delta K_{\mathrm{th}}$，可以认为疲劳裂纹不会扩展。

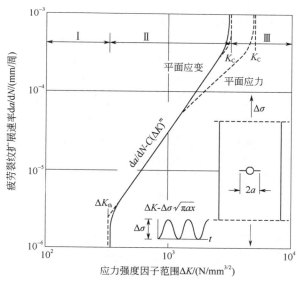

图 1-67　$\mathrm{d}a/\mathrm{d}N\text{-}\Delta K$ 关系

裂纹扩展从第 I 阶段向第 II 阶段过渡时，裂纹向与最大拉应力相垂直的方向上扩展，此时即进入了扩展的第 II 阶段（裂纹稳定扩展阶段）。在低周疲劳的情况下，或表面有缺口、应力集中较大的情况下，第 I 阶段可不出现，裂纹形核后直接进入扩展的第 II 阶段。

第Ⅲ阶段的裂纹扩展迅速增大而发生断裂，断裂的发生由 K_{IC} 或 K_C 控制。

根据断裂力学判据，疲劳裂纹扩展门槛值 ΔK_{th} 与应力范围 $\Delta\sigma$ 的关系可表示为

$$\Delta K_{th} = \Delta\sigma Y \sqrt{\pi a_i} \tag{1-42}$$

式中，a_i 为疲劳裂纹萌生尺寸。若 ΔK_{th} 为定值，则应力范围 $\Delta\sigma$ 与 a_i 之间的关系可以表示为

$$\Delta\sigma = \frac{K_{th}}{Y\sqrt{\pi a_i}} \tag{1-43}$$

式（1-43）为 $\Delta\sigma \sim a_i$ 的断裂力学临界条件。若疲劳极限为 $\Delta\sigma_0$，则当 $\Delta\sigma = \Delta\sigma_0$，$a_i = a_0$，即 $\Delta\sigma \leqslant \Delta\sigma_0$ 及 $a_i \leqslant a_0$。据此可绘制完整的 $\Delta\sigma \sim a_i$ 临界曲线，如图 1-68 所示。由 $\Delta\sigma \sim a_i$ 临界曲线可以看出，当循环应力达到临界条件时，裂纹萌生或起裂；当循环应力低于临界条件时，无裂纹萌生或不发生起裂。

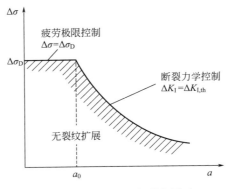

图 1-68　疲劳极限与裂纹尺寸

大量的试验证实，Paris 公式在一定的疲劳裂纹扩展速率范围内适用，对于大多数金属材料，该范围为 $10^{-5} \sim 10^{-3}$ mm/周。对韧性材料来说，材料的组织状态对 da/dN 的影响不大，不论高、中、低强度级别的钢，其 m 值相近；合金在不同热处理条件下，其 C、m 值变化不大。试验还证明：疲劳裂纹在第Ⅱ阶段中的速率不受试样几何形状及加载方法的影响，直接受交变应力下裂纹尖端应力强度因子范围 ΔK 的控制。随 ΔK 的增大，裂纹扩展速率加快。裂纹一般穿晶扩展，对应每一循环应力下裂纹前进的距离为 10^{-6} mm 数量级。断口典型的微观特征——疲劳辉纹，主要在这一阶段形成。与疲劳裂纹形核阶段寿命（亦称无裂纹寿命）相比，占总寿命 90% 的裂纹扩展阶段寿命是主要的，而其中亚临界扩展的第Ⅱ阶段又占最大比例，因而此阶段的裂纹扩展速率就成了估算构件疲劳寿命的主要依据。脆性材料的第Ⅱ阶段较短，da/dN 受组织状态的影响，裂纹可呈跳跃式扩展。脆性很大的材料，甚至无稳定扩展的第Ⅱ阶段而直接由第Ⅰ阶段进入失稳扩展的第Ⅲ阶段，直至断裂。

研究表明，ΔK 及最大应力强度因子 K_{max} 较低时，其扩展速率由 ΔK 唯一地决定，K_{max} 对疲劳裂纹的扩展基本上没有影响；当 K_{max} 接近材料的断裂韧度，如 $K_{max} \geqslant (0.5 \sim 0.7) K_C$（或 K_{IC}），K_{max} 的作用相对增大，Paris 公式往往低估了裂纹的扩展速率。此时的 da/dN 需要由 ΔK 和 K_{max} 两个参量来描述。此外，对于 K_{IC} 较低的脆性材料，K_{IC} 对裂纹扩展的第Ⅱ阶段也有影响。为了反映 K_{max}、K_{IC} 和 ΔK 对疲劳裂纹扩展行为的影响，Forman 提出了如下表达式

$$\frac{da}{dN} = \frac{C\Delta K^m}{(1-R)K_{IC} - \Delta K} \tag{1-44}$$

Forman 公式不仅考虑了平均应力对裂纹扩展速率的影响，而且反映了断裂韧度的影响。即 K_{IC} 越高，da/dN 值越小。这一点对构件的选材非常重要。图 1-69 为平均应力对裂纹扩展速率的影响。图 1-70 为典型材料的 da/dN-ΔK 关系。

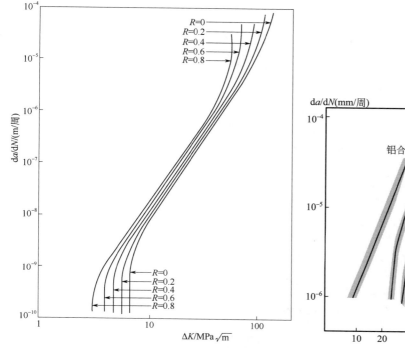

图 1-69　平均应力对裂纹扩展速率的影响　　　图 1-70　典型材料的 da/dN-ΔK 关系

　　对于给定的材料，在加载条件（应力比 R、频率等）和实验环境相同时，由不同形状、尺寸的试件所得到的疲劳裂纹扩展速率基本上是相同的。应力强度因子幅度 ΔK 是控制疲劳裂纹扩展速率 da/dN 的最主要因素。与应力强度因子幅度 ΔK 相比，尽管循环应力比 R 或者平均应力、加载频率与波形、环境等其他因素的影响是较次要的，但有时也是不可忽略的。

　　若考虑门槛应力强度因子的影响，疲劳裂纹扩展速率公式可进一步修正为

$$\frac{da}{dN}=\frac{C(\Delta K-\Delta K_{th})^{m}}{(1-R)K_{c}-\Delta K} \tag{1-45}$$

式中，当 $\Delta K \to \Delta K_{th}$ 时，$da/dN \to 0$，裂纹不再扩展。

　　疲劳裂纹扩展的应力强度因子门槛值 ΔK_{th} 与环境和平均应力（或应力比）有关，一般关系为

$$\Delta K_{th}=\alpha+\beta(1-R)^{q} \tag{1-46}$$

　　式中，α、β 是与环境有关的常数；q 是与平均应力有关的常数。对于结构钢，有如下关系

$$\Delta K_{th}=240-173R \tag{1-47}$$

　　如果以不同材料的裂纹扩展速率 da/dN 数据与 $\Delta K/E$ 为基础绘图，则 da/dN-$\Delta K/E$ 将会重合在一起。这样就可以根据钢材的疲劳裂纹扩展速率，确定其他材料的疲劳裂纹扩展速率或门槛值 ΔK_{th}。

　　根据标准试验获得的疲劳裂纹扩展速率公式，可用于构件的疲劳裂纹扩展寿命进行估算，技术路径如图 1-71 所示。若

$$\frac{\mathrm{d}a}{\mathrm{d}N} = f(\Delta K, R) \tag{1-48}$$

则疲劳裂纹扩展寿命为

$$N_f - N_0 = \int_{a_0}^{a_C} \frac{\mathrm{d}a}{f(\Delta K, R)} \tag{1-49}$$

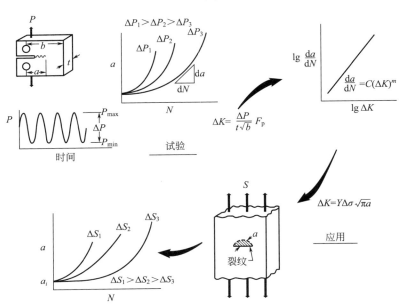

图 1-71　疲劳裂纹扩展寿命分析

1.5.3　疲劳裂纹的闭合效应

　　疲劳裂纹闭合效应是指在疲劳卸载过程中（外载荷依然是拉伸载荷），裂纹上、下表面提前闭合的现象。在下一个应力循环，只有施加应力大于某一应力水平时，裂纹才能完全张开，这一应力称为张开应力，记作 σ_{op}；卸载时小于某一应力水平，裂纹即开始闭合，这一应力称为闭合应力，记作 σ_{cl}。研究表明：张开应力 σ_{op} 和闭合应力 σ_{cl} 的大小基本相同，如图 1-72 所示。因为裂纹只有在完全张开之后才能扩展，所以应力循环中只有 $\sigma_{max} - \sigma_{op}$ 部分对疲劳裂纹扩展有贡献。

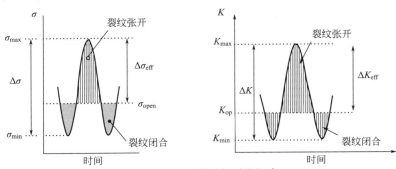

图 1-72　应力循环与裂纹闭合

应力循环中，最大应力与张开应力之差，称为有效应力范围，记作 $\Delta\sigma_{eff}$，且

$$\Delta\sigma_{eff}=\sigma_{max}-\sigma_{op} \tag{1-50}$$

相应的有效应力强度因子范围为 $\Delta K_{eff}=K_{max}-K_{op}$，$K_{op}$ 为裂纹完全张开的应力强度因子。

疲劳裂纹扩展率应该由有效的应力强度因子范围来确定

$$\frac{da}{dN}=C(\Delta K_{eff})^m \tag{1-51}$$

其中，ΔK_{eff} 又可以表示为

$$\Delta K_{eff}=U\Delta K \tag{1-52}$$

式中，U 是裂纹闭合参数，且

$$U=\Delta\sigma_{eff}/\Delta\sigma=\Delta K_{eff}/\Delta K<1 \tag{1-53}$$

实验发现，闭合参数 U 是与应力比 R 有关的。例如，对于 2024-T3 铝合金，有

$$U=0.5+0.4R \tag{1-54}$$

应力比 R 增大，裂纹闭合参数 $U=\Delta\sigma_{eff}/\Delta\sigma$ 增大，有效应力强度因子幅度 ΔK_{eff} 增大，故裂纹扩展速率 da/dN 加快。所以，ΔK_{eff} 是描述疲劳裂纹扩展更本质的控制参量。

疲劳裂纹闭合现象的主要类型有：塑性诱导的裂纹闭合 [图 1-73（a）]，即裂纹尖端尾部存在残余塑性区域，裂纹张开位移变小，裂纹面提前接触，裂纹扩展的驱动力下降；氧化物诱导的裂纹闭合 [图 1-73（b）]，即断裂面的氧化物使得裂纹内部存在氧化层，当氧化物厚度与裂纹展开位移门槛值相当时，该影响很大；黏性流体（或颗粒）诱导的裂纹闭合 [图 1-73（c）]，即裂纹内部存在的黏性流体影响材料的疲劳裂纹扩展速率。表面粗糙度诱发的裂纹闭合 [图 1-73（d）]，即断面间凹凸的不平整面改变了材料的闭合水平；相变诱导的裂纹闭合 [图 1-73（e）]，即由于应力或者应变诱导改变了相变区域体积，使得裂纹张开位移降低。颗粒也会诱导裂纹的闭合 [图 1-73（f）]

图 1-74 为裂纹闭合效应对疲劳裂纹扩展速率的影响。

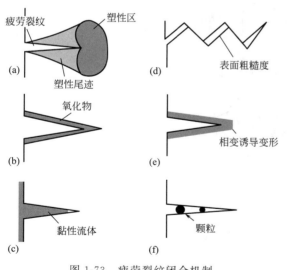

图 1-73　疲劳裂纹闭合机制

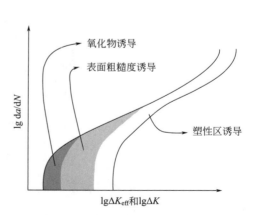

图 1-74　裂纹闭合效应对疲劳裂纹
扩展速率的影响

1.5.4　小裂纹扩展

根据疲劳裂纹扩展的机制及尺度特征，疲劳裂纹扩展分为微观裂纹扩展（第 Ⅰ 阶段）

和宏观裂纹扩展（第Ⅱ阶段）。第Ⅰ阶段的微观裂纹扩展为剪切型，第Ⅱ阶段的宏观裂纹扩展为张开型。微观裂纹扩展的长度处于材料组织结构尺度范围，与宏观裂纹扩展行为具有本质差异。由于微观裂纹的尺度较小（一般为晶粒尺寸量级），所以称其为小裂纹。研究中又将小裂纹分为微观结构小裂纹和物理小裂纹或者力学/物理小裂纹。工程实际中通常将 0.1～1mm 尺度范围内的裂纹称为小裂纹，如图 1-75 所示。因此，材料或结构的疲劳寿命由裂纹萌生寿命、小裂纹扩展寿命和长裂纹扩展寿命三部分组成。

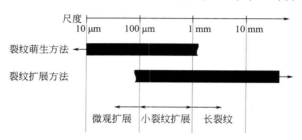

图 1-75　疲劳裂纹萌生与扩展的尺度与分析方法

研究表明小裂纹的扩展速率与长裂纹的扩展速率具有较大的差异。在相同的应力强度因子范围下，小裂纹的扩展速率要高于长裂纹的扩展速率；而且当应力强度因子低于长裂纹疲劳扩展的门槛值时，小裂纹仍能够扩展。

在 $\mathrm{d}a/\mathrm{d}N$-ΔK 图中，小裂纹的扩展速率高于长裂纹，分散性更高，并且在低于长裂纹门槛值下扩展。图 1-76 为小裂纹和长裂纹的扩展速率。小裂纹扩展速率与应力强度因子无明确的函数关系。即使在相同应力强度因子情况下，如果应力幅值较高则扩展速率也较高。由于小裂纹的门槛值低，裂纹扩展速率很高，随着裂纹长大，裂纹扩展速率降低。只有当裂纹长度相对较大时，裂纹扩展速率才接近长裂纹的主曲线。

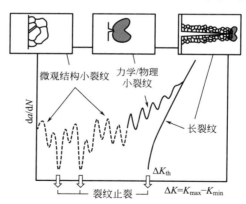

图 1-76　小裂纹和长裂纹的扩展速率

根据疲劳裂纹扩展门槛值的概念，当 $\Delta K < \Delta K_{th}$ 时，裂纹不扩展。由长裂纹疲劳扩展门槛值可得疲劳极限

$$\Delta \sigma_{th} = \frac{\Delta K_{th}}{Y \sqrt{\pi a_i}} \tag{1-55}$$

式中，a_i 为疲劳裂纹萌生尺寸，也是小裂纹的上限 $a_i = l$。当 $a_i > l$ 时，ΔK_{th} 为定值，疲劳极限与裂纹尺寸的关系在双对数坐标系中为线性，斜率为 $-1/2$，如图 1-77（称为 Kittagawa-Takahashi 图）所示。当 $a_i < l$ 时，小裂纹的扩展受控于疲劳极限。应力范围

$\Delta\sigma<\Delta\sigma_0$ 时，裂纹不会扩展，构件也不会断裂。当裂纹长度很小时，$\Delta\sigma_{th}$ 值增大，但不可能超过光滑试件的疲劳极限，所以图 1-77 中的实线以下是安全区。

由上式可得

$$a_i = \frac{1}{\pi}\left(\frac{\Delta K_{th}}{Y\Delta\sigma_{th}}\right)^2 \tag{1-56}$$

对于碳钢，由于其 ΔK_{th} 值较高，而疲劳极限值较低，故 a_i 之值较大，约为 0.2mm；而对高强度钢，其 ΔK_{th} 值较低，疲劳极限高，故 a_i 值低，最小仅为 $6\mu m$，小于一个晶粒直径。所以，在高强度材料中，小裂纹扩展的问题可不予考虑。

将式（1-56）写成如下形式

$$\Delta K_{th} = Y\Delta\sigma_{th}\sqrt{\pi a_i} \tag{1-57}$$

当 $a_i<l$ 时，$\Delta\sigma_{th}$ 为定值；$a_i>l$，ΔK_{th} 为定值，可用疲劳裂纹扩展门槛值判断裂纹是否扩展。当 $a_i<l$ 时，需要采用小裂纹的扩展判据。在小裂纹范围内，裂纹扩展门槛值已不再是常数，而是随着裂纹长度的减小而降低（图 1-78），图 1-77 中 d_1、d_2、d 分别为夹杂、沉淀物、晶粒间距离等微观结构特征尺度。也就是对于特别小的裂纹，特别是裂纹长度小于 0.1mm 时，控制小裂纹疲劳扩展行为的是材料的疲劳极限，而不是和长裂纹一样的疲劳裂纹扩展门槛值。换句话说就是，在小裂纹阶段疲劳循环应力控制着裂纹的扩展行为；在长裂纹阶段应力强度因子范围控制着裂纹的扩展行为。

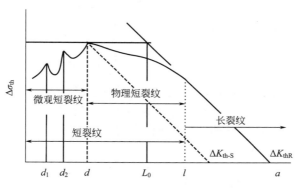

图 1-77　Kittagawa-Takahashi 图

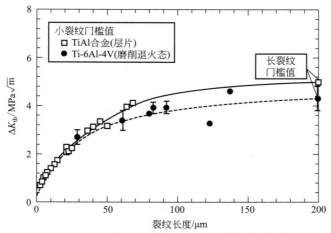

图 1-78　Ti-6Al-4V 钛合金疲劳裂纹扩展门槛值

1.5.5 缺口根部裂纹

缺口根部更容易引发疲劳裂纹萌生且加速疲劳裂纹扩展，严重影响结构的剩余寿命。缺口构件在外载作用下，随名义应力增大，缺口根部出现塑性区、缺口弹性区及整体弹性区，如图1-79所示。缺口弹性区是一过渡区域，区内弹性应变幅度与整体弹性区相差较小，一般不单独考虑它对裂纹扩展的影响。缺口塑性区的大小、形状和名义应力、缺口几何尺寸、材料性质等因素有关。在循环应力作用下，微裂纹在缺口根部萌生并扩展，形成缺口根部裂纹，如图1-80所示。

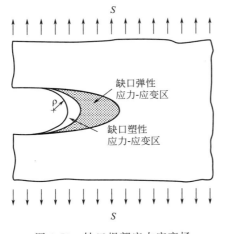 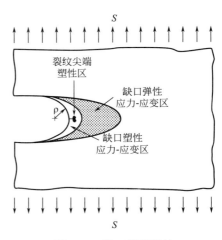

图1-79　缺口根部应力应变场　　　　　图1-80　缺口根部裂纹

缺口件疲劳研究表明，缺口根部的裂纹萌生和扩展行为与应力集中程度有关。尖锐缺口和钝缺口的有效应力不同，则疲劳极限随缺口半径而变化。尖锐缺口的疲劳极限与裂纹的疲劳门槛值一致，钝缺口使得有效疲劳门槛值提高，由此可定义尖锐缺口和钝缺口的分界值ρ_{cr}，如图1-81所示。

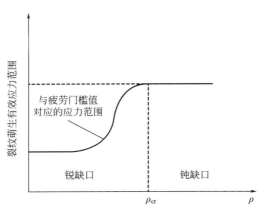

图1-81　尖锐缺口和钝缺口的疲劳极限

如图1-82所示，当应力集中系数较小时（$K_t < K_t^*$），缺口件疲劳极限沿AB变化，其中A点为光滑件的疲劳极限。当应力集中系数$K_t > K_t^*$时，缺口根部萌生的小裂纹的扩展会发生停滞。K_t^*为临界应力集中系数，$K_t < K_t^*$称为钝缺口，$K_t > K_t^*$称为锐缺口。BC'为锐缺口根部小裂纹扩展停滞线，BC为锐缺口根部小裂纹扩展线，锐缺口根部小裂纹扩展由疲劳门槛值控制。锐缺口根部小裂纹扩展的停滞现象可初步用塑性诱导的裂纹闭合机理来解释。如图 1-80 所示，缺口根部的小裂纹在缺口端部塑性区内萌生，塑性区外是弹性约束区。小裂纹在塑性区内的扩展受裂纹闭合的影响导致裂纹扩展有效驱动力下降，使扩展速率降低甚至停滞，当疲劳应力水平提高到 BC 线时裂纹才能继续扩展。

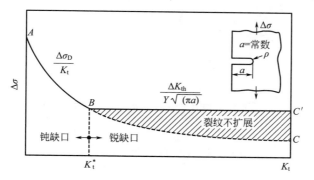

图 1-82　钝缺口与尖锐缺口的疲劳强度

缺口根部小裂纹（图 1-83）的应力强度因子可以表示为

$$K_{small} = 1.12 K_t \sigma \sqrt{\pi l} \tag{1-58}$$

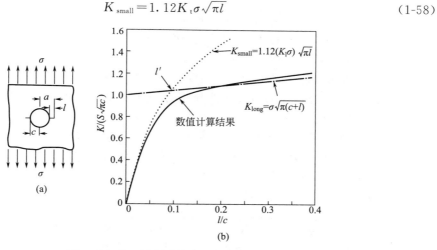

图 1-83　缺口根部裂纹应力强度因子

其中 K_t 为缺口应力集中系数，见式（1-59）。长裂纹的应力强度因子可按实际裂纹长度和缺口深度之和计算（图 1-84），即

$$K_{long} = \sigma \sqrt{\pi(c+l)} \tag{1-59}$$

由式（1-58）和式（1-59）可求得小裂纹和长裂纹的交叉点

$$l' = \frac{c}{(1.12 K_t)^2 - 1} \tag{1-60}$$

根据式（1-59）可得缺口疲劳裂纹扩展的门槛值为

$$\Delta K_{th} = \Delta\sigma \sqrt{\pi(c+l)} \tag{1-61}$$

由于 $l \ll c$，可得不扩展裂纹的应力条件为

$$\Delta\sigma < \frac{0.5\Delta K_{th}}{\sqrt{c}} \tag{1-62}$$

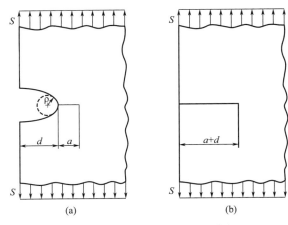

图 1-84 缺口根部裂纹与长裂纹

1.6 腐蚀疲劳分析

1.6.1 腐蚀疲劳特点

材料或构件在交变应力和腐蚀介质的共同作用下造成的失效叫做腐蚀疲劳。腐蚀疲劳和应力腐蚀不同，虽然两者都是应力和腐蚀介质的联合作用，但作用的应力是不同的，应力腐蚀指的是静应力，而且主要是指拉应力，因此也叫静疲劳，而后者则强调的是交变应力。腐蚀疲劳和应力腐蚀相比，主要有以下不同点。

① 应力腐蚀是在特定的材料与介质组合下才发生的，而腐蚀疲劳却没有这个限制，它在任何介质中均会出现。

② 对应力腐蚀来说，当外加应力强度因子 $K_1 < K_{ISCC}$（应力腐蚀临界应力强度因子），材料不会发生应力腐蚀裂纹扩展。但对腐蚀疲劳，即使 $K_{max} < K_{ISCC}$，疲劳裂纹仍旧会扩展。

③ 应力腐蚀破坏时，只有一两个主裂纹，主裂纹上有较多的分支裂纹，而腐蚀疲劳裂纹源有多处，裂纹没有分支或分支较小（图 1-85）。

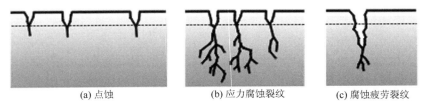

| (a) 点蚀 | (b) 应力腐蚀裂纹 | (c) 腐蚀疲劳裂纹 |

图 1-85 应力腐蚀裂纹与腐蚀疲劳裂纹的比较

④ 在一定的介质中，应力腐蚀裂纹尖端的溶液酸度是较高的，总是高于整体环境的平均值。而腐蚀疲劳在交变应力作用下，裂纹不断地张开与闭合，促使介质的流动，所以裂纹尖端溶液的酸度与周围环境的平均值差别不大。

对于应力腐蚀疲劳，在低频和高应力比的情况下，其断裂机制与应力腐蚀的机制相似，一般认为是阳极溶解过程，这就是说，腐蚀起主导作用。

与材料在空气介质中的疲劳相比，腐蚀疲劳没有明确的疲劳极限，一般用指定周次来作为条件疲劳极限。腐蚀疲劳对加载频率十分敏感，频率越低，疲劳强度与寿命也越低。腐蚀疲劳条件下裂纹极易萌生，故裂纹扩展是疲劳寿命的主要组成部分。

图 1-86 为钢在不同介质条件下的 *S-N* 曲线。

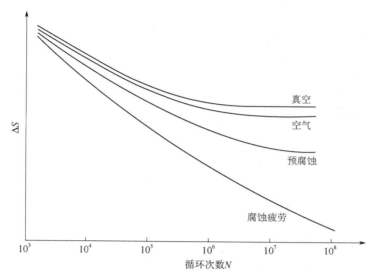

图 1-86　钢在不同介质条件下的 *S-N* 曲线

　　焊接接头的腐蚀疲劳强度与焊接工艺、焊接材料和接头形式等因素有关。焊接接头焊趾的应力集中对腐蚀疲劳强度有较大影响，降低焊趾的应力集中程度能够显著提高焊接接头的腐蚀疲劳强度。如采用打磨焊趾或 TIG 熔修来降低应力集中，同时消除表面缺陷，有利于改善焊接接头的腐蚀疲劳性能。

1.6.2　腐蚀疲劳裂纹扩展特性

　　研究表明，腐蚀疲劳裂纹扩展速率 $\mathrm{d}a/\mathrm{d}N$-ΔK 的关系曲线有三种类型，如图 1-87 所示。第一种类型（A 型）是当 $K_{\mathrm{I}} < K_{\mathrm{ISCC}}$ 或者 $K_{\mathrm{I}} < K_{\mathrm{IC}}$ 时，腐蚀介质中材料的腐蚀疲劳裂纹扩展速率比惰性介质中大得多；第二种情况（B 型）是当 $K_{\mathrm{I}} < K_{\mathrm{ISCC}}$ 时裂纹扩展差别不大，而当 $K_{\mathrm{I}} > K_{\mathrm{ISCC}}$ 时发生应力腐蚀，裂纹扩展速率急剧增加，并显示出与应力腐蚀相类似的现象，即有一水平台或裂纹扩展渐趋平缓。为了区别这两种疲劳裂纹扩展特性，第一种情况常称真腐蚀疲劳，即没有应力腐蚀的作用；第二种情况则称为应力腐蚀疲劳，

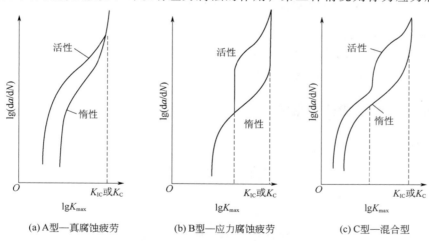

(a) A 型—真腐蚀疲劳　　　　(b) B 型—应力腐蚀疲劳　　　　(c) C 型—混合型

图 1-87　腐蚀疲劳裂纹扩展的三种类型

在交变应力和应力腐蚀共同引起的裂纹扩展中，应力腐蚀的作用往往是主要的。第三种情况为混合型（C 型），既有应力腐蚀疲劳，又有真腐蚀疲劳。

在影响腐蚀疲劳裂纹扩展的诸多因素中，频率的影响可能是最主要的。在分析频率的影响时，要区分真腐蚀疲劳和应力腐蚀疲劳。

为了估计在实际服役中频率对应力腐蚀疲劳裂纹扩展速率的影响，一般采用 Wei-Landes 的线性叠加模型。即假定腐蚀疲劳裂纹扩展是应力腐蚀开裂和纯机械疲劳（在惰性环境中）两个过程的线性叠加，可以表达为

$$\left(\frac{\mathrm{d}a}{\mathrm{d}N}\right)_{\mathrm{CF}} = \left(\frac{\mathrm{d}a}{\mathrm{d}N}\right)_{\mathrm{SCC}} + \int_{\tau}\left(\frac{\mathrm{d}a}{\mathrm{d}t}\right)_{\mathrm{SCC}}\{K(t)\}\mathrm{d}t \tag{1-63}$$

式中，下脚标 CF 为腐蚀疲劳，SCC 为应力腐蚀。$K(t)$ 是随时间而变化的应力强度因子。$(\mathrm{d}a/\mathrm{d}t)_{\mathrm{SCC}}$ 为静载下应力腐蚀裂纹的扩展速率，τ 为疲劳载荷周期。

Wei 曾利用上述线性叠加模型估算高强度钢在干氢、蒸馏水和水蒸气介质中以及钛合金在盐溶液中的疲劳裂纹扩展，当 $K_{\max} > K_{\mathrm{ISCC}}$ 时，其结果还是令人满意的。

线性叠加模型没有考虑应力和介质的交互作用，实际上，这两个因素之间往往存在显著的交互作用，考虑交互作用的腐蚀疲劳裂纹扩展速率为

$$\left(\frac{\mathrm{d}a}{\mathrm{d}N}\right)_{\mathrm{CF}} = \left(\frac{\mathrm{d}a}{\mathrm{d}N}\right)_{\mathrm{F}} + \int_{\tau}\left(\frac{\mathrm{d}a}{\mathrm{d}N}\right)_{\mathrm{SCC}}\{K(t)\}\mathrm{d}t + \left(\frac{\mathrm{d}a}{\mathrm{d}N}\right)_{\mathrm{INT}} \tag{1-64}$$

式中，$\left(\dfrac{\mathrm{d}a}{\mathrm{d}N}\right)_{\mathrm{INT}}$ 为循环载荷和腐蚀介质交互作用对裂纹扩展的贡献。由于交互作用的复杂性，交互作用项的计算还存在较大的难度。

Austen 等认为腐蚀疲劳裂纹的扩展是疲劳和应力腐蚀相互竞争的结果。腐蚀疲劳裂纹扩展速率取决于疲劳裂纹扩展速率和应力腐蚀裂纹扩展速率中的较高者，据此提出了腐蚀疲劳裂纹扩展的竞争模型，即

$$\left(\frac{\mathrm{d}a}{\mathrm{d}N}\right)_{\mathrm{CF}} = \max\left[\left(\frac{\mathrm{d}a}{\mathrm{d}N}\right)_{\mathrm{F}}, \int_{\tau}\left(\frac{\mathrm{d}a}{\mathrm{d}t}\right)_{\mathrm{SCC}}\mathrm{d}t\right] \tag{1-65}$$

若考虑交互作用，则竞争模型有

$$\left(\frac{\mathrm{d}a}{\mathrm{d}N}\right)_{\mathrm{CF}} = \max\left[\left(\frac{\mathrm{d}a}{\mathrm{d}N}\right)_{\mathrm{F}} + \Delta\left(\frac{\mathrm{d}a}{\mathrm{d}N}\right)_{\mathrm{F}}, \int_{\tau}\left(\frac{\mathrm{d}a}{\mathrm{d}t}\right)_{\mathrm{SCC}}\mathrm{d}t + \Delta\left(\frac{\mathrm{d}a}{\mathrm{d}N}\right)_{\mathrm{SCC}}\right] \tag{1-66}$$

式中，$\Delta\left(\dfrac{\mathrm{d}a}{\mathrm{d}N}\right)_{\mathrm{F}}$ 是介质对疲劳裂纹扩展速率的影响项；$\Delta\left(\dfrac{\mathrm{d}a}{\mathrm{d}N}\right)_{\mathrm{SCC}}$ 是疲劳对应力腐蚀裂纹扩展速率的影响项。

腐蚀疲劳裂纹扩展的线性叠加模型或竞争模型各有其适用范围，选用时应根据材料、介质、疲劳载荷等实际情况作具体分析。

1.7 变幅载荷谱下的疲劳寿命

1.7.1 变幅载荷谱

进行变幅载荷疲劳分析时，必须确定零构件或结构工作状态下所承受的载荷谱。载荷谱的确定通常有两种方法。其一是借助于已有的类似构件、结构或其模型，在使用或模拟使用条件下进行应变测量，得到各典型工况下的载荷谱，再将各工况组合起来得到载荷谱，称为实测载荷谱；其二是在没有适当的类似结构或模型可用时，依据设计目标分析工作状态，结合经验估计载荷谱，这样给出的是设计载荷谱。

随机载荷谱如图 1-88 所示。载荷-时间历程线斜率改变符号之处称为方向点。斜率由正变负之点称为"峰"；斜率由负变正之点称为"谷"；峰和谷点均为反向点。恒幅循环中，一个循环有 2 次反向。相邻峰、谷点载荷值之差称为变程。从谷到后续峰值载荷间的变程，斜率为正，称为正变程；从峰到后续谷值载荷间的变程，斜率为负，称为负变程。

根据载荷谱可计算结构细节的应力谱。由于产生疲劳损伤的主要原因是"循环次数"和"应力幅值"，因此在应力谱分析时，首先遵循某一等效损伤原则，将随机的应力-时间历程简化为一系列不同幅值的全循环或半循环，这一简化的过程称为"循环计数法"。计数法有很多种，常用的方法如雨流计数法。

通过循环计数法可得到应力幅值和均值发生的频数。图 1-89 为应力幅值累积频数直方图和曲线。在变幅疲劳试验中，根据应力幅值累积频数曲线确定加载程序。在变幅疲劳寿命计算中，根据应力幅值分布确定疲劳损伤。

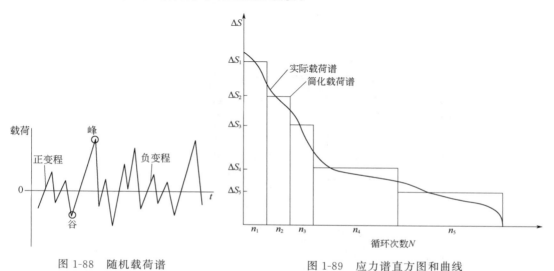

图 1-88　随机载荷谱　　　　　　　图 1-89　应力谱直方图和曲线

根据循环应力应变关系可得到变幅应力-应变滞后回线，如图 1-90 所示。

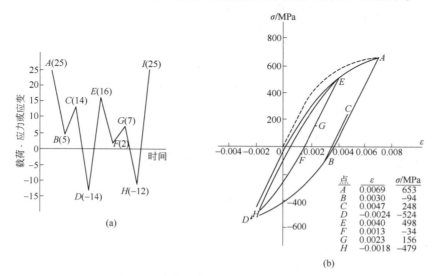

图 1-90　变幅加载时的循环应力应变关系

1.7.2 Miner 线性累积损伤分析

（1）线性累积损伤理论

若构件在某恒幅应力水平 S 作用下，循环至破坏的寿命为 N，则可定义其在经受 n 次循环时的损伤为：

$$D = n/N \tag{1-67}$$

显然，在恒幅应力水平 S 作用下，若 $n=0$，则 $D=0$，构件未受疲劳损伤；若 $n=N$，则 $D=1$，构件发生疲劳破坏。

构件在应力水平 S_i 下作用 n_i 次循环时的损伤为 $D_i = n_i/N_i$。若在 k 个应力水平 S_i 作用下，各经受 n_i 次循环，则可定义其总损伤为：

$$D = \sum_1^k D_i = \sum n_i/N_i \quad (i = 1, 2, \cdots, k) \tag{1-68}$$

破坏准则为：

$$D = \sum n_i/N_i = 1 \tag{1-69}$$

若在设计寿命内的总损伤 $D<1$，构件是安全的；若 $D>1$，则构件将发生疲劳破坏，应降低应力水平或缩短使用寿命，这就是著名的 Miner 线性累积损伤理论。其中，n_i 是在 S_i 作用下的循环次数，由载荷谱给出；N_i 是在 S_i 作用下循环到破坏的寿命，由 S-N 曲线确定。

图 1-91 为最简单的变幅应力（二级应力）下的累积损伤。构件在应力水平 S_1 下经受 n_1 次循环后的损伤为 D_1，再在应力水平 S_2 下经受 n_2 次循环，损伤为 D_2，若总损伤 $D = D_1 + D_2 = 1$，则构件发生疲劳破坏。

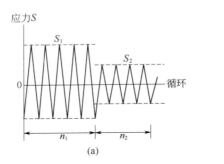
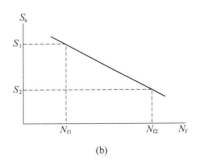

图 1-91　二级应力与 S-N 曲线

由式（1-68）还可看到，Miner 累积损伤是与载荷 S_i 的作用先后次序无关的。但是，试验结果表明，损伤与加载的次序有关。例如，在简单的两级试验加载中，当采用先低后高的加载次序时，损伤 $\sum\limits_{i=1}^r \dfrac{n_i}{N_i} > 1$，使裂纹萌生时间推迟；当采用先高后低的加载次序时，损伤 $\sum\limits_{i=1}^r \dfrac{n_i}{N_i} < 1$，高应力使裂纹提前形成，低应力使裂纹扩展。多级应力的疲劳损伤也可以得出上述结论。一般而言，只要寿命的主要部分消耗在裂纹萌生阶段，线性累积损伤就可以应用。

根据 S-N 曲线，各级应力 S_i 所对应的疲劳寿命 N_i 满足式（1-2），若 $m=3$，则有 $S_i^3 N_i = C$，与式（1-69）联立可得

$$\sum n_i S_i^3 = C \tag{1-70}$$

设 S 为 10^5 次循环条件下的构件疲劳强度，对于特定的 S-N 曲线有 $10^5 S^3 = C$，结合式（1-70）则有

$$S = \left(\frac{\sum n_i S_i^3}{10^5} \right)^{\frac{1}{3}} \tag{1-71}$$

这样就将变幅载荷的疲劳强度转化为等效的恒幅疲劳强度，根据 S 值可确定相应的疲劳强度要求。以上转化中用 10^5 次循环作为寿命指标是任意选取的，也可以用其他数值。S-N 曲线中的指数 $m = 3$，也可以采用实际实验值。

经典的 S-N 曲线理论认为，应力水平低于疲劳极限将不产生疲劳损伤，因此在线性累积损伤中往往将低于疲劳极限的应力循环略去（图 1-92），而不计其产生的损伤，这也是影响线性累积损伤预测疲劳寿命精度的原因之一。低于疲劳极限的应力循环在载荷谱中所占的百分数很高，对疲劳损伤可能有影响。特别是结构中萌生了裂纹，低于疲劳极限的应力循环也会导致裂纹（或损伤）扩展。为计及低于疲劳极限应力循环引起的损伤，必须将 S-N 曲线做必要的修正。例如，一些标准规定小于疲劳极限（$N = 5 \times 10^6$）部分的 S-N 曲线的斜率为 $m + 2$，如图 1-93 所示。

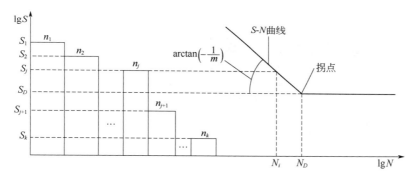

图 1-92　应力谱与 S-N 曲线

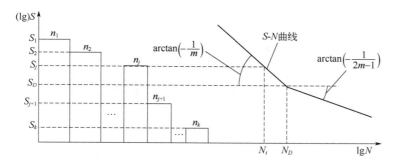

图 1-93　应力谱与修正的 S-N 曲线

（2）变幅载荷谱下的疲劳裂纹扩展

变幅载荷对裂纹扩展的作用主要表现为超载的裂纹迟滞效应。图 1-94 比较了 3 种类型载荷谱对裂纹扩展的影响。裂纹扩展实验结果表明，在等幅循环载荷叠加上一个过载峰之后，疲劳裂纹扩展速率会明显降低，经一定次数的循环后疲劳裂纹扩展速率才会恢复。这种延迟效应也说明变幅载荷对疲劳损伤的影响是比较复杂的。

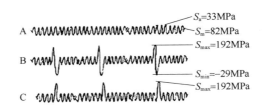

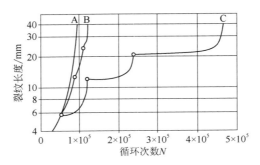

图 1-94 超载对裂纹扩展的影响

假设构件的初始裂纹尺寸为 a_0，在应力水平 ΔS_1，ΔS_2，$\cdots$，ΔS_f 作用下分别经历 n_1，n_2，$\cdots$，n_f 次循环后扩展到临界裂纹尺寸 a_c。

如图 1-95 所示，若在 ΔS_1 作用下循环 n_1 次后，裂纹尺寸从 a_0 扩展到 a_1，根据式 (1-41) 可得：

$$\Delta S_1^m n_1 = \int_{a_0}^{a_1} \frac{\mathrm{d}a}{\varphi(a)} \tag{1-72}$$

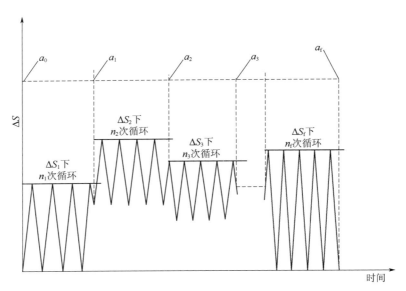

图 1-95 变幅载荷谱下的疲劳裂纹扩展

在 ΔS_1 作用下，裂纹尺寸从 a_0 扩展到定义破坏的尺寸 a_c，则有：

$$\Delta S_1^m N_1 = \int_{a_0}^{a_c} \frac{\mathrm{d}a}{\varphi(a)} \tag{1-73}$$

式中，N_1 为在 ΔS_1 作用下一直扩展到破坏的裂纹扩展寿命。

再在 ΔS_2 作用下循环 n_2 次后，裂纹尺寸从 a_1 扩展到 a_2，则有：

$$\Delta S_2^m n_2 = \int_{a_1}^{a_2} \frac{\mathrm{d}a}{\varphi(a)} \tag{1-74}$$

在 ΔS_2 作用下裂纹尺寸从 a_0 扩展到 a_c，则有：

$$\Delta S_2^m N_2 = \int_{a_0}^{a_c} \frac{\mathrm{d}a}{\varphi(a)} \tag{1-75}$$

同样地，若在 ΔS_i 作用下循环 n_i 次后，裂纹从 a_{i-1} 扩展到 a_i，有：

$$\Delta S_i^m n_i = \int_{a_{i-1}}^{a_i} \frac{\mathrm{d}a}{\varphi(a)} \tag{1-76}$$

在 ΔS_i 作用下裂纹尺寸从 a_0 扩展到 a_c，则有：

$$\Delta S_i^m N_i = \int_{a_0}^{a_c} \frac{\mathrm{d}a}{\varphi(a)} \tag{1-77}$$

在 ΔS_i 作用下的循环次数 n_i 与在 ΔS_i 作用下的裂纹扩展寿命 N_i 之比 n_i/N_i，即是在 ΔS_i 作用下循环 n_i 次的损伤。在 k 个应力水平作用下的总损伤为：

$$D = \sum_1^k D_i = \left[\sum_1^k \int_{a_{i-1}}^{a_i} \frac{\mathrm{d}a}{\varphi(a)} \right] \Big/ \int_{a_0}^{a_c} \frac{\mathrm{d}a}{\varphi(a)} \tag{1-78}$$

破坏准则为：

$$D = \sum_1^{k=f} D_i = \left[\sum_1^{k=f} \int_{a_{i-1}}^{a_i} \frac{\mathrm{d}a}{\varphi(a)} \right] \Big/ \int_{a_0}^{a_c} \frac{\mathrm{d}a}{\varphi(a)} = 1 \tag{1-79}$$

此即变幅载荷谱疲劳裂纹扩展的 Miner 累积损伤分析模型。若不计加载次序影响，Miner 理论也可用于裂纹扩展阶段。

参考文献

[1] SCHIJVE J. Fatigue of structures and materials [M]. Second Edition. Berlin：Springer Science + business Media，2009.

[2] SCHUTZ W. A history of fatigue [J]. Engineering Fracture Mechanics，1996，54（2）：263-300.

[3] SURESH S. Fatigue of Materials [M]. Cambridge：Cambridge University Press，1998.

[4] GONZÁLEZ-VELÁZQUEZ J L. Mechanical Behavior and Fracture of Engineering Materials [M]. Cham：Springer Nature Switzerland AG，2020.

[5] SCHIJVE J. The significance of fractography for investigations of fatigue crack growth under variable-amplitude loading [J]. Fatigue of Engineering Materials and Structures，1999，22：87-99.

[6] SCHIJVE J. Fatigue of structures and materials in the 20th century and the state of the art [J]. Materials Science，2003，39（3）：307-333.

[7] PARIS P C，ERDOGAN F. A critical analysis of crack propagation laws [J]. Journal of Basic Engineering（ASME）1963，85（4）：528-533.

[8] SMITH R A. Fatigue Crack Growth，30 Years of Progress [M]. Oxford：Pergamon Press，1986.

[9] CHOWDHURY P，SEHITOGLU H. Mechanisms of fatigue crack growth-a critical digest of theoretical developments [J]. Fatigue of Engineering Materials and Structures，2016，39（6）：652-674.

[10] MAN J，OBRTLIK K，POLAK J. Extrusions and intrusions in fatigued metals. Part 1. State of the art and history [J]. Philosophical Magazine，2009，89（16）：1295-1336.

[11] 崔德刚，鲍蕊，张睿，等. 飞机结构疲劳与结构完整性发展综述 [J]. 航空学报，2021，42（5）：524394.

[12] MILNE I，RITCHIE R O，KARIHALLO B. Comprehensive Structural Integrity [C]. Vol. 4.

Amsterdam：Elsevier，2003.

[13] KRUPP U. Fatigue crack propagation in metal and alloys [M]. Weinheim：WILEY-VCH Verlag GmbH & Co. KGaA，2007.

[14] PARK W，MIKI C. Fatigue assessment of large-size welded joints based on the effective notch stress approach [J]. International Journal of Fatigue，2008，30 (9)：1556-1568.

[15] SAVRUK M P，KAZBERUK A. Stress Concentration at Notches [M]. Cham：Springer International Publishing Switzerland，2017.

[16] PILKEY W D，PILKEY D F. Peterson's stress concentration factors [M]. Third Edition. Hoboken：John Wiley & Sons，Inc.，2008.

[17] BUDYNAS R G，NISBETT J K，Shigley's Mechanical Engineering Design [M]. Ninth Edition. New York：McGraw Hill，2011.

[18] JUVINALL R C，MARSHEK K M. Fundamentals of Machine Component Design [M]. New York：John Wiley & Sons，1991.

[19] ANDERSON T L. Fracture Mechanics：Fundamentals and Applications [M]. Fourth Edition. Baca Raton：Taylor & Francis Group LLC，2017.

[20] RICE J R. A Path Independent Integral and the Approximate Analysis of Strain Concentration by Notches and Cracks [J]. Journal of Applied Mechanics，1968，(35)：379-386.

[21] WEI R P，SIMMONS G W. Recent progress in understanding environment assisted fatigue crack growth [J]. International Journal of Fracture，1981，17 (2)：235-247.

[22] MAURO FILIPPINI. Stress gradient calculations at notches [J]. International Journal of Fatigue，2000，22：397-409.

[23] RECHO N. Fracture mechanics and crack growth [M]. Hoboken：John Wiley & Sons，Inc.，2012.

≡ 第 **2** 章 ≡

焊接接头的疲劳强度

焊接结构的疲劳破坏往往起源于焊接接头的应力集中区，因此，焊接结构的疲劳实际上是焊接接头细节部位的疲劳。焊接接头中通常存在未焊透、夹渣、咬边、裂纹等焊接缺陷，这种"先天"的疲劳裂纹源，可使接头越过疲劳裂纹萌生阶段，缩短疲劳断裂的进程。焊接接头处存在着严重的应力集中和较高的焊接残余应力，都会使焊接结构更易产生疲劳裂纹导致疲劳断裂。

2.1 焊接接头及疲劳概述

2.1.1 焊接接头基本形式

根据被连接构件间的相对位置，焊接接头的基本形式有对接接头 [图 2-1 （a）]、搭接接头 [图 2-1 （b）、（c）]、十字接头 [图 2-1 （d）] 等几种类型。对接接头的焊缝称为对接焊缝，搭接、十字接头的焊缝称为角焊缝。

对接接头是焊接结构中使用最多的一种形式，接头上应力分布比较均匀，焊接质量容易保证，但对焊前准备和装配质量要求相对较高。搭接接头便于组装，常用于对焊前准备和装配要求简单的结构，但焊缝受剪切力作用，应力分布不均，承载能力较低，且结构重量大，不经济。T 形接头（十字接头）也是一种应用非常广泛的接头形式，在船体结构中约有 70% 的焊缝采用 T 形接头，在机床焊接结构中的应用也十分广泛。角接接头便于组装，能获得美观的外形，但其承载能力较差，通常只起连接作用，不能用来传递工作载荷。

在结构设计时，设计者应综合考虑结构形状、使用要求、焊件厚度、变形大小、焊接材料的消耗量、坡口加工的难易程度等因素，以确定接头形式和总体结构形式。

焊接结构上的焊缝，根据其载荷的传递情况可分为工作焊缝和联系焊缝。工作焊缝与被连接的构件是串联的关系 [图 2-2 （a）、（b）]，它承担着传递全部载荷的作用，其应力称为工

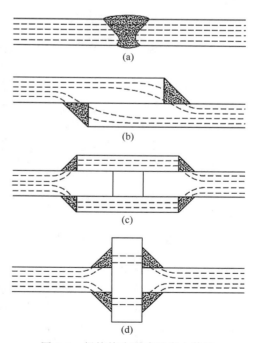

图 2-1 焊接接头形式及应力传递

作应力，工作焊缝一旦断裂，结构就立即失效。联系焊缝与被连接的构件是并联的关系 [图 2-2 (c)、(d)]，它传递很小的载荷，其应力称为联系应力，联系焊缝主要起构件之间的相互联系作用，焊缝一旦断裂，结构不会立即失效。在设计时无需计算联系焊缝的强度，工作焊缝的强度必须计算。对于既有工作应力又有联系应力的焊缝，则只计算工作应力，而不考虑联系应力。

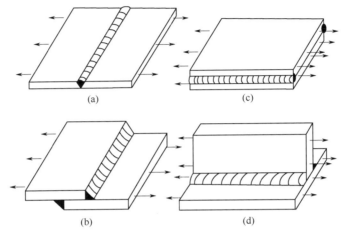

图 2-2 工作焊缝与联系焊缝

根据焊缝与载荷的方向及传力作用，焊缝又可分为横向承载焊缝 [图 2-3 (a)、(d)]、横向非承载焊缝 [图 2-3 (c)]、纵向承载焊缝 [图 2-3 (b)、(f)] 和纵向非承载焊缝 [图 2-3 (e)]。尽管非承载焊缝传力作用较小，但焊缝与承载构件连接的局部过渡区对结构的疲劳强度产生较大作用。

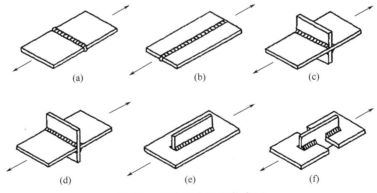

图 2-3 焊接接头的承载类型

2.1.2 焊接接头组织的不均匀性

焊接接头是由焊缝、熔合区、热影响区（HAZ）和母材组成的不均匀体（图 2-4）。例如，熔焊焊缝由熔化的母材和填充金属组成，是焊接后焊件中所形成的结合部分。在接近焊缝两侧的母材，由于受到焊接的热作用，而发生金相组织和力学性能变化的区域称为焊接热影响区。焊缝向热影响区过渡的区域称为熔合区。在熔合区中，存在着显著的物理化学的不均匀性，也是接头性能的薄弱环节。

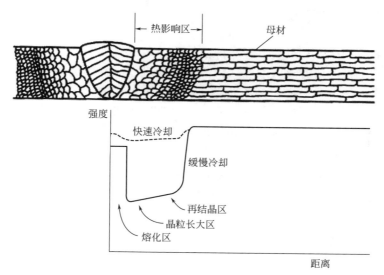

图 2-4　焊接接头的不均匀性

焊接接头的不均匀性的宏观力学响应是强度的不均匀性。如图 2-5 所示，母材及焊缝金属的屈服强度都具有分散性，各自遵从不同的分布。即使焊缝金属的屈服强度分布一定，如果母材屈服强度的分散性发生变化（图中的 A 和 B 分布），母材金属和焊接金属屈服强度的重叠干涉的可能性也随之变化。

焊缝和母材很难做到同质等强度，一般都存在所谓的强度失配问题。焊缝强度失配直接影响接头或结构的承载性能。通常将焊缝金属屈服强度大于母材金属屈服强度时称为高匹配，反之则称为低匹配。除了考虑屈服强度匹配，还可考虑抗拉强度匹配、塑性匹配或综合考虑反映强度和塑性的韧性匹配、疲劳强度以及疲劳裂纹扩展速率匹配等。

焊接工艺及热处理措施对焊接接头的不均匀性有较大的影响。图 2-6 为 6160-T6 铝合金焊接接头硬度与焊接热输入的关系。由此可见，这类铝合金焊接接头随焊接热输入的提高，焊接区硬度下降，强度随之降低。

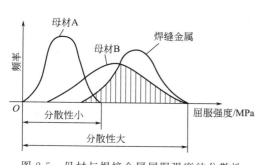

图 2-5　母材与焊接金属屈服强度的分散性

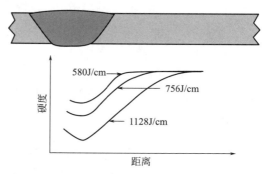

图 2-6　铝合金焊接接头硬度与焊接热输入的关系

由此可见，焊接强度的影响因素是复杂的，必须充分考虑材料状态、焊接热输入、焊后热处理等因素的综合作用。随着新材料、新工艺和新结构的广泛采用，焊接接头的组织性能不均匀性问题越来越突出，由此引发的结构性问题必须予以高度的重视。在焊接结构设计和强度分析中要充分考虑焊接接头不均匀性的影响，以更好地保证结构的完整性和适用性。

2.1.3 焊接接头的缺口效应

　　焊接接头截面的突变和焊缝外形、焊接缺陷等因素都会引起应力集中。应力集中对结构的直接作用就是所谓的缺口效应（图2-7），缺口效应对焊接结构疲劳强度有不同程度的影响，严重的缺口效应将显著降低焊接结构的承载能力。焊接接头的缺口效应可以是明显可见的，也可能是不能直接从外观上体现的，前者可以称为显式缺口效应，后者则可以称为隐式缺口效应。焊接接头几何形状或缺陷所引起的缺口效应以显式存在，而材料性能差异（特别是异种材料界面连接情况）所导致的缺口效应则以隐式存在。

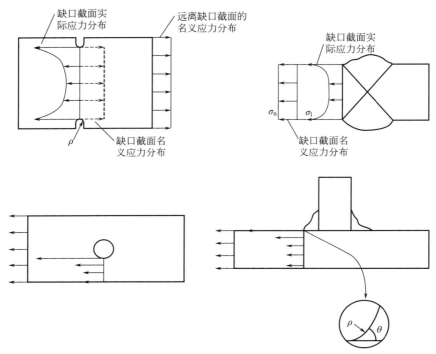

图 2-7　应力集中与焊接接头缺口效应

　　显式缺口效应是一般意义上的应力集中问题，仅从结构几何构造出发分析其局部应力，而不考虑材料性能的差异。隐式缺口效应特指异种材料界面连接引起的界面端部应力应变集中问题（图2-8），这种接头一般存在明显的界面，界面两侧的材料性能（物理性能、化学性能、力学性能、热性能以及断裂性能等）差异较大。即使界面端部过渡几何无变化，但是材料性能差异也会产生缺口效应，这种隐式缺口效应需要采用界面力学的方法进行分析。如果异种材料界面连接界面端部过渡几何发生变化，则会同时出现显式缺口效应和隐式缺口效应。这种应力集中除几何形状的影响外，材料性能的差异也是必须考虑的因素。因此，异种材料连接接头应力集中分析中需要同时考虑构件几何形状和材料性能的共同作用。

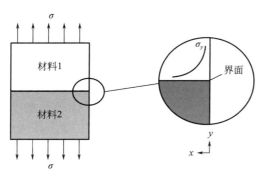

图 2-8　异种材料连接接头与界面应力分布

　　应力集中对焊接接头强度的影响与材料

性能、载荷类型和环境条件等因素有关。如果接头所用材料有良好的塑性，接头破坏前有显著的塑性变形，使得应力在加载过程发生均匀化，则应力集中对接头的静强度不会产生影响。但是，应力集中对焊接接头疲劳裂纹萌生与早期扩展有很大影响。

2.1.4　焊接接头的疲劳特征

在循环应力或应变的反复作用下，金属结构局部就会产生疲劳裂纹或断裂。金属结构的疲劳抗力取决于材料本身、构件的形状、尺寸、表面状态和服役条件。焊接结构的疲劳破坏往往起源于焊接接头的应力集中区（图 2-9），因此，焊接结构的疲劳实际上是焊接接头细节部位的疲劳。焊接接头中通常存在未焊透、夹渣、咬边、裂纹等焊接缺陷，这种"先天"的疲劳裂纹源可使接头越过疲劳裂纹萌生阶段，缩短断裂的进程。焊接接头处存在着严重的应力集中和较高的焊接残余应力，都会使焊接结构更易产生疲劳裂纹（图 2-10），导致疲劳断裂。

焊接接头的应力集中产生明显的缺口效应，如图 2-11 所示。实际焊接接头的轮廓参数沿焊缝长度方向是随机变化的，由此产生的应力集中也是随机变

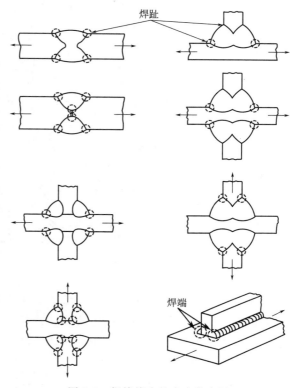

图 2-9　焊接接头的应力集中区

化的（图 2-12），这种随机性导致疲劳裂纹萌生也具有随机特性。因此，在焊接接头疲劳过程中，可能同时或先后在沿焊趾长度方向上萌生多个疲劳裂纹，这些小裂纹的扩展使相邻裂纹合并成较长裂纹，较长裂纹进一步扩展与合并为长而浅的焊趾疲劳裂纹。

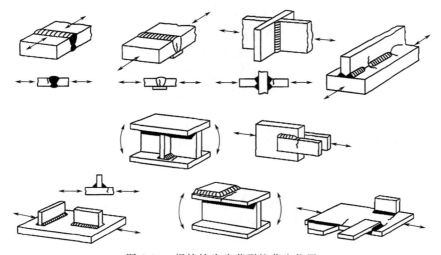

图 2-10　焊接接头疲劳裂纹萌生位置

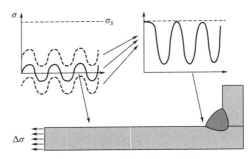

图 2-11　角焊缝的缺口效应

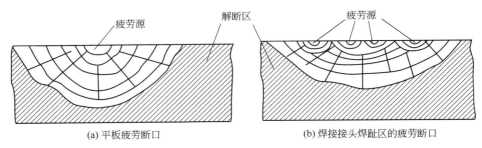

(a) 平板疲劳断口 　　　　　　　(b) 焊接接头焊趾区的疲劳断口

图 2-12　疲劳断口示意图

影响基体金属疲劳强度的因素同样会对焊接结构的疲劳强度产生影响。焊接结构的疲劳分析特别要考虑焊接接头应力集中、焊接残余应力、焊接缺陷、焊接接头组织不均匀性等因素的影响。图 2-13 为影响焊接接头疲劳强度的因素。

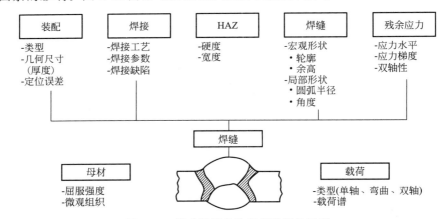

图 2-13　影响焊接接头疲劳强度的因素

2.2　对接接头的疲劳强度

2.2.1　对接接头的应力集中

在熔焊对接接头中，焊缝与母材的过渡处（焊趾）会产生应力集中，焊趾是焊接接头中的典型缺口。对接接头应力集中系数的大小主要取决于焊缝余高和焊缝向母材的过渡半径以及夹角（图 2-14 和图 2-15）。增加余高和减小过渡半径都会使应力集中系数增加。图 2-14 所示对接接头的焊趾应力集中系数可通过下式计算

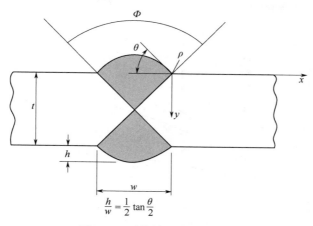

图 2-14　对接接头的几何模型

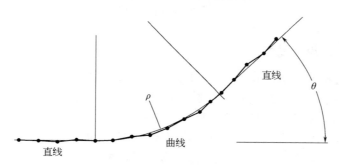

图 2-15　焊趾圆弧半径测量方法

$$K_t = 1 + 0.27 \left(\tan\theta\right)^{1/4} \left(\frac{t}{\rho}\right)^{1/2} \tag{2-1}$$

　　焊趾区的应力分布可采用有限元或边界元等数值方法进行计算。图 2-16 为采用边界元方法计算得到的对接接头焊趾区的应力分布；图 2-17 为对接接头几何参数对应力集中系数的影响。

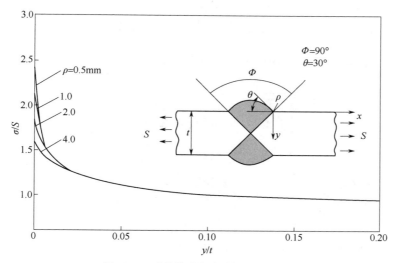

图 2-16　对接接头焊趾截面应力分布

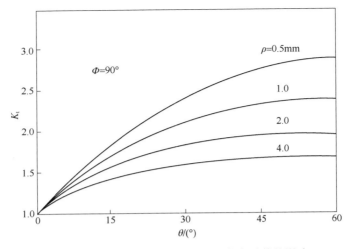

图 2-17　对接接头几何参数对应力集中系数的影响

2.2.2　对接接头的疲劳强度

　　焊接结构的疲劳强度由于应力集中程度的不同而有很大的差异。焊接结构的应力集中包括接头区焊趾、焊根、焊接缺陷引起的应力集中和结构截面突变造成的结构应力集中。若在结构截面突变处有焊接接头，则其应力集中更为严重，最容易产生疲劳裂纹。

　　对接接头的基本承载形式如图 2-18 所示。疲劳裂纹萌生的主要部位如图 2-19 所示。一般而言，横向受力的对接接头的缺口效应高于纵向受力的对接接头，因此，横向受力的对接接头的疲劳强度低于纵向受力的接头。纵向受力的对接接头的疲劳强度主要取决于焊缝表面质量，如焊缝表面波纹、起弧和熄弧处及根部未熔合等情况。

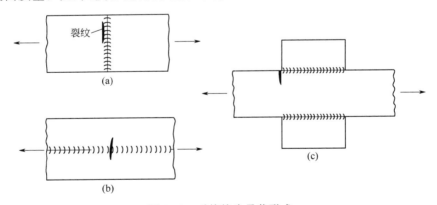

图 2-18　对接接头承载形式

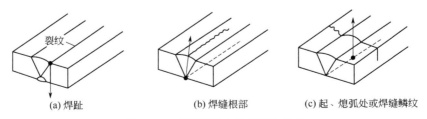

图 2-19　对接焊缝中裂纹萌生部位

　　横向受力的对接接头疲劳强度与焊缝形状参数有关（图 2-20）。横向受力的对接接头疲劳强度相对平板试件疲劳强度的降低程度如图 2-21 所示，随焊缝余高的增加及焊趾圆弧

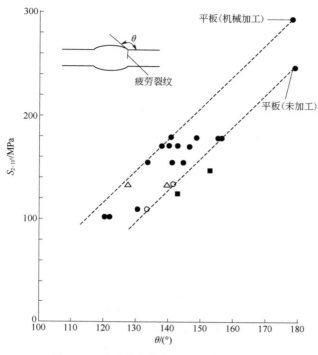

图 2-20　疲劳强度与焊缝形状参数的关系

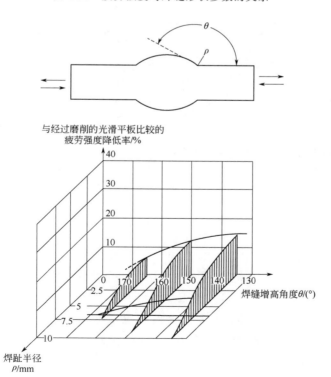

图 2-21　过渡角及圆弧半径对对接接头疲劳强度的影响

半径的降低，横向受力的对接接头缺口效应增大，其疲劳强度降低。去除余高后可显著提高横向受力的对接接头的疲劳强度（图 2-22）。

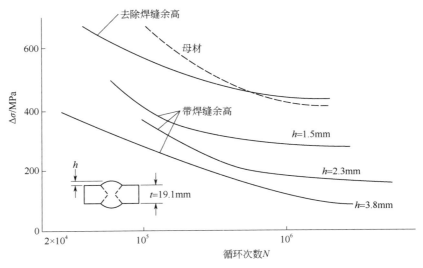

图 2-22　碳钢对接接头的 S-N 曲线（去除余高）

图 2-23 为 6082 铝合金熔焊接头与搅拌摩擦焊接头的疲劳强度的比较，搅拌摩擦焊接头的应力集中程度显著降低，可提高接头的疲劳强度。

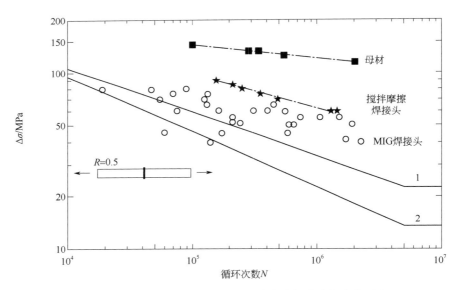

图 2-23　6082 铝合金熔焊接头与搅拌摩擦焊接头的疲劳强度
1—双面焊接头；2—单面焊接头

节点板接头的疲劳强度一般比较低，此时焊缝余高等因素已不重要，其焊缝端部已形成了严重的应力集中。焊缝端部的应力集中与焊趾缺口效应的叠加将进一步降低接头的疲劳强度（图 2-24）。

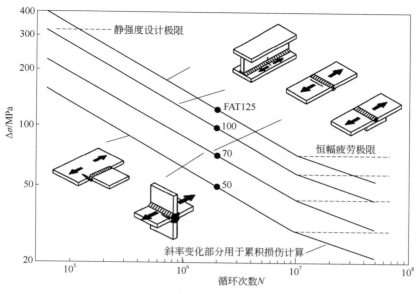

图 2-24　典型接头的 S-N 曲线

2.3　角焊缝接头的疲劳强度

2.3.1　角焊缝接头的应力集中

角焊缝截面形状如图 2-25（a）、（b）所示，角焊缝的几何形状及名称如图 2-25（c）所示。其中，截面为等腰直角的角焊缝是最为常用的。对于需要焊透的角焊缝，则需要开坡口。应用角焊缝可连接丁字（或十字）接头、搭接接头等。角焊缝接头的应力分布

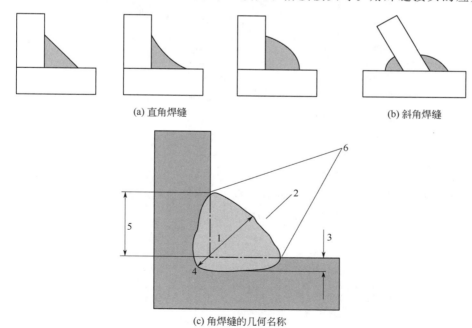

图 2-25　角焊缝的基本类型

1—焊缝厚度；2—焊缝表面；3—熔深；4—焊根；5—焊脚；6—焊趾

非常复杂，尤其是在丁字接头和搭接接头等接头形式中（图 2-26），角焊缝截面中的各面均存在正应力和剪应力，焊根处存在着严重的应力集中。

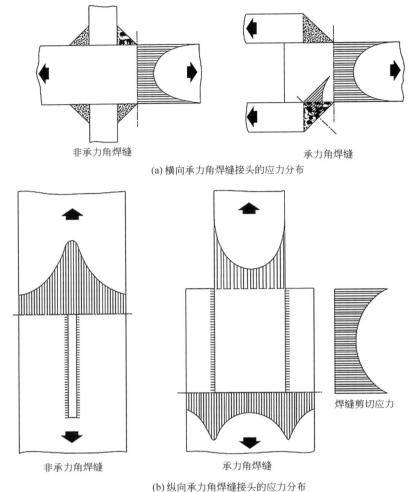

非承力角焊缝　　　　　　　　　　承力角焊缝

(a) 横向承力角焊缝接头的应力分布

非承力角焊缝　　　　　　承力角焊缝　　　焊缝剪切应力

(b) 纵向承力角焊缝接头的应力分布

图 2-26　角焊缝接头的应力集中

（1）T 形接头（十字接头）

T 形接头（十字接头）焊缝向母材过渡较急剧，其工作应力分布极不均匀，在角焊缝的根部和焊趾处都存在严重的应力集中。图 2-27 和图 2-28 分别为 T 形接头和十字接头的几何参数。图 2-29 为十字接头焊缝区的应力分布。

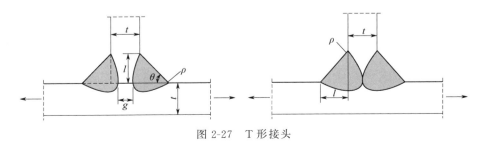

图 2-27　T 形接头

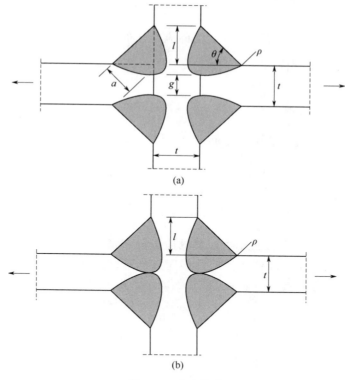

图 2-28 十字接头

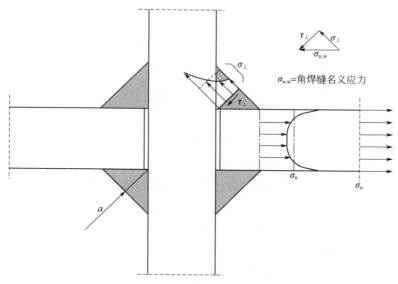

图 2-29 十字接头焊缝区的应力分布

T 形接头（十字接头）焊趾的应力集中系数可以表示为

$$K_t = 1 + 0.35 (\tan\theta)^{1/4} \left[1 + 1.1 (c/l)^{3/5}\right]^{1/2} \left(\frac{t}{\rho}\right)^{1/2} \tag{2-2}$$

焊根的应力集中系数可以表示为

$$K_t = 1 + 1.15\,(\tan\theta)^{-1/5}\,(c/l)^{1/2}\left(\frac{t}{\rho}\right)^{1/2} \tag{2-3}$$

图 2-30 为 T 形接头（未焊透）焊趾区的应力分布。

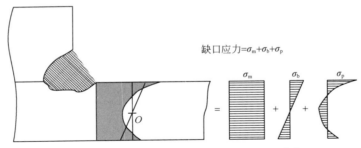

图 2-30　T 形接头角焊缝连接接头的应力分布

图 2-31 是未开坡口十字接头正面焊缝的应力分布情况。由于没有焊透，所以焊缝根部应力集中最为严重。在焊趾截面上的工作应力分布也很不均匀，焊趾应力集中系数随角焊缝的形状而变。应力集中系数随 θ 减小而减小，也随焊脚尺寸增大而减小，但联系焊缝在焊趾处的应力集中系数随焊脚尺寸增大而增大（图 2-32）。

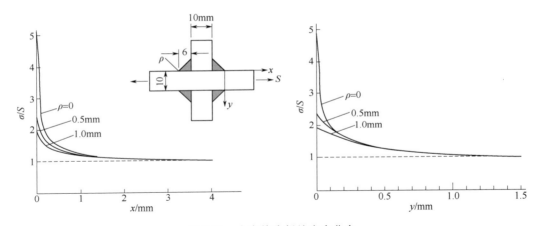

图 2-31　十字接头焊缝应力分布

（2）搭接接头

在搭接接头中，根据搭接角焊缝受力的方向，可以将搭接角焊缝分为正面角焊缝、侧面角焊缝和斜向角焊缝（图 2-33）。与作用力的方向垂直的角焊缝称为正面角焊缝（图 2-33 中 l_3 段），与作用力的方向平行的角焊缝称为侧面角焊缝（图 2-33 中 l_1 和 l_5 段），介于两者之间的角焊缝称为斜向角焊缝（图 2-33 中 l_2 和 l_4 段）。搭接接头传力和应力集中比对接接头的情况复杂得多。

① 正面角焊缝　在只有正面焊缝的搭接接头中，工作应力分布极不均匀（图 2-34）。在角焊缝根部和焊趾处都有较严重的应力集中。焊趾处的应力集中系数随角焊缝斜边与水平边夹角 θ 不同而改变，减小夹角 θ 和增大焊接熔深，都会使应力集中系数降低。

焊趾的应力集中系数可以表示为

$$K_t = 1 + 0.6\,(\tan\theta)^{1/4}\,(t/l)^{1/2}\left(\frac{t}{\rho}\right)^{1/2} \tag{2-4}$$

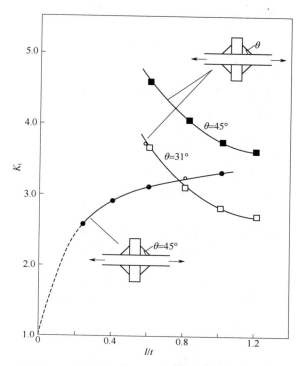

图 2-32　角焊缝的形状、尺寸与应力集中的关系

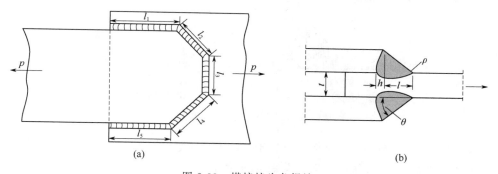

(a)　　　　　　　　　　　　(b)

图 2-33　搭接接头角焊缝

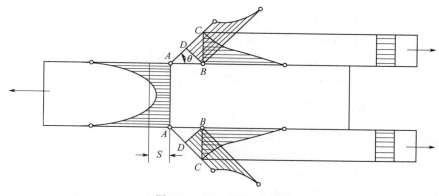

图 2-34　正面搭接角焊缝

焊根的应力集中系数可以表示为

$$K_t = 1 + 0.5 \, (\tan\theta)^{1/8} \left(\frac{t}{\rho}\right)^{1/2} \tag{2-5}$$

式中的符号见图 2-33（b）。

② 侧面角焊缝　在用侧面角焊缝连接的搭接接头中，其工作应力更为复杂。当接头受力时，焊缝中既有正应力，又有切应力，切应力沿侧面焊缝长度上的分布是不均匀的[图 2-35（a）]，它与焊缝尺寸、端面尺寸和外力作用点的位置等因素有关。

③ 联合角焊缝搭接接头的工作应力分布　在只有侧面焊缝的搭接接头中，不仅焊缝中应力分布极不均匀，而且在搭接板中的应力分布也不均匀。如果采用联合角焊缝搭接接头[图 2-35（b）]，应力集中程度将得到明显的改善。这是因为正面焊缝刚度比侧面焊缝的刚度大，并能承受一部分载荷，使侧面焊缝中的最大剪应力降低，同时使搭接板 A—A 截面应力集中程度得到改善。因此，在设计搭接接头时，若增加正面角焊缝，不但可以改善应力分布，还可以减小搭接长度，减少母材的消耗。

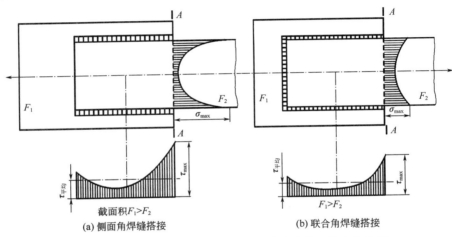

图 2-35　侧面角焊缝与联合角焊缝搭接接头的工作应力分布

实验证明，角焊缝的强度与载荷方向有关。当焊脚尺寸相同时，正面角焊缝的单位长度强度比侧面角焊缝的高，斜向角焊缝的单位长度强度介于上述两种焊缝强度之间。当焊脚尺寸一定时，斜向角焊缝的单位长度强度随焊缝方向与载荷方向的夹角而变化，夹角越大，其强度值越小。

上述分析表明，各种焊接接头焊后都存在不同程度的应力集中，应力集中对接头强度的影响与材料性能、载荷类型和环境条件等因素有关。如果接头所用材料有良好的塑性，接头破坏前有显著的塑性变形，使得应力在加载过程中发生均匀化，则应力集中对接头的静强度不会产生影响。应力集中对焊接接头疲劳强度的影响将在后续内容中进行分析。

2.3.2　角焊缝接头的疲劳强度

角焊缝接头的疲劳裂纹萌生的主要部位如图 2-36 中标号所示。图 2-37、图 2-38 为典型的裂纹扩展及断裂的情况（图中 a，b 所示）。一般而言，横向受力的对接接头的缺口效应高于纵向受力的对接接头，因此，横向受力的对接接头的疲劳强度低于纵向受力的接头。纵向受力的对接接头的疲劳强度主要取决于焊缝表面质量，如焊缝表面波纹、起弧和熄弧处及根部未熔合等情况。

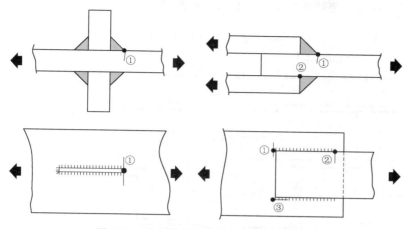

图 2-36　角焊缝接头的疲劳裂纹萌生部位

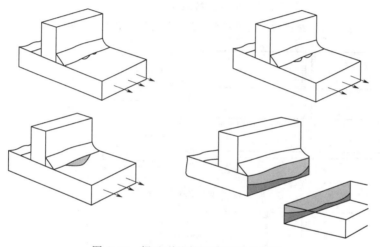

图 2-37　焊趾裂纹扩展及断裂的情况

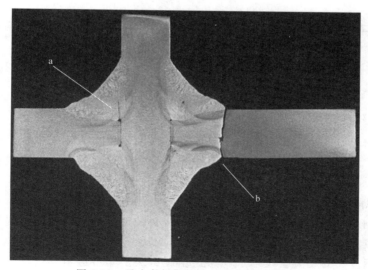

图 2-38　承力角焊缝接头的疲劳断裂情况

评价角焊缝接头疲劳强度所采用的基本接头类型如图 2-39、图 2-40 所示。

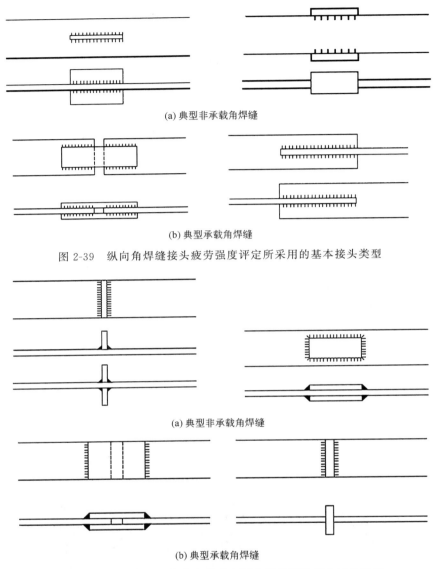

(a) 典型非承载角焊缝

(b) 典型承载角焊缝

图 2-39　纵向角焊缝接头疲劳强度评定所采用的基本接头类型

(a) 典型非承载角焊缝

(b) 典型承载角焊缝

图 2-40　横向角焊缝接头疲劳强度评定所采用的基本接头类型

（1）横向焊缝

由于焊趾的缺口效应，非承载的横向焊缝接头疲劳裂纹通常在主板焊趾处形成并沿主板厚度方向扩展。影响非承载的横向角焊缝接头疲劳强度的几何因素主要有板厚及焊缝外形。

图 2-41 为焊接接头疲劳分析中需要考虑的主要几何因素。图 2-42 为板厚对焊接接头疲劳强度的影响。由此可见，板厚因素对焊接接头的疲劳强度影响较为显著，而焊缝尺寸的影响相对较小。焊接工艺对结构钢角焊缝接头疲劳强度的影响如图 2-43 所示。

承力角焊缝接头的疲劳裂纹形成与熔透情况有关。非熔透角焊缝接头的疲劳裂纹可能在焊趾或焊根处形成，在焊趾处形成的疲劳裂纹类似于非承力角焊缝接头，在焊根处

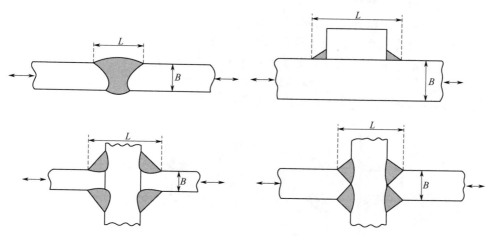

图 2-41　焊接接头疲劳分析中需要考虑的主要几何因素

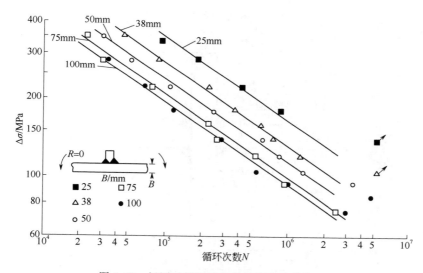

图 2-42　板厚对焊接接头的疲劳强度的影响

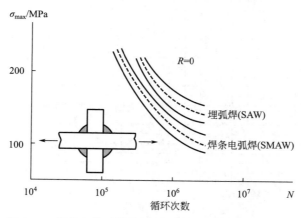

图 2-43　焊接工艺对结构钢角焊缝接头疲劳强度的影响

形成的疲劳裂纹则可能沿焊缝扩展。

　　未焊透角焊缝的焊趾和焊根是易萌生疲劳裂纹的区域（图 2-44）。疲劳裂纹是优先在焊趾区形成，还是优先在焊根处形成，与焊接接头几何尺寸有较大关系，也与焊缝成形质量有关。一般情况下，应避免疲劳裂纹优先在焊根处形成，原因是焊根处裂纹检测比较困难。为此，接头设计应选择合理的几何尺寸。图 2-45 给出了十字型接头焊趾与焊根等疲劳强度曲线，可作为该类型接头抗疲劳设计的参考。

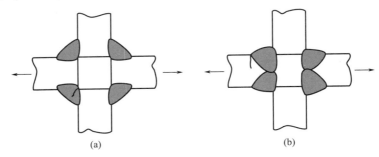

图 2-44　承载角焊缝的疲劳裂纹

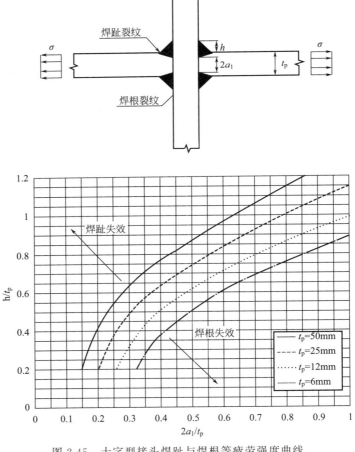

图 2-45　十字型接头焊趾与焊根等疲劳强度曲线

（2）纵向焊缝

非承力纵向角焊缝接头的疲劳强度类似于图 2-46 中的节点板接头情况，焊缝端部已形成了严重的应力集中。焊缝端部的应力集中与焊趾缺口效应的叠加导致疲劳裂纹在焊缝端部形成并沿主板扩展。图 2-46 为不同应力比情况焊态下非承力纵向角焊缝接头的 S-N 曲线，应力比对接头的疲劳强度的影响不显著，筋板长度对接头的疲劳强度有一定的影响（图 2-47）。

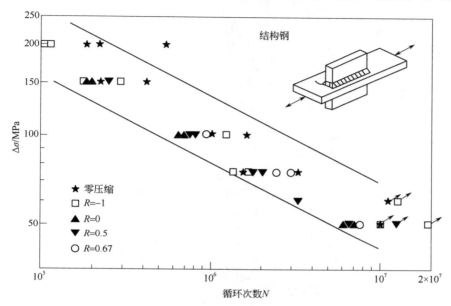

图 2-46　非承力纵向角焊缝接头的 S-N 曲线

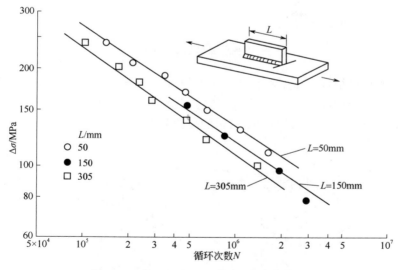

图 2-47　筋板长度对接头疲劳强度的影响

承力纵向角焊缝接头的疲劳破坏形式与结构类型有关。盖板型结构的疲劳裂纹可在焊缝端部的主板处形成，也可出现在主板接缝边靠近焊缝的盖板处形成，适当增加侧面角焊缝长度或采用联合角焊缝对提高疲劳强度是有利的。插件型接头的疲劳裂纹一般形成在焊缝端部。

实际焊接结构是上述基本接头的组合，应根据焊缝与载荷条件确定焊缝的作用，从而对焊接接头的疲劳行为进行分析。图 2-48 为一组合的焊接结构，分解看焊缝 A 为非承力横向角焊缝，焊缝 B 为承力横向角焊缝，焊缝 C 为非承力纵向角焊缝。组合以后各焊缝的作用将不再易于区别，特别是当疲劳裂纹形成后发生载荷转移，使焊缝的受力条件也随之变化。

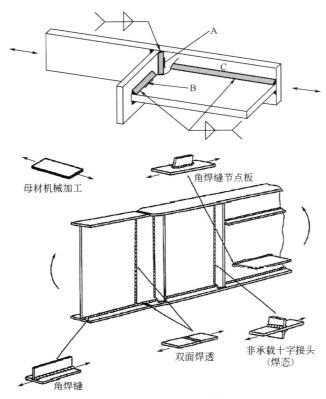

图 2-48　焊接结构的分解

对于复杂的焊接结构，需要根据受力分析结果和有关标准要求确定关键区域和关键位置，进而进行疲劳设计。图 2-49 为油船结构典型节点的关键区域及关键位置。关键部位存在较大的应力集中（图 2-50），是结构的疲劳危险区。

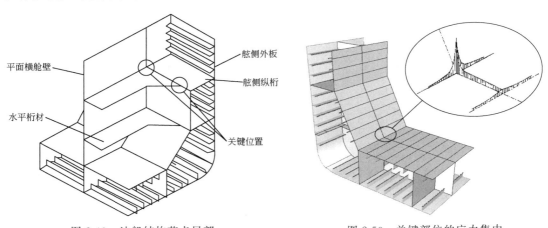

图 2-49　油船结构节点局部　　　　　　图 2-50　关键部位的应力集中

2.4　点焊接头的疲劳强度

2.4.1　点焊接头的应力集中

点焊接头中的焊点主要承受剪应力，在单排搭接点焊中，除受剪应力外，还承受由偏心引起的附加拉应力。在焊点区域沿板厚方向的应力分布很不均匀，如图 2-51 所示。可以看出，点焊搭接接头应力集中程度比电弧焊搭接接头严重。在单排搭接点焊中，焊点附近应力分布特别密集。其密集程度与参数 e/d 有关，e/d 越大（e 为焊点间距），应力分布越不均匀。

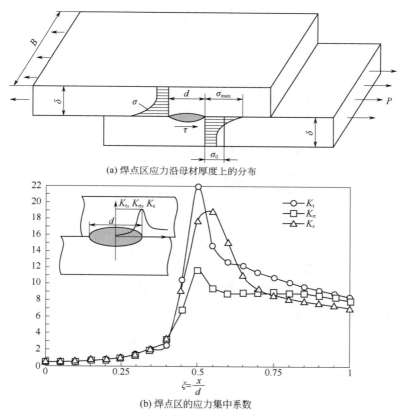

(a) 焊点区应力沿母材厚度上的分布

(b) 焊点区的应力集中系数

图 2-51　焊点区应力分布及应力集中系数

在多排点焊接头中，各焊点所承受的载荷并非一样，实际情况与电弧焊搭接接头侧面焊缝相似，即两端焊点受力最大，中部焊点受力最小，如图 2-52 所示。焊点越多，载荷分布越不均匀，因此，点焊接头的焊点排数（纵向）不宜过多。一般而言，点焊排数多于三排后，其接头的承载能力基本保持不变。

点焊接头典型承载的情况如图 2-53 所示，其焊点周围产生不同程度的应力集中。根据应力分布特点，点焊接头的抗拉强度明显低于抗剪强度，所以在一般使用中，应尽量避免点焊接头承受这种载荷。

上述分析表明，点焊接头中的工作应力分布很不均匀，应力集中系数较大，其动载强度很低。但是，如果材料塑性好，接头设计合理，这种接头仍有较高的静载强度。如图 2-54 所示，若焊点的强度足够高，点焊接头在外载作用下，应力集中区形成塑性铰，

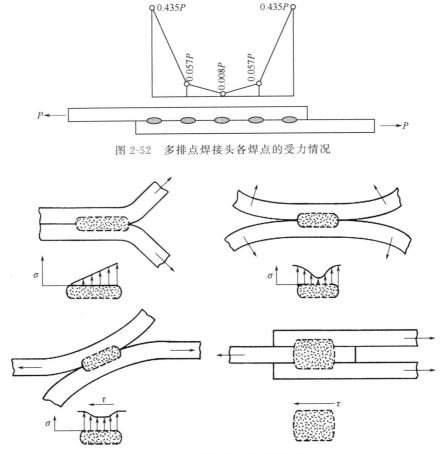

图 2-52 多排点焊接头各焊点的受力情况

图 2-53 点焊接头典型承载情况

搭接界面发生较大偏转，断裂发生在焊点周围，承受载荷较高；如果焊点强度低，则搭接界面的偏转较小，焊点发生剪断，承受载荷较低。

点焊接头的破坏一般发生在应力集中区（图 2-54）。如果焊点具有足够的强度，破坏发生在母材应力集中区 [图 2-54（a）]；如果焊点的强度低，则破坏可能发生在焊核区 [图 2-54（b）]。

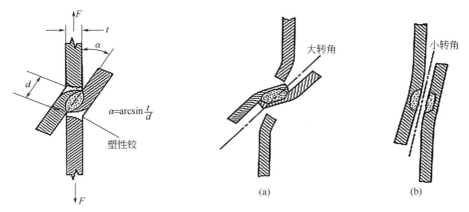

图 2-54 点焊接头的破坏模式

2.4.2　点焊接头的疲劳强度

点焊接头的疲劳强度主要取决于焊点的局部应力参数（结构应力、缺口应力和应力强度因子），有关内容将在下一章讨论。影响局部力学参数的因素有焊件的板厚和板宽，焊点的直径、数目、布置和间距等。焊点应力峰值区是疲劳裂纹萌生的危险部位，只有在热影响区明显硬化和低周疲劳时，裂纹可能在热影响区之外萌生和扩展。图 2-55 为典型焊点的疲劳裂纹。

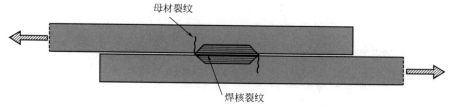

图 2-55　焊点的疲劳裂纹

点焊接头的疲劳强度降低系数一般为 $0.1 \sim 0.5$，双面剪切点焊接头取值高于单面剪切点焊接头，薄板点焊接头取值高于厚板点焊接头（焊点间距相同）。小间距点焊接头取值高于大间距点焊接头（焊点直径相同）。

点焊接头搭接面区易于发生间隙腐蚀，因而降低接头的疲劳强度，为此需要采取一定的措施加以防护。

2.5　焊接管节点的疲劳强度

2.5.1　焊接管节点的应力集中

（1）管节点结构

管桁架中直径较大的弦管常称为主管，直径较小的腹管又称为支管。管节点可以有节点板，也可以不用节点板而直接进行焊接，直接焊接管节点又称相贯节点，是指在节点处主管保持连续，其余支管通过端部相贯线加工后，不经任何加强措施，直接焊接在主管外表的节点形式。当节点交汇的各杆轴线处于同一平面时，称为平面相贯节点，否则称为空间相贯节点。

主管和支管均为圆管的直接焊接管节点的构造形式如图 2-56 所示。平面管节点主要有 T、Y、X 形，有间隙的 N、K 形和 KT 形。图 2-57 为 K 形管节点的几何参数。图中 e 为支管轴线交点与主管轴线间的偏心距，当偏心位于无支管一侧时，定义为 $e>0$，反之 $e \leqslant 0$。这些参数均对节点的工作性能有影响。

影响节点强度和刚度的重要几何、力学参数有：主管的径厚比；支管和主管间的直径比 β_i；各支管轴线与主管轴线间的夹角 θ_i；对空间节点，还有主管轴线平面处支管间的夹角 ϕ 等；以及钢材的屈服强度和屈强比；主管的轴压比等。

（2）焊接管节点的应力集中

管节点是空间封闭薄壳结构，受力比较复杂。在节点中，载荷由支管直接传给主管。由于支管的轴向刚度远远大于主管的径向刚度，支管与主管的相贯线成为整个结构的薄弱环节。图 2-58 为 T 形节点支管受轴向载荷时的应力分布情况。应力分析表明，节点部

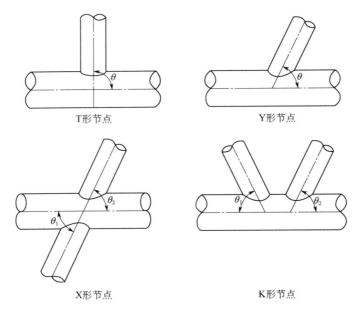

图 2-56　管节点的基本类型

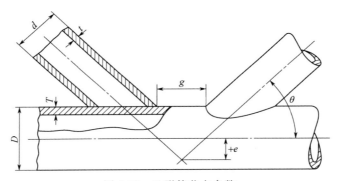

图 2-57　K 形管节点参数

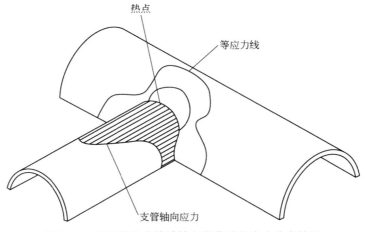

图 2-58　T 形节点支管受轴向载荷时的应力分布情况

位的应力由名义应力、几何应力和局部应力三部分组成。在支管与主管相交处的最低点，名义应力与几何应力之和达到最大值，是管节点的"热点"。管节点的"热点"应力定义如图 2-59 所示。热点应力集中系数定义为：

$$K_{hs} = \frac{\sigma_{hs}}{\sigma_n} \qquad (2\text{-}6)$$

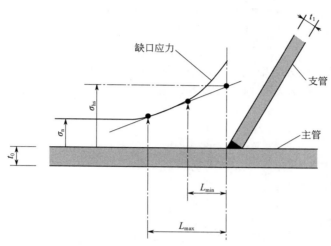

图 2-59　管节点"热点"应力定义

图 2-60 为支管与主管过渡区的应力集中情况，在支管与主管的焊趾处的应力集中系数最大。

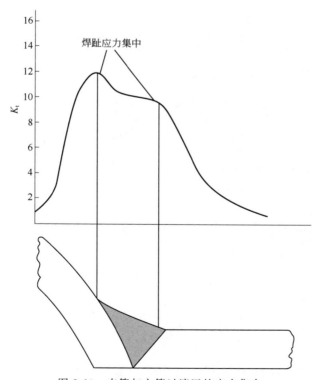

图 2-60　支管与主管过渡区的应力集中

管节点的"热点"区不仅会出现很高的应力集中，而且存在有焊接缺陷和焊接残余拉应力，多种不利因素相叠加使管节点对交变载荷的抵抗能力较低，疲劳裂纹往往起源于高应力区的初始缺陷处，常常在"热点"附近由表面裂纹扩展并穿透管壁，逐步扩展而使节点破坏，导致整体结构承载力丧失。为了降低热点的应力集中，常需要采用局部加强等措施。

管节点的结构应力集中系数沿交贯线是变化的（图 2-61），Dover 提出的 T 形节点受轴向载荷时应力集中系数沿交贯焊缝分布的经验公式为：

$$K(\Phi) = K_{\mathrm{s}} \cos^2 \Phi + K_{\mathrm{c}} \sin^2 \Phi \tag{2-7}$$

式中，K_{s} 为鞍点应力集中系数；K_{c} 为冠点应力集中系数。

图 2-62 为支管受拉伸和弯曲时管节点"热点"应力集中系数沿交贯线的变化。

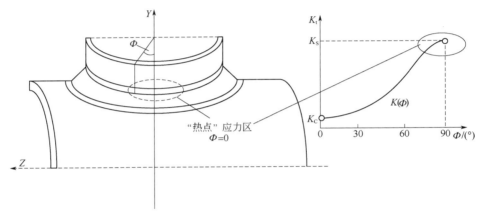

图 2-61　管节点"热点"应力集中系数沿交贯线的变化

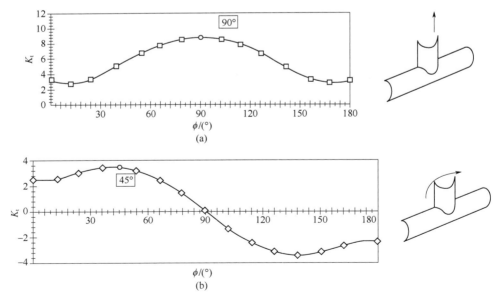

图 2-62　拉伸和弯曲条件下管节点"热点"应力集中系数沿交贯线的变化

一般情况下，管节点的"热点"应力集中系数可以表示为

$$K_{hs} = f(\alpha,\ \beta,\ \gamma,\ \tau,\ \theta,\ \zeta,\ \varepsilon) \tag{2-8}$$

式中，$\alpha = \dfrac{2L}{D}$，$\beta = \dfrac{d}{D}$，$\gamma = \dfrac{D}{2T}$，$\tau = \dfrac{t}{T}$，$\zeta = \dfrac{g}{D}$，$\varepsilon = \dfrac{e}{D}$，$\theta$ 为支管与主管的夹角。

将数值计算结果或试验数据通过对数型多元线性回归可得到管节点"热点"应力集中系数的表达式一般形式为

$$K_{hs} = k\alpha^{p_1}\beta^{p_2}\gamma^{p_3}\tau^{p_4}(\sin\theta)^{p_5}\zeta^{p_6}\varepsilon^{p_7} \tag{2-9}$$

例如，Kuang 等提出的 T 形和 Y 形节点支管受拉时主管"热点"应力集中系数的经验式为

$$K_{hs} = 1.981\alpha^{0.057}\exp(-1.2\beta^3)\gamma^{0.808}\tau^{1.333}(\sin\theta)^{1.694} \quad 0 \leqslant \theta \leqslant 90° \tag{2-10}$$

K 形节点两支管对称受拉时主管"热点"应力集中系数的经验式为

$$K_{hs} = 1.506\beta^{-0.059}\gamma^{0.666}\tau^{1.104}\zeta^{0.067}(\sin\theta)^{1.521} \quad 0 \leqslant \theta \leqslant 90° \tag{2-11}$$

2.5.2　管节点的疲劳性能

在管节点中，载荷由支管直接传给主管。由于支管的轴向刚度远远大于主管的径向刚度，支、主管的相贯线成为整个结构的薄弱环节。该处不仅会出现很高的应力集中（应力集中系数可高达 20），而且存在有焊接缺陷和焊接残余拉应力，多种不利因素相叠加使管节点对交变载荷的抵抗能力较低，疲劳裂纹往往起源于高应力区的初始缺陷处，常常在"热点"附近由表面裂纹扩展并穿透管壁（图 2-63）。

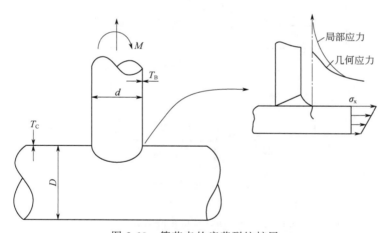

图 2-63　管节点的疲劳裂纹扩展

由于管节点的几何形状及应力状态均很复杂，管节点的疲劳裂纹一般出现在具有高应力集中的主管热点处的焊趾附近。首先出现一系列间距很接近的微裂纹，当其增长到几毫米后，这些裂纹连接在一起形成以热点为中心的单一裂纹。一般表面裂纹扩展到 60% 周长时，节点刚度仍然无显著变化，直到裂纹贯穿主管壁厚，逐步扩展而使节点破坏，导致整体结构承载力丧失。

英国能源部制定的有关规范曾经提出了下列三个管节点疲劳破坏的定义。

① 用任意方法监测到第一条可辨别的裂纹出现。

② 检测到第一条裂纹穿透管壁。

③ 管子完全断裂，无法继续承受载荷。

定义①太保守，因为结构在这个阶段还有足够的承载能力，另外由于不同的检测方法会得到不同的结果，所以这个定义也不精确。定义③则存在很大的风险，这时结构一旦破坏，将无法修补。定义②的破坏标准由于其较易检测且较精确，而被广泛采用。

目前国际上通常使用由热点应力表示的 S-N 曲线进行管节点疲劳分析和设计，有关内容将在下一章进行专题讨论。

2.6 焊接结构疲劳强度影响因素分析

应力集中、截面形状尺寸、表面状态、加载情况以及环境介质等同样影响焊接结构的疲劳强度。另外焊接结构本身的一些特点，如接头材料组织性能变化、焊接缺陷和残余应力等也会对焊接结构的疲劳强度产生影响。

2.6.1 应力集中的影响

焊接结构的疲劳强度由于应力集中程度的不同而有很大的差异。焊接结构的应力集中包括接头区焊趾、焊根、焊接缺陷引起的应力集中和结构截面突变造成的结构应力集中。若在结构截面突变处有焊接接头，则其应力集中更为严重，最容易产生疲劳裂纹（图 2-64）。

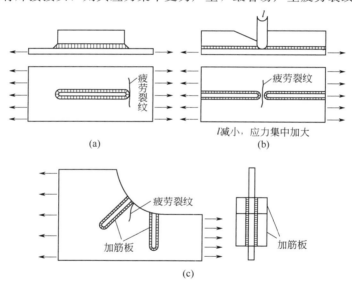

图 2-64　结构上的缺口与焊接区重叠部分产生的疲劳裂纹

最为普遍的情况是，在名义应力疲劳载荷作用下，焊接接头应力集中区由于缺口效应而发生微区循环塑性变形，并受周围弹性区的约束。这种局部塑性循环区疲劳裂纹萌生与早期扩展对接头的疲劳寿命有很大影响。

对于焊接接头的焊趾和焊根所形成的缺口效应（图 2-65），可取一虚拟的曲率半径 r，如 $r=1\text{mm}$。通过式（1-22）可计算疲劳缺口敏感系数 q，应用实验测定或数值计算可得应力集中系数 K_t，代入式（1-21）可得焊接接头的疲劳缺口系数 K_f。

焊接接头区存在应力集中，即所谓的缺口效应。通常可用疲劳强度降低系数 γ 来描述焊接接头的疲劳强度特性，即：

$$\gamma = \frac{\sigma_{PW}}{\sigma_P} \tag{2-12}$$

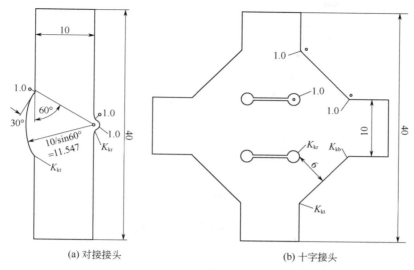

图 2-65　焊接接头焊趾和焊根的虚拟缺口曲率半径

式中，σ_P 为母材的疲劳强度；σ_{PW} 为焊接接头的疲劳强度。对于结构钢而言，焊接接头的疲劳降低系数 γ 与疲劳缺口系数 K_f 成反比，即

$$\gamma = \frac{1}{0.89 K_f} \tag{2-13}$$

因此，可用缺口效应来反映焊接接头的疲劳强度降低。

表 2-1 为典型焊接接头的缺口疲劳系数 K_f 和疲劳强度降低系数 γ。

表 2-1　典型焊接接头的缺口疲劳系数 K_f 和疲劳强度降低系数 γ

焊接接头（结构钢）	对接接头	横向筋板接头	K 形焊缝十字接头	盖板搭接接头	角焊缝十字接头
K_f 裂纹萌生部位	1.89 焊趾	2.45 焊趾	2.50 焊趾	3.12 焊趾	4.03 焊根
γ	0.595	0.459	0.449	0.36	0.279

　　焊接接头焊趾与焊根的疲劳缺口系数 K_{ft} 和 K_{fr} 通常有较大差别（图 2-66），因而减小较大 K_f 值的措施，对焊接接头形状优化、提高疲劳强度是很有意义的。

　　对接焊缝由于形状变化不大，因此它的应力集中比其他形式接头要小，但是过大的余高和过大的母材与焊缝的过渡角以及过小焊趾圆弧半径都会增加应力集中，使接头的疲劳强度降低。受单向拉伸的对接接头焊缝余高对疲劳强度是很不利的。若对焊缝表面进行机械加工，应力集中程度将大大减少，对接接头的疲劳强度也相应提高。

　　对接接头的不等厚和错位以及角变形都会产生结构性应力集中，对接头的疲劳强度有不同程度的影响。对于板厚差异大的对接，应采取过渡对接的形式。

　　丁字与十字接头的应力集中系数要比对接接头的高，因此丁字与十字接头的疲劳强度远低于对接接头的疲劳强度。单向拉伸的丁字接头采用双面焊缝为好，单面焊缝是不可取的。单向拉伸十字接头有间隙的角焊缝根部特别容易引起破坏，减小焊缝根部间隙长度或将工作焊缝转换为联系焊缝，可降低焊根的疲劳缺口系数。

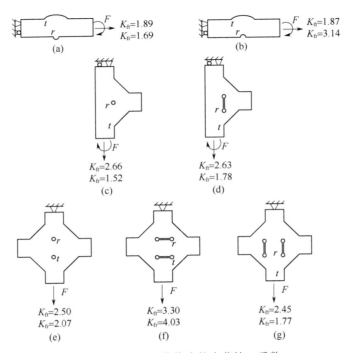

图 2-66 典型焊接接头的疲劳缺口系数

试验结果表明，搭接接头的疲劳强度是很低的。仅有侧面焊缝的搭接接头疲劳强度仅为基体金属的 34％。焊脚为 1∶1 的正面角焊缝的搭接接头为基体金属的 40％。正面角焊缝为 1∶2 的搭接接头应力集中稍有降低，因而其疲劳强度有所提高，但是这种措施的效果不大。即使对焊缝向基体金属过渡区进行表面机械加工，也不能显著地提高接头的疲劳强度。只有当盖板的厚度比按强度条件所要求的增加一倍，才能达到基体金属的疲劳强度。但是在这种情况下，已经丧失了搭接接头简单易行的优点，因此不宜采用这种措施。采用所谓"加强"盖板的对接接头是极不合理的，在这种情况下，接头的疲劳强度由搭接区决定，使得原来疲劳强度较高的对接接头被大大地削弱了。

缺口或者零件横截面积的变化使这些部位的应力应变增大，在高周疲劳范围，缺口应力对于裂纹萌生和裂纹扩展的初始阶段虽不是唯一的影响因素，但往往是决定性因素。在焊接结构中，若焊缝外形导致尖锐缺口，则不仅降低整个结构的强度，而且更为重要的是，将引起强烈的应力集中。应力集中部位是结构的疲劳薄弱环节，控制了结构的疲劳寿命。

2.6.2　焊接残余应力的影响

焊缝区在焊后的冷却收缩一般是三维的，所产生的残余应力也是三轴的。但是，在材料厚度不大的焊接结构中，厚度方向上的应力很小，残余应力基本上是双轴的（图 2-67）。只有在大厚度的结构中，厚度方向上的应力才比较大。为便于分析，常把焊缝方向的应力称为纵向应力，用 σ_x 表示。垂直于焊缝方向的应力称为横向应力，用 σ_y 表示。厚度方向的应力用 σ_z 来表示。

（1）纵向残余应力

纵向残余应力是由于焊缝纵向收缩引起的（图 2-68）。对于普通碳钢的焊接结构，在

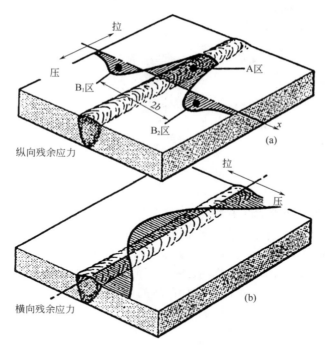

图 2-67　纵向残余应力与横向残余应力分布

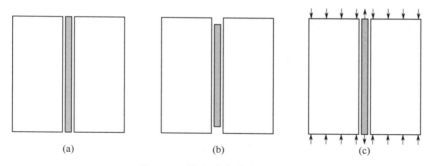

图 2-68　纵向残余应力的形成

焊缝区附近为拉应力，其最大值可以达到或超过屈服极限，拉应力区以外为压应力。焊缝区最大应力 σ_{max} 和拉伸应力区的宽度 b 是纵向残余应力分布的特征参数。对于图 2-67（a）所示的对称分布的纵向残余应力，可近似地表示为

$$\sigma_x = \sigma_{max} \left[1 - \left(\frac{x}{b} \right)^2 \right] e^{-\frac{1}{2}\left(\frac{x}{b} \right)^2} \tag{2-14}$$

（2）横向残余应力

垂直于焊缝方向的残余应力称为横向残余应力［图 2-67（b）］，用 σ_y 来表示。横向残余应力产生是焊缝及其附近塑性变形区的横向收缩和纵向收缩共同作用的结果。

横向应力在与焊缝平行的各截面上的分布大体与焊缝截面上的相似，但是离焊缝的距离越大，应力值就越低，到边缘上 $\sigma_y = 0$，如图 2-69 所示。

厚板焊接结构中，除了存在着纵向残余应力和横向残余应力外，还存在着较大的厚度方向上的残余应力。研究表明，这三个方向上的残余应力在厚度上的分布极不均匀。

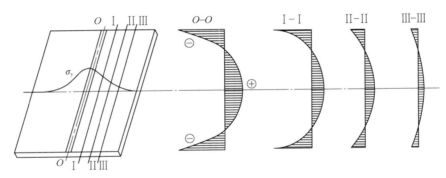

图 2-69　横向残余应力分布

其分布规律，对于不同焊接工艺有较大差别。

　　焊接残余应力对疲劳强度的影响比较复杂。一般而言，焊接残余应力与疲劳载荷相叠加（图 2-70），如果是压缩残余应力，就降低原来的平均应力，其效果表现为提高疲劳强度。反之，若是残余拉应力，就提高原来的平均应力，因此降低焊接构件的疲劳强度。由于焊接构件中的拉、压残余应力是同时存在的，其疲劳强度分析要考虑拉伸残余应力的作用。

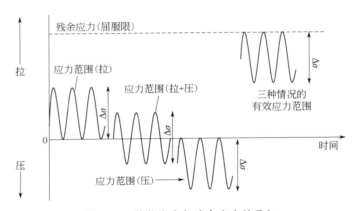

图 2-70　外载应力与残余应力的叠加

　　焊接残余应力分布对疲劳强度的影响如图 2-71 所示。若焊接残余应力与疲劳载荷叠加后在材料表面形成压缩应力，则有利于提高构件的疲劳强度。焊接残余应力与疲劳载荷叠加后在材料表面形成拉伸应力，则不利于构件的疲劳强度。焊后消除应力处理有利于提高焊接结构的疲劳强度，如图 2-72 所示。

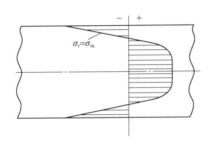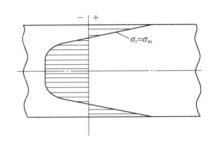

(a)

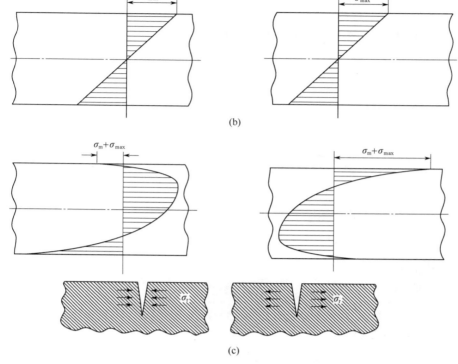

图 2-71　残余应力及其对疲劳裂纹扩展的影响

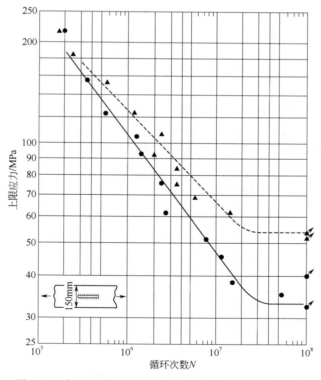

图 2-72　焊后消除应力处理对焊接接头疲劳强度的影响

残余应力在交变载荷的作用过程中会逐渐衰减（图 2-73），这是因为在循环应力的条件下，材料的屈服点比单调应力低，容易产生屈服和应力的重分布，使原来的残余应力峰值减小并趋于均匀化，残余应力的影响也就随之减弱。

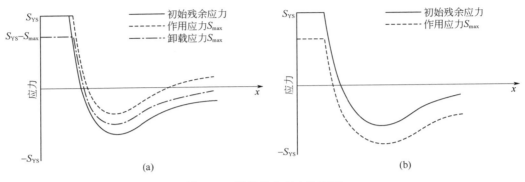

图 2-73　焊接残余应力的衰减

在高温环境下，焊件的残余应力会发生松弛，材料的组织性能也会变化，这些因素的交叉作用，使得残余应力的影响常常可以忽略。这种情况下，应注意温度变化引起的热应力疲劳所产生的影响。

2.6.3　焊接缺陷的影响

焊接缺陷对焊接结构承载能力有非常显著的影响，其主要原因是缺陷减小了结构承载截面的有效面积，并且在缺陷周围产生了应力集中。缺陷的种类较多，根据缺陷性质和特征，焊接缺陷主要有裂纹、夹渣、气孔、未熔合和未焊透、形状和尺寸不良等。按其在焊缝中的位置不同，可分为外部缺陷和内部缺陷。焊接缺陷的形状不同，引起截面变化的程度不同，对负载方向所成的角度不同，都会使缺陷周围的应力集中程度大不一样。根据缺陷对结构强度的影响程度，又可将焊接缺陷分为平面缺陷、体积缺陷和成形不良三种类型。

焊接缺陷对疲劳强度的影响是与缺陷的种类、尺寸、方向和位置有关的。即使缺陷率相同，片状缺陷（如裂纹、未熔合、未焊透等）比带圆角的缺陷（如气孔等）的影响大；表面缺陷比内部缺陷影响大；与作用力表面垂直的片状缺陷比其他方向的影响大；位于残余拉应力场内的缺陷比残余压应力场内的影响大；位于应力集中区的缺陷（如焊趾处裂纹）比均匀应力区的缺陷影响大。

（1）平面缺陷

如裂纹、未熔合和未焊透等。这类缺陷对断裂的影响取决于缺陷的大小、取向、位置和缺陷前沿的尖锐程度。缺陷面垂直于应力方向的缺陷、表面及近表面缺陷和前沿尖锐的裂纹，对焊接结构断裂的影响最大。

① 裂纹　焊接裂纹是接头中局部区域的金属原子结合遭到破坏而形成的缝隙，缺口尖锐、长宽比大，在结构工作过程中会扩大，甚至会使结构突然断裂，特别是脆性材料，所以裂纹是焊接接头中最危险的缺陷。

焊接裂纹的类型与分布是多种多样的。焊接接头应力集中是容易形成裂纹的部位，如焊趾裂纹和焊根裂纹，见图 2-74。焊趾裂纹和焊根裂纹形成重复缺口效应。裂纹是最危险的焊接缺陷，有关裂纹对焊接结构疲劳的影响将在第 4 章中进行分析。

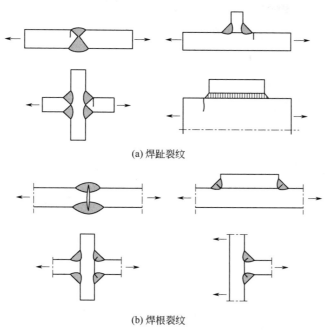

(a) 焊趾裂纹

(b) 焊根裂纹

图 2-74　焊接接头应力集中区的裂纹

② 未熔合与未焊透

a. 未熔合　固体金属与填充金属之间（焊道与母材之间），或者填充金属之间（多道焊时的焊道之间或焊层之间）局部未完全熔化结合（图 2-75），或者在点焊（电阻焊）时母材与母材之间未完全熔合在一起，有时也常伴有夹渣存在。

b. 未焊透　如图 2-76 所示，母体金属接头处中间（X 坡口）或根部（V、U 坡口）的钝边未完全熔合在一起而留下的局部未熔合叫未焊透。未焊透降低了焊接接头的强度，在未焊透的缺口和端部会形成应力集中，在焊接件承受载荷时容易导致开裂。

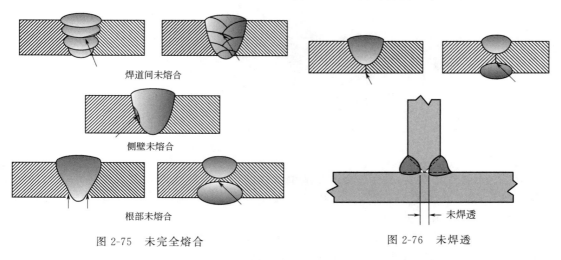

焊道间未熔合

侧壁未熔合

根部未熔合

未焊透

图 2-75　未完全熔合　　　　　图 2-76　未焊透

图 2-77 是未焊透对低碳钢对接接头疲劳强度的影响。随着缺陷严重程度的增加，焊接接头的疲劳强度显著降低。

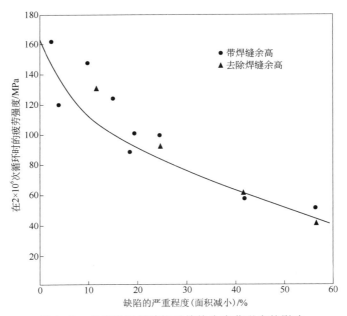

图 2-77　未焊透对低碳钢对接接头疲劳强度的影响

（2）体积缺陷

如气孔、夹渣等，它们对断裂的影响程度一般低于平面缺陷。

① 气孔　气孔是焊接熔池结晶过程中经常出现的主要缺陷之一。气孔会削弱焊缝有效工作截面积，还可以形成应力集中，显著降低接头的强度。图 2-78 是一个椭球形空洞缺陷，空洞被各向同性的弹性体所包围，在远场作用应力作用下所产生的应力集中情况。应力集中程度与椭球的形状及相对载荷的方位有关。

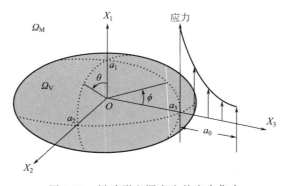

图 2-78　椭球形空洞产生的应力集中

有些气孔则会影响焊缝的气密性。多个气孔间的距离较小时，气孔边缘的应力集中作用容易导致孔间连通，形成较大的缺陷，进一步加重应力集中效应。图 2-79 为结构钢对接接头气孔率对疲劳强度的影响。

② 夹渣　熔化焊接时的冶金反应产物，例如非金属杂质（氧化物、硫化物等）以及熔渣，由于焊接时未能逸出，或者多道焊接时清渣不干净，以致残留在焊缝金属内，称为夹渣或夹杂物。视其形态可分为点状和条状，其外形通常是不规则的，其位置可能在焊缝与母材交界处，也可能存在于焊缝内（图 2-80）。另外，在采用钨极氩弧焊打底＋手工

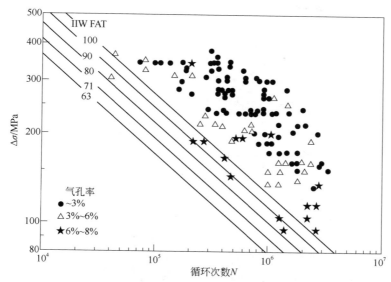

图 2-79　结构钢对接接头气孔率对疲劳强度的影响

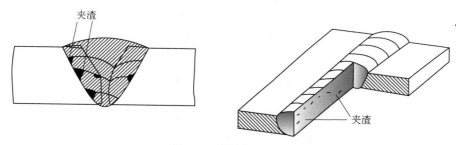

图 2-80　焊缝中的夹渣

电弧焊或者钨极氩弧焊时，钨极崩落的碎屑留在焊缝内则成为高密度夹杂物（俗称夹钨）。

　　夹渣与周围材料性能各异，冶金结合不良。夹渣的存在使焊缝的有效截面减小，也会产生类似气孔的应力集中，过大的夹渣会降低焊缝的强度和致密性。

　　夹渣引起的应力集中与基体和夹渣的弹性模量的比值 E_1/E_2 有关。例如，对于图 2-81 所示的带圆形异材的受拉板，当 $E_2 = E_1$ 时，A 点的应力集中系数由 3 下降到 1.75；当 $E_2 < E_1$ 时，降低应力集中的程度较小；当 $E_2 > E_1$ 时，可显著降低应力集中。也就是说，夹渣产生应力集中低于空洞产生的应力集中。

　　（3）成形不良

　　如焊道的余高过大或不足、角变形或焊缝处错边等，它们会使结构产生应力集中或附加应力，对焊接结构的断裂强度造成不利影响。

　　① 咬边　这类缺陷属于焊缝的外部缺陷。当母体金属熔化过度时造成的穿透（穿孔）即为烧穿。在母体与焊缝熔合线附近因为熔化过强也会造成熔敷金属与母体金属的过渡区形成凹陷，即咬边（图 2-82）。

　　咬边不仅减小构件的有效截面，也会产生双重应力集中，使缺口效应增大（图 2-83）。

　　② 错位与角变形　由于厚薄不同的钢板对接所引起的焊缝中心

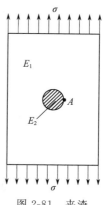

图 2-81　夹渣
引起的应力集中

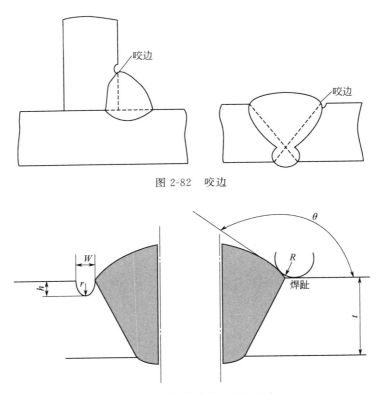

图 2-82 咬边

图 2-83 对接焊缝咬边应力集中

线偏移或由于成形时尺寸公差所引起的对接焊缝错边（见图 2-84），在内压或外压作用下，将在容器壁上形成附加弯曲应力而使容器总应力增加，且不再沿壁厚基体上均匀分布，而造成明显的应力梯度，这时承受静载荷和交变载荷都是不利的。

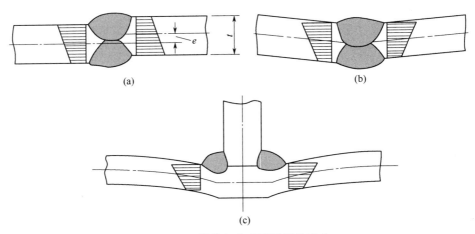

图 2-84 错位与角变形引起的应力

焊接接头的错位与角变形会引起附加弯曲应力，从而加重焊趾区的应力集中。图 2-85 为对接接头错位程度对疲劳强度的影响。有关评定方法将在第 4 章讨论。

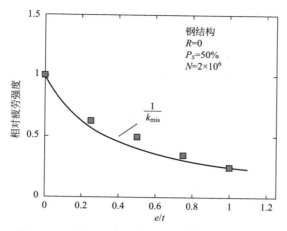

图 2-85 对接接头错位程度对其疲劳强度的影响

2.6.4 焊接接头组织性能对疲劳强度的影响

在常温和空气介质条件下的疲劳试验研究表明，基体材料的疲劳强度与抗拉强度之间有比较好的相关性。焊接接头的组织性能具有很大的不均匀性（图 2-86），疲劳断裂发生在疲劳损伤集中的部位，即使是光滑试样，其断裂可能发生在母材，也可能发生在焊缝、熔合区或热影响区。焊接接头的结构钢疲劳强度与材料抗拉强度的关系如图 2-87 所示。

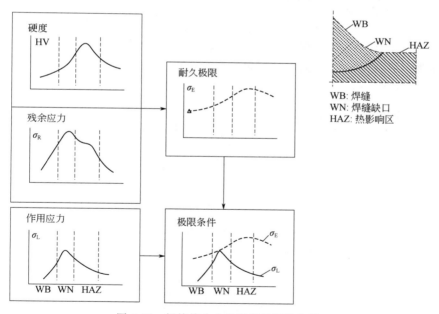

图 2-86 焊接接头力学性能的不均匀性

应当注意的是低匹配焊缝容易发生应变集中，从而降低疲劳强度，其影响程度与接头形式及载荷条件等因素有关。这表明疲劳强度不仅取决接头类型和载荷类型，也与强度匹配有关，强度匹配对各种接头和载荷类型条件下的疲劳强度的影响是焊接结构疲劳设计需要考虑的重要因素。

有关试验结果表明，抗拉强度在 $438\sim753\mathrm{MPa}$ 之间的钢材焊接接头，疲劳寿命大于

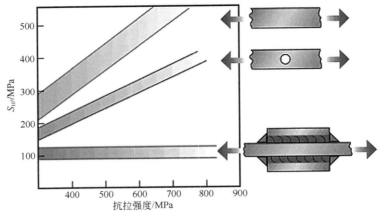

图 2-87　结构钢疲劳强度与材料抗拉强度的关系

10^5 次的疲劳强度无显著差异，只有疲劳寿命小于 10^5 次时，高强材料接头的疲劳强度高于低强材料接头的疲劳强度。一般而言，钢焊接接头近缝区组织性能的变化对接头的疲劳强度影响较小。因此，在焊接钢结构疲劳设计规范中，对于相同的构造细节，不同强度级别的钢材均采用相同的疲劳设计曲线。

2.6.5　板厚的影响

焊接构件的厚度对焊趾应力集中有较大的影响（图 2-88）。图 2-89 为板厚对角焊缝焊趾区应力梯度的影响。在同样裂纹深度和峰值应力的条件下，虽然薄板的应力梯度大于厚板的应力梯度，但是在裂纹深处的应力存在较大差异（$\sigma_2 > \sigma_1$），由此造成裂纹在厚板中更容易扩展。因此，随板厚的增加，疲劳强度降低，如图 2-90 所示。

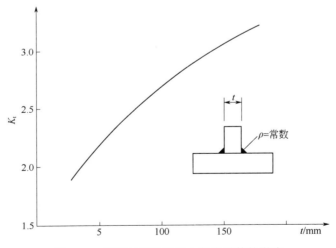

图 2-88　板厚对焊趾区应力集中系数的影响

在评定焊接构件的疲劳强度时，不可能对所有厚度的结构都进行疲劳试验，通常都是根据已知厚度构件的疲劳强度推算其他厚度构件的疲劳强度。例如，在应用 S-N 曲线进行疲劳评定时，若已知厚度 t_0 构件的疲劳强度 S_0，拟评定构件厚度为 t，其疲劳强度 S 可以表示为

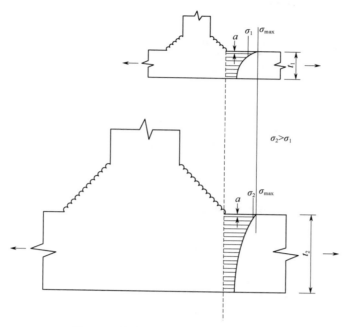

图 2-89　板厚对焊趾区应力梯度的影响

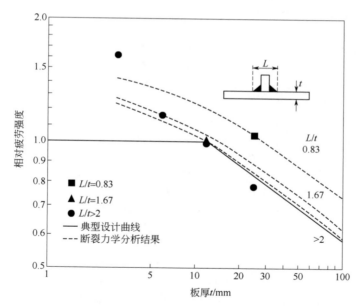

图 2-90　板厚对铝合金焊接接头的影响

$$\frac{S}{S_0} = \left(\frac{t_0}{t}\right)^n \tag{2-15}$$

式中，n 为厚度修正参数。焊态下的焊缝一般取 0.33，修整后的焊缝取 0.20。

板厚对焊接残余应力的分布也有一定的影响。如图 2-91 所示，厚板焊趾的拉伸残余应力分布深度较薄板大，焊趾裂纹形成后在厚板拉伸残余应力区扩展深度大，且快于在薄板中的扩展。

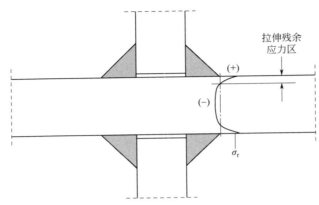

图 2-91 板厚对残余应力分布的影响

参考文献

[1] ZERBST U，MADIA M，SCHORK B. et al. Fatigue and Fracture of Weldments［M］. Cham：Springer Nature Switzerland AG，2019.

[2] RADAJ D，SONSINO C M，FRICKE W. Fatigue assessment of welded joints by local approaches［M］. Second edition. Cambridge：Woodhead Publishing Ltd.，2006.

[3] GURNEY T，Cumulative damage of welded joints［M］. Cambridge：Woodhead Publishing Ltd.，2006.

[4] MACDONALD K A. Fracture and fatigue of welded joints and structures［M］. Cambridge：Woodhead Publishing，2011.

[5] RADAJ D，SONSINO C M，FRICKE W. Recent developments in local concepts of fatigue assessment of welded joints［J］. International Journal of Fatigue，2009，31（1）：2-11.

[6] RÉGIS BLONDEAU. Metallurgy and Mechanics of Welding：processes and industrial applications［M］. London：ISTE Ltd，2008.

[7] 格尔内 T R. 焊接结构疲劳［M］. 周殿群，译. 北京：机械工业出版社，1988.

[8] RADAJ D. Review of fatigue strength assessment of nonwelded and welded structures based on local parameters［J］. International Journal of Fatigue，1996，18（3）：153-170.

[9] MADDOX S J. Review of fatigue assessment procedures for welded aluminium structures［J］. International Journal of Fatigue，2003，25（12）：1359-1378.

[10] HOBBACHER A F. The new IIW recommendations for fatigue assessment of welded joints and components-A comprehensive code recently updated［J］. International Journal of Fatigue，2009，31（1）：50-58.

[11] TOVO R，LAZZARIN P. Relationships between local and structural stress in the evaluation of the weld toe stress distribution［J］. International Journal of Fatigue，1999，21（10）：1063-1078.

[12] DONG P. A structural stress definition and numerical implementation for fatigue analysis of welded joints［J］. International Journal of Fatigue，2001，23（10）：865-876.

[13] HOBBACHER A. Fatigue Design of Welded Joints and Components［M］. Second Edition. Cham：Springer International Publishing Switzerland，2016.

[14] BRENNAN F P，PELETIES P，HELLIER A K. Predicting weld toe stress concentration factors for T and skewed T-joint plate connections［J］. International Journal of Fatigue，2000，22（7）：573-584.

[15] CHAPETTI M D，BELMONTE J，TAGAWA T et al. Integrated fracture mechanics approach to analyse fatigue behaviour of welded joints［J］. Science and Technology of Welding and Joining，2004，9（5）：430-438.

[16] ADIB H，GILGERT J，PLUVINAGE G. Fatigue life duration prediction for welded spots by volumetric method [J]. International Journal of Fatigue，2004，26 (1)：81-94.

[17] 增渊兴一，焊接结构分析 [M]. 张伟昌等，译. 北京：机械工业出版社，1985.

[18] CERIT M，KOKUMER O，GENEL K. Stress concentration effects of undercut defect and reinforcement metal in butt welded joint [J]. Engineering Failure Analysis，2010，17 (2)：571-578.

[19] HOBBACHER A. Recommendations for fatigue design of welded joints and components [M]. Second Edition. Cham ：Springer International Publishing Switzerland，2016.

[20] LIE S T，LAN S. Computer prediction of misaligned welded joints [J]. Advances in Engineering Software，2000，31 (1)：65-74.

[21] MADDOX S J. Fatigue Strength of Welded Structures [M]. Cambridge：Abington Publishing，1991.

焊接结构的疲劳强度分析方法

焊接结构的疲劳强度取决于整体结构构造及接头细节特征等因素，整体结构构造控制疲劳载荷传递与分配，焊接接头细节特征主导局部应力应变行为。因此，焊接结构的疲劳强度需要进行从整体到局部的不同结构层次的分析。

3.1 概述

焊接接头的疲劳裂纹萌生取决于焊趾或焊根等应力集中区的局部缺口应力状态，疲劳裂纹扩展受控于裂纹（包括缺口效应在内）的局部应力强度因子。发生在焊趾或焊根处的疲劳裂纹多数都会进入到热影响区或母材，且焊趾与焊根处同时存在缺口效应和不均匀性。其疲劳损伤过程涉及多尺度结构层次，如图 3-1 所示。为了考虑焊接接头类型及局部行为等不同结构层次的作用，焊接接头和焊接结构的疲劳强度的工程分析形成 4 个不同层次的方法，即名义应力评定方法、结构应力评定方法、缺口应力应变评定方法和断裂力学评定方法。

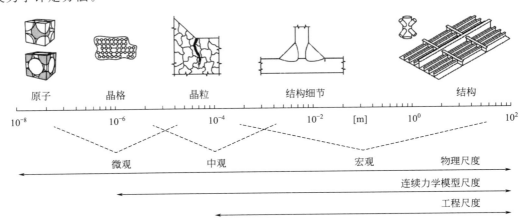

图 3-1 疲劳分析的多尺度结构

名义应力评定方法是根据结构细节的 $S\text{-}N$ 曲线进行疲劳强度设计，包括无限寿命和有限寿命设计两种方法。无限寿命设计法使用的是 $S\text{-}N$ 曲线的水平部分，亦即疲劳极限；而有限寿命设计法使用的是 $S\text{-}N$ 曲线的斜线部分，亦即有限寿命部分。无限寿命设计时的设计应力要低于疲劳极限，比设计应力低的低应力对构件的疲劳强度没有影响。而有限寿命设计应力一般都高于疲劳极限，这时需要按照一定的累计损伤理论来估算总的疲劳损伤，因此，有限寿命设计要解决的首要问题是确定恒幅载荷作用下各类结构细节的 $S\text{-}N$ 曲线。

结构应力分析方法要求除名义应力外，还应确定焊接结构（受外载作用但无缺口效应）中的（非均匀）应力分布情况，为此需要对结构中的应力进行详细计算。一般而言，热点应力只有在结构应力集中较大的情况才适合作为疲劳强度评定参数，例如热点应力集中系数达 10～20 的管节点结构。热点法的两个关键问题是如何计算焊接结构接头处的几何应力，即怎样获得热点应力和怎样获得该"热点"对应的 S-N 曲线。

缺口应力评定方法和断裂力学评定方法又称为局部法，这种分析方法是名义应力和结构应力评定方法的发展和延伸。比较而言，名义应力法又称为"整体法"，而结构应力法是整体法与局部法之间的过渡。这种方法的基本原理认为焊接接头的疲劳破坏都是从应力集中处的最大应力处开始的，局部循环载荷是疲劳裂纹萌生和扩展的先决条件，只要局部循环参量相同，就具有相同的疲劳性能。这样采用应力集中区域应力场的"局部参量"作为疲劳断裂的控制参量，建立具有普遍适用性的"局部参量"与循环次数之间的关系。

图 3-2 表示了结构疲劳强度评定的整体法和局部法递进关系。本章重点介绍名义应力评定方法、结构应力评定方法、局部应力应变评定方法，断裂力学方法将在下章专门介绍。图 3-3 为三种疲劳分析方法的比较。

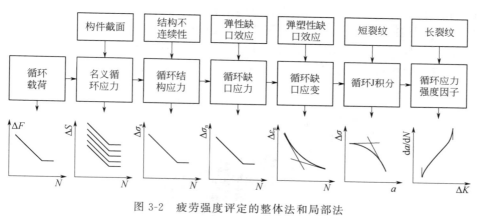

图 3-2　疲劳强度评定的整体法和局部法

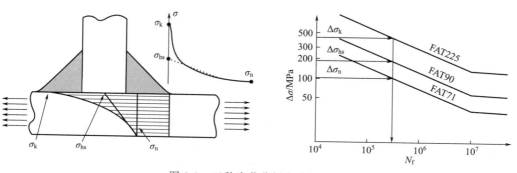

图 3-3　三种疲劳分析方法的比较

随着疲劳研究的不断深入，疲劳设计与分析方法也得到发展。从疲劳持久极限和应力强度因子门槛值控制的无限寿命设计到利用 S-N 曲线、ε-N 曲线和 Miner 理论进行的有限寿命设计，从裂纹萌生寿命评估到考虑疲劳裂纹扩展，综合控制初始缺陷尺寸、剩余强度及检查周期的损伤容限设计和耐久性经济寿命分析，疲劳强度分析与寿命预测的能力不断提高。对于具体焊接构件而言，不同的疲劳设计与分析方法之间并不是相互取代的关系，而是相互补充的，以满足不同工况的要求。

3.2 名义应力评定方法

3.2.1 名义应力评定方法基本原理

大量试验结果表明，影响焊接接头疲劳强度主要因素是应力范围和结构构造细节，当然材料性质和焊接质量也有较大影响，而载荷循环特性的影响较小。因此，以名义应力为基础的焊接结构的疲劳设计规范大多采用应力范围和结构细节分类进行疲劳强度设计，要求焊接结构中因疲劳载荷引起的名义应力范围 $\Delta\sigma$ 不得超过规定的疲劳许用应力范围 $[\Delta S]$。

$$\Delta\sigma \leqslant [\Delta S] \tag{3-1}$$

名义应力评定时要对焊接接头的疲劳破坏危险截面按式（3-1）进行校核。名义应力计算时不考虑焊接接头本身引起的应力集中，仅在相关横截面上计算出弹性应力，但接头附近构件的宏观几何形状不连续导致的应力集中需要考虑，如大的开孔、截面变化等。

焊接构件的疲劳许用应力范围是根据疲劳强度试验结果并考虑一定的安全系数来确定的，现行的焊接构件疲劳强度设计标准中一般规定未消除应力的焊接件许用应力范围不再考虑平均应力的影响，但许用应力范围的最大值不得高于静载许用应力。

图 3-4 为对接接头的疲劳试验与 S-N 曲线。图 3-5 为对接接头和十字形接头的名义应力范围与循环次数的关系。表明对接接头和十字形接头具有不同的疲劳质量等级或疲劳许用应力，有关焊接接头的疲劳质量分级将在下节进行详细介绍。

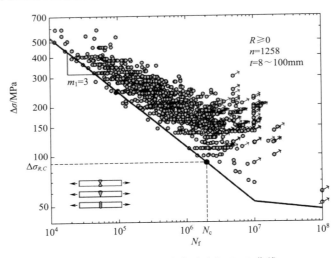

图 3-4　对接接头的疲劳试验与 S-N 曲线

目前一些有关疲劳设计和评定的标准多采用标称应力表征典型焊接结构构件及接头的疲劳强度。如我国的钢结构设计规范、欧洲钢结构协会（European Convention for Constructional Steelwork）钢结构疲劳设计规范、日本的钢桥设计规范、美国铁路桥梁以及高速公路设计规范和作为许多标准依据的国际焊接学会的循环加载焊接钢结构的设计规范等。这些规范均依据焊接接头细节特征对其疲劳强度进行分类，形成了焊接接头疲劳质量分级方法，为评定各类焊接接头疲劳强度的工程评定提供了方便。

焊接接头的疲劳质量与接头的几何形状相关。焊缝的存在降低了接头的疲劳质量，其本质是接头区存在应力集中，即所谓的缺口效应。即疲劳缺口效应越大，焊接接头的疲劳强度越小，从而导致焊接接头的疲劳质量越低。

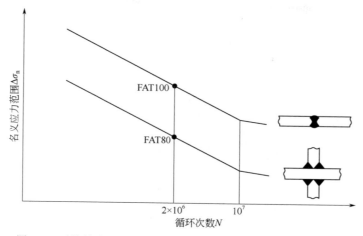

图 3-5　对接接头和十字形接头的名义应力幅与循环次数的关系

3.2.2　焊接接头的疲劳强度分级

不同的焊接接头形式对应于不同的缺口等级，而不同的缺口等级对应于不同的疲劳质量等级，因此不同的焊接接头的疲劳质量就可以用疲劳等级来评定。焊接接头疲劳质量分级是将接头分为不同的缺口等级并对各缺口等级规定不同的 S-N 曲线和工作寿命曲线。S-N 曲线和工作寿命曲线在双对数坐标系中通常是关于应力水平和循环次数的线性曲线，焊接接头在按其几何形状、焊缝种类、加载形式及制造等级分类后便可归于一族许用应力或持久应力值不同的标准 S-N 曲线和工作寿命曲线。

表 3-1 为许用应力（疲劳寿命为 2×10^6 所对应的应力范围 $S_{2\times10^6}$）与焊接接头缺口等级的关系，从表中可以看出，不同的焊接接头形式对应于不同的缺口等级，缺口等级越低，其对应的 S-N 曲线的位置也越低（图 3-6），也就表示这种焊接接头的疲劳寿命越低。目前国际上常用的焊接接头的疲劳设计规范就是按照缺口等级来分级的。

表 3-1　焊接接头形式与缺口等级

焊接接头形式	缺 口 等 级	$S_{2\times10^6}$ /MPa
	C	43.0
	D	38.0
	E	31.0
	G	27.0
	H	22.3
	I	14.5

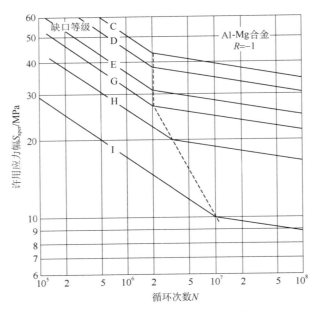

图 3-6　Al-Mg 合金焊接接头的缺口等级

　　目前，国际上有关焊接接头的疲劳强度设计大多采用质量等级 S-N 曲线确定焊接接头的疲劳质量。国际焊接学会第 Ⅻ 委员会提出的有关焊接结构和构件疲劳设计推荐标准将焊接接头的疲劳设计要求或内在疲劳强度用 S-N 曲线族来分级，所有级别的 S-N 曲线在双对数坐标系中互相平行，各疲劳曲线具有 97.7% 的存活率（见图 3-7）。每条曲线的应力范围和循环次数的关系为：

$$S^3 N = C \tag{3-2}$$

　　式中，C 为常数。

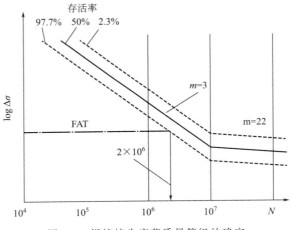

图 3-7　焊接接头疲劳质量等级的确定

　　质量等级根据疲劳寿命为 2×10^6 所对应的应力范围 $S_{2 \times 10^6}$ 确定（表 3-2）。例如 Fat125 表示疲劳寿命为 2×10^6 所对应的疲劳强度 $S_{2 \times 10^6} = 125\text{MPa}$。疲劳质量等级分别对应不同的结构细节。表 3-2 给出了部分结构细节所对应的疲劳质量等级。表 3-3 为焊接接头的分类。

表 3-2　疲劳质量等级

质量等级 FAT	常数 C（$N \leqslant 10^7$）	应力范围 $S_{2 \times 10^6}$/MPa	拐点应力范围 S_{10^7}/MPa
160	2.097×10^{17}	160	116
125	3.906×10^{12}	125	73.1
112	2.810×10^{12}	112	65.5
100	2.000×10^{12}	100	58.5
90	1.458×10^{12}	90	52.7
80	1.024×10^{12}	80	46.8
71	7.158×10^{11}	71	41.5
63	5.001×10^{11}	63	36.9
56	3.512×10^{11}	56	32.8
50	2.500×10^{11}	50	29.3
45	1.823×10^{11}	45	26.3
40	1.280×10^{11}	40	23.4
36	9.331×10^{10}	36	21.1
32	6.554×10^{10}	32	18.7
28	4.390×10^{10}	28	16.4
25	3.125×10^{10}	25	14.6
22	2.130×10^{10}	22	12.9
20	1.600×10^{10}	20	11.7
18	1.166×10^{10}	18	10.5
16	8.192×10^{9}	16	9.4
14	5.488×10^{9}	14	8.2
12	3.456×10^{9}	12	7.0

表 3-3　焊接接头的分类

序号	结构细节	说　明	FAT（钢）	FAT（铝合金）
1		轧制或挤压型材，机械加工件，无缝管。$m=5$； 尖角、表面缺陷或轧制缺陷须打磨去除，打磨方向应与应力方向平行； 在任何循环次数下，此类构件的疲劳抗力都高于其他类型构件； 如果采用试验验证，对于高强度钢应采用高的 FAT 值验收； 5000/6000 系列铝合金； 7000 系列铝合金	160	71 80
2		采用切割下料，需要考虑切割边的缺口效应，$m=3$； 机械气切或剪切后进行修整，切割表面应机械加工或打磨，去除所有毛刺和可见缺陷，经检测无裂纹和可见缺陷；不采用补焊修理； 机械热切割，去除尖角，经检测无裂纹； 手工热切割，无裂纹和严重缺口； 手工热切割，不控制质量，缺陷深度不超过 5mm	140 125 100 80	— 40 — —

续表

序号	结构细节	说　明	FAT（钢）	FAT（铝合金）
3		X形坡口或V形坡口双面焊对接接头，所有焊缝打磨平； 100%NDT，无明显缺陷； 错边量小于5%板厚	112	45
4		工厂内以平焊位置施焊的对接接头，NDT； 双面焊，错边量小于5%板厚； 焊缝余高小于10%板厚	90	36
5		不符合序号4要求的横向对接接头，NDT，错边量小于10%板厚； 铝合金对接焊缝焊趾角≤50°； 铝合金对接焊缝焊趾角＞50°	80	32 25
6		带非熔化临时垫板的横向对接接头，焊根裂纹； 错边量小于10%板厚	80	28
7		带永久垫板的横向对接接头； 错边量小于10%板厚	71	25
8		无垫板单面焊横向对接接头； 全焊透，错边量小于10%板厚； 焊根采用NDT； 无NDT	71 36	28 12
9		部分焊透横向对接接头，按焊缝高度进行应力计算，不计焊缝余高； 不推荐用于承受疲劳载荷的构件； 建议采用缺口应力或断裂力学方法进行评定	36	12
10		不等宽或不等厚板对接接头，所有焊缝打磨平整，板宽和板厚平缓过渡； 错边量小于5%板厚； 斜度1:5； 斜度1:3； 斜度1:2	112 100 90	45 40 32
11		工厂内以平焊位置施焊的对接接头，控制焊缝形状，NDT，板宽和板厚平缓过渡； 错边量小于5%板厚； 斜度1:5； 斜度1:3； 斜度1:2	90 80 71	32 28 25
12		横向对接接头，NDT，板宽和板厚平缓过渡； 错边量小于10%板厚； 斜度1:5； 斜度1:3； 斜度1:2	80 71 63	25 22 20
13		不等厚板对接接头，厚板一侧无平缓过渡段，中面对正； 错边量小于10%板厚； 如果焊缝形状与中等斜度相当，则参见序号12	71	22

续表

序号	结构细节	说　明	FAT（钢）	FAT（铝合金）
14		由三块板组成的 T 形接头，根部有潜在裂纹；错边量小于 10% 板厚	71	22
15		装配前进行翼板拼接，焊缝打磨平整，圆弧过渡，NDT	100	40
16		轧制型材或肋板拼接，焊缝打磨平整，NDT	80	28
17		管子对接接头，单面焊，焊透，焊根为潜在失效部位；平焊位置，轴向错边量小于 10% 管壁；焊根采用 NDT； 无 NDT	71 36	28 12
18		带永久垫板的管接头，全焊透	71	28
19		矩形空心截面管对接接头，单面焊，焊透，根部有潜在裂纹；平焊位置；焊根采用 NDT； 无 NDT	56 36	25 12
20		横向对接接头，焊缝打磨平整，焊端圆角过渡，接头区 100%NDT，双面焊，无错边； 横向对接接头，工厂内平焊，控制焊缝形状，焊端圆角过渡，接头区 NDT。双面焊，错边量小于 5% 板厚	100 90	40 36
21		带三角过渡板的十字交叉板对接接头，双面焊，过渡板焊端光滑过渡，NDT，错边量小于 10% 板厚，裂纹起始于对接焊缝； 所有焊缝表面打磨平； 焊缝表面不打磨	80 71	32 28
22		十字交叉板对接接头；双面焊，错边量小于 10% 板厚；裂纹起始于对接焊缝	50	22
23		纵向对接接头，NDT；平行载荷方向将两面焊缝打磨平；无缺陷； 无起弧和熄弧部位； 有起弧和熄弧部位	125 100 90	50 40 36

续表

序号	结构细节	说　　明	FAT（钢）	FAT（铝合金）
24		K 形坡口纵向连续对接自动焊，无起弧和熄弧处（应力范围按靠近焊缝的翼板计算），NDT	125	50
25		纵向连续角焊缝自动焊，无起弧和熄弧处（应力范围按靠近焊缝的翼板计算）； 纵向连续手工对接或角焊缝焊接（应力范围按靠近焊缝的翼板计算）	100 90	40 36
26		纵向断续角焊缝； 根据翼板名义应力 σ 和腹板焊缝端部剪应力 τ 计算： $\tau/\sigma=0$； $\tau/\sigma=0\sim0.2$； $\tau/\sigma=0.2\sim0.3$； $\tau/\sigma=0.3\sim0.4$； $\tau/\sigma=0.4\sim0.5$； $\tau/\sigma=0.5\sim0.6$； $\tau/\sigma=0.6\sim0.7$； $\tau/\sigma>0.7$	 80 71 63 56 50 45 40 36	 32 28 25 22 20 18 16 14
27		纵向对接、角接或以半圆孔隔开的断续角焊缝；孔高不超过腹板高度的 40%； 根据翼板名义应力 σ 和腹板焊缝端部剪应力 τ 计算： $\tau/\sigma=0$； $\tau/\sigma=0\sim0.2$； $\tau/\sigma=0.2\sim0.3$； $\tau/\sigma=0.3\sim0.4$； $\tau/\sigma=0.4\sim0.5$； $\tau/\sigma=0.5\sim0.6$； $\tau/\sigma>0.6$	 71 63 56 50 45 40 36	 28 25 22 20 18 16 14
28		K 形坡口的横向承载十字接头或 T 形接头，防止层状撕裂，焊趾是潜在裂纹萌生位置； 焊趾打磨，错边小于板厚的 15%； 焊趾打磨，无错边； 错边小于板厚的 15%； 无错边	 80 90 71 80	 28 32 25 28
29		横向承载角焊缝（或部分焊透 K 形坡口）十字接头或 T 形接头，防止层状撕裂，焊趾是潜在裂纹萌生位置； 错边小于板厚的 15%； 无错边	 71 80	 25 28
30		横向承载的角焊缝（或部分焊透 K 形坡口）十字接头或 T 形接头，根部裂纹（计算角焊缝最大高度截面的应力范围）	40	14

续表

序号	结构细节	说　　明	FAT（钢）	FAT（铝合金）
31		横向非承载角焊缝连接节点板，节点板厚度小于主板厚度； 　K 形坡口对接焊缝，焊趾打磨； 　两侧角焊缝，焊趾打磨； 　两侧角焊缝，焊态； 　节点板厚度大于主板厚度	100 100 80 71	36 36 28 25
32		焊缝在梁腹板或翼缘上的筋板（厚度小于主板），计算筋板端部的腹板主应力范围； 　K 形坡口对接焊缝，焊趾打磨； 　两侧角焊缝，焊趾打磨； 　两侧角焊缝，焊态； 　筋板厚度大于主板厚度	100 100 80 71	36 36 28 25
33		纵向角焊缝连接矩形节点板，板端有正面角焊缝； 　$l < 50\text{mm}$； 　$l < 150\text{mm}$； 　$l < 300\text{mm}$； 　$l > 300\text{mm}$	80 71 63 50	28 25 20 18
34		在梁翼缘或板上采用纵向角焊缝连接梯形（或圆弧过渡）节点板，板端有正面角焊缝。t 为节点板厚，$c < 2t$，最大 25mm； 　$r < 0.5h$； 　$r < 0.5h$，$\varphi < 20°$	71 63	25 20
35		横向角焊附连件	80	
36		在梁翼缘或板边缘焊接纵向节点板（长度 l）； 　$l < 150\text{mm}$； 　$l < 300\text{mm}$； 　$l > 300\text{mm}$	50 45 40	18 16 14
37		焊缝在梁翼板上的加强筋（计算翼板端部的焊趾应力范围）	80	
38		横向承载的角焊缝盖板接头（应力按承载板和盖板等宽计算）； 　母材疲劳； 　角焊缝疲劳	63 45	22 16
39		侧面纵向角焊缝搭接接头； 　母材疲劳； 　角焊缝疲劳（按焊缝最大长度为 40 倍角焊缝计算高度进行计算）	50 50	18 18

续表

序号	结构细节	说　　明	FAT（钢）	FAT（铝合金）
40		正面角焊缝搭接接头，应力按板宽和单侧角焊缝长度相等进行计算； 计算焊趾处板的应力（焊趾裂纹）； 计算角焊缝焊喉处的应力（焊根裂纹）	63 36	22 12
41		梁翼缘上的盖板，板端有正面角焊缝（计算焊缝端部翼板侧焊趾应力范围）	50	20
42		板梁上的盖板，板端无正面角焊缝（计算焊缝端部翼板的应力范围）	50	20
43		法兰与壳体的全熔透焊接	71	25
44		法兰与壳体的部分熔透或角焊缝连接； 壳体上焊趾裂纹； 焊根裂纹	63 36	22 12
45		插入式接管，K 形坡口全焊透，如开孔直径大于 50mm，则需考虑应力集中	80	28
46		插入式接管，角焊缝，如开孔直径大于 50mm，则需考虑应力集中； 焊趾裂纹； 焊根裂纹	71 36	25 12
47		安放式接管，根焊道表面不加工，如开孔直径大于 50mm，则需考虑应力集中	63	22

　　图 3-8 为国际焊接学会推荐使用的结构钢与铝合金焊接接头疲劳质量等级标准 S-N 曲线。其中图 3-8（a）为标准应用的 S-N 曲线，不考虑循环次数 $N>10^7$ 的疲劳损伤，图 3-8（b）用于非常高的循环疲劳分析，要考虑循环次数 $N>10^7$ 的疲劳损伤，其 $m'=22$。

　　采用名义应力方法评定焊接结构的疲劳强度时，应根据表 3-3 给出的一般原则、结构节点的形式、受力方向、焊接工艺，选取合适的疲劳等级 S-N 曲线。由于各种结构设计标准不同，不同结构采用的焊接接头形式也存在很大差异，因此，对于复杂的焊接结构，确定某一具体焊接接头究竟应该归于哪一个疲劳等级还是比较困难的。一般是根据疲劳危险区的主应力方向并结合该区域焊接接头的形式选择疲劳等级，同时要考虑焊接及其他处理工艺的影响。在设计阶段，结构中疲劳强度要求不高的区域可以选择较低级别的接头，疲劳强度要求高的区域就要选择较高级别的接头。在疲劳强度评定时，同等载荷条件下，要特别注意分析低级别接头的疲劳损伤。

图 3-9 为箱形焊接梁局部焊接接头的疲劳等级要求。应当指出，疲劳等级的确定不是固定的，其结果与设计标准和设计者密切相关。

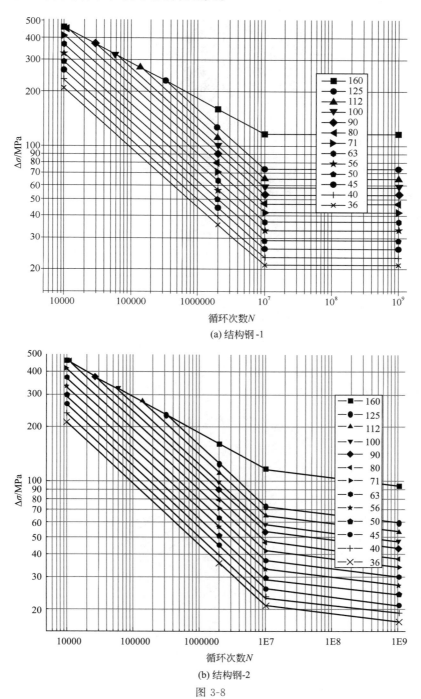

(a) 结构钢-1

(b) 结构钢-2

图 3-8

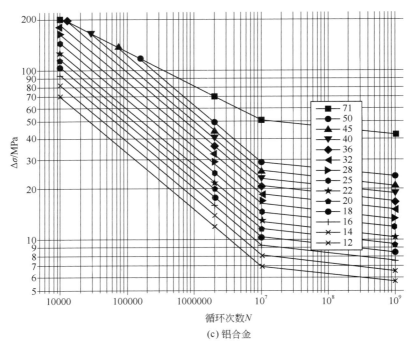

(c) 铝合金

图 3-8　结构钢与铝合金焊接接头疲劳质量等级 *S-N* 曲线

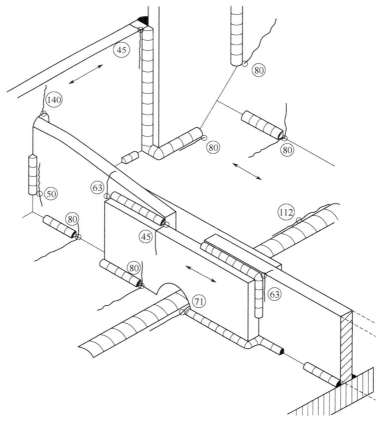

图 3-9　箱形焊接梁局部焊接接头疲劳等级的确定

　　当低于常幅疲劳极限 S_{10^7} 的应力范围造成的损伤不可忽略时，IIW 建议按照图 3-10 所示方法对 $S\text{-}N$ 曲线进行修正。将 $S\text{-}N$ 曲线从常幅疲劳极限点开始按斜率 $m'=5$ 延伸至 10^8 应力循环点，之后为水平截止线。10^8 应力循环对应的疲劳强度为截止线 S_{10^8}，低于截止限的应力范围等级造成的疲劳损伤略去不计。$S\text{-}N$ 曲线经修正后，损伤比按下式计算

$$\frac{n_i}{N_i} = \begin{cases} \dfrac{n_i\,(\Delta\sigma_i)^3}{C} & \Delta\sigma_i \geqslant S_{5\times10^6} \\[3mm] \dfrac{n_i\,(\Delta\sigma_i)^5}{C} & S_{10^8} \leqslant \Delta\sigma_i \leqslant S_{5\times10^6} \end{cases} \tag{3-3}$$

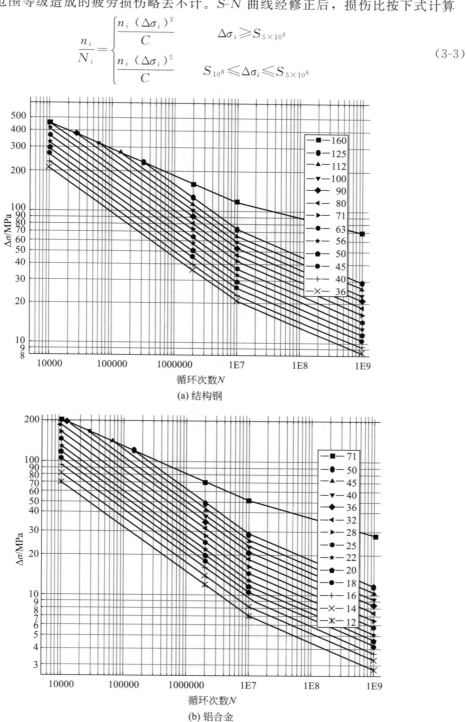

(a) 结构钢

(b) 铝合金

图 3-10　用于累积损伤计算的焊接接头疲劳质量等级 $S—N$ 曲线

3.3　结构应力评定方法

3.3.1　结构应力与热点应力

（1）结构应力

在焊接节点中（图 3-11），紧靠焊趾缺口或焊缝端部缺口前沿的局部应力称为结构应力，或称几何应力，其大小受到整体几何参数的影响。

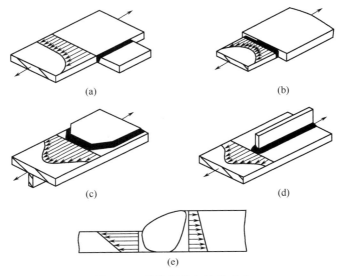

(a)　　　　　　　　(b)

(c)　　　　　　　　(d)

(e)

图 3-11　结构细节与结构应力

结构应力分析时，需要将结构应力从缺口应力中分离出来。一般而言，接头上应力分布具有高度的非线性，特别是在与构件表面垂直的截面中的缺口区内更是如此，见图 3-12，将缺口应力分离，可将结构应力在一定范围内进行线性处理并外推后确定最大结构应力。结构应力增大可用结构应力集中系数 K_S 来表示

$$\sigma_S = K_S \sigma_n \tag{3-4}$$

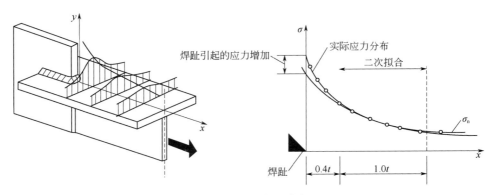

图 3-12　几何应力分布

焊接节点焊趾的总应力集中 K_t 可表示为焊缝几何应力集中 K_w 和结构几何引起的应力集中 K_S 的乘积

$$K_t = K_w K_s \tag{3-5}$$

图 3-13 比较了十字接头与板节点的应力集中情况，说明了结构几何的变化对应力集中的影响。

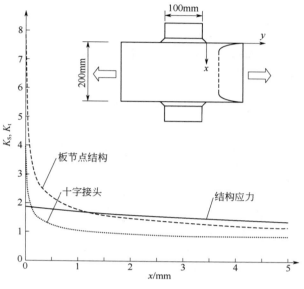

图 3-13　结构应力与局部应力分布

在结构应力不是很大的情况下，可采用厚度方向的应力分布线性化方法计算结构应力。如图 3-14 所示，结构应力分析时将厚度方向上的缺口应力分离，结构应力为

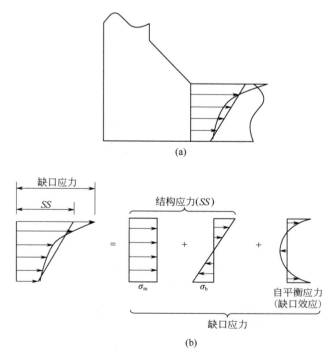

图 3-14　焊趾区结构应力的分解

$$\sigma_s = \sigma_m + \sigma_b \tag{3-6}$$

式中，σ_s 为结构应力；σ_m 为薄膜应力；σ_b 为弯曲应力。

$$\sigma_m = \frac{1}{t} \int_0^t \sigma(x) \mathrm{d}x$$

$$\sigma_b = \frac{1}{t^2} \int_0^t [\sigma(x) - \sigma_m] \left(\frac{t}{2} - x\right) \mathrm{d}x$$

采用厚度方向的应力分布线性化方法计算结构应力如图 3-15（a）所示，或将焊趾下 1mm 处的应力值作为结构应力 [图 3-15（b）]。

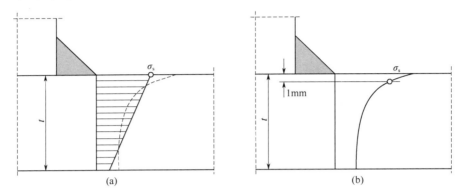

图 3-15　结构应力的确定

焊接接头的角变形和错位会使结构应力提高，如图 3-16 所示。

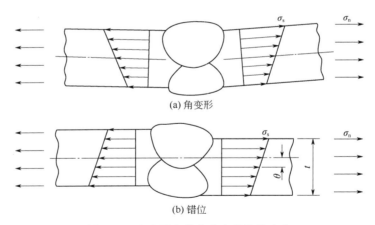

图 3-16　角变形和错位产生的结构应力

（2）热点应力

结构应力的最大值称为"热点应力"。"热点"一词表明最大结构应力循环载荷的局部热效应。多数情况下的结构应力为热点处的表面应力（不考虑缺口效应）。

计算"热点"应力的方法是在缺口效应不产生作用的构件表面一定区域内对结构应力进行线性外插（图 3-17）。一般选择两个基点：第一个点靠近焊缝；第二个点离开第一个点适当的距离（与构件的几何形状有关），如图 3-18 所示。

图 3-19（a）为按线性外推的方法确定热点应力，该方法适用于应力梯度不大的情况，如果应力梯度大，则需要采用二次曲线外推。厚板结构不适合按板厚确定测点，可

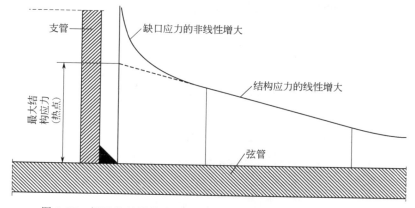

图 3-17　焊趾处的结构应力最大值及缺口应力非线性增大的消除

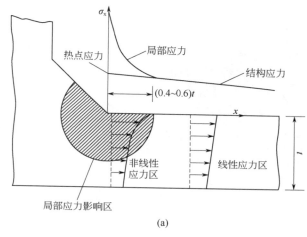

(a)

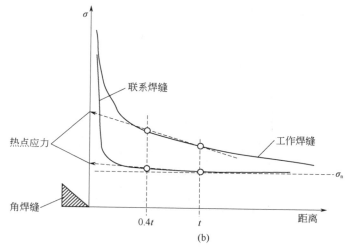

(b)

图 3-18　结构应力的确定方法

选择固定测点进行二次曲线外推 [图 3-19（b）]。

　　根据"热点"的位置与焊趾走向的关系，可将"热点"分为 3 类，如图 3-20 所示。其中 a 型"热点"位于主板表面的连接板端部的焊趾；b 型"热点"位于连接板边焊趾；c 型

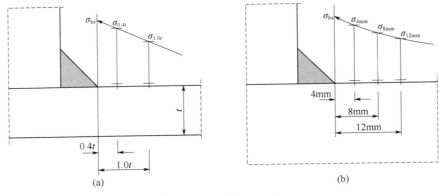

图 3-19　热点应力确定方法

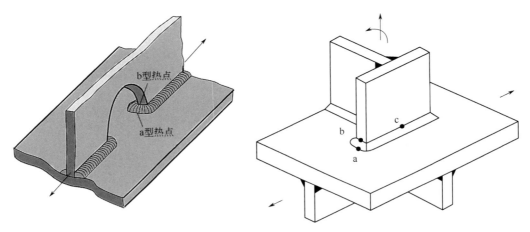

图 3-20　热点类型

"热点"位于连接板面焊趾。"热点"应力可通过有限元方法进行计算，计算时可采用壳体单元或实体单元（图 3-21）。图 3-22 为采用不同网格时"热点"应力计算的参考基点位置。

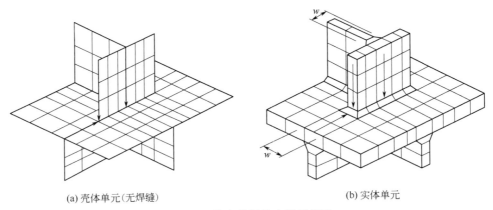

(a) 壳体单元(无焊缝)　　　　　　　(b) 实体单元

图 3-21　热点分析的有限元模型

在使用热点应力评定疲劳强度时，有关规范建议使用热点处最大主应力作为疲劳应力参数，但最大主应力方向与焊趾垂向夹角应在某一范围（如 ±60°）之内，若在该角度范围之外，则应直接使用垂直焊趾垂向的热点正应力作为疲劳应力参数（图 3-23）。确定疲劳应力参数时，首先确定各热点应力分量，然后计算最大主应力及其与焊趾垂向的夹角，若夹角在规定范围内，则使用最大主应力，否则直接使用垂直焊趾方向的热点正应力。

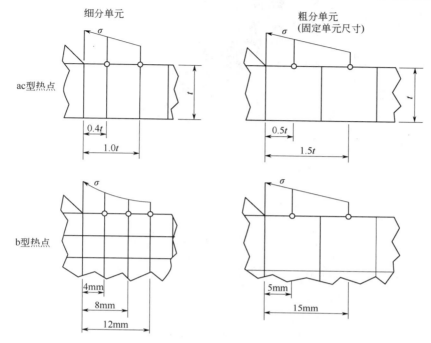

图 3-22 热点计算

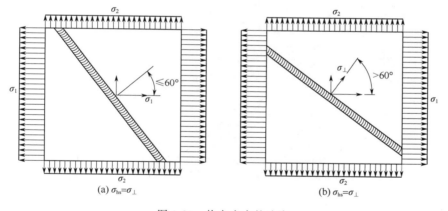

图 3-23 热点应力的选取

3.3.2 热点应力 S_{hs}-N 曲线

采用名义应力来进行疲劳校核依赖于节点的结构形式，需要根据不同的节点，采用不同的 S-N 曲线。对于形状复杂难以明确地定义名义应力的焊接接头，其疲劳寿命分散性很大，很难建立精确的 S-N 曲线。采用结构应力或热点应力进行疲劳分析要建立不同结构细节"共用"的 S-N 曲线（S_{hs}-N 曲线）。

图 3-24 所示为典型结构钢接头的 S_{hs}-N 曲线。由此可见，几种接头的疲劳质量可共用 FAT90 曲线。对于给定的材料，只要结构细节的热点应力相同，其疲劳强度就相当，不同热点应力的结构细节疲劳强度之间具有比例关系。

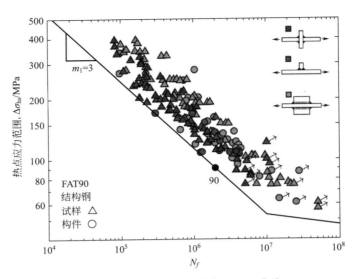

图 3-24 典型结构钢接头的 S_{hs}-N 曲线

图 3-25 是各国有关标准给出的管节点热点应力 S_{hs}-N 曲线。

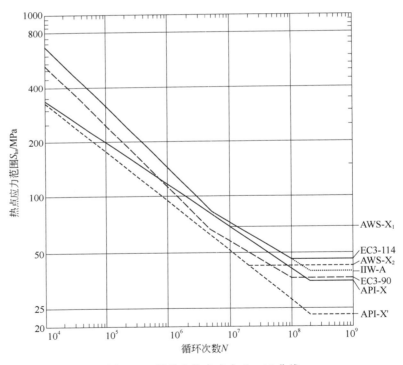

图 3-25 管节点热点应力 S_{hs}-N 曲线

若已知某结构细节的热点应力（称为参考热点应力 $\sigma_{hs,ref}$）及疲劳等级（参考疲劳等级 FAT_{ref}），拟评定结构细节的疲劳等级 FAT_{assess} 为

$$FAT_{assess} = \frac{\sigma_{hs,\,ref}}{\sigma_{hs,\,assess}} FAT_{ref} \qquad (3\text{-}7)$$

式中，$\sigma_{hs,\,assess}$ 为拟评定结构细节的热点应力，可采用前述的计算方法进行计算。这

样就克服了名义应力法的不足，为各类结构细节的疲劳强度分析提供了方便。

表 3-4 给出了几种类型接头的参考疲劳等级。

表 3-4　典型接头的参考疲劳等级

No.	接头类型	描　述	要　求	FAT(钢)	FAT(铝合金)
1		全焊透对接接头，特殊质量要求	焊缝表面须沿载荷方向打磨平整 使用引弧板时焊后应去除，板端焊缝表面须沿载荷方向打磨平整 双面焊，采用 NDT 检验 接头错位①	112	45
2		全焊透对接接头标准质量要求	焊缝表面不打磨 使用引弧板时焊后应去除，板端焊缝表面须沿载荷方向打磨平整 双面焊； 接头错位①	100	40
3		全焊透十字接头（K 形对接焊缝）	焊角小于 60°； 接头错位①	100	40
4		非承力角焊缝	焊角小于 60°； 裂纹萌生与扩展②	100	40
5		纵向筋板角焊缝端部	焊角小于 60°； 裂纹萌生与扩展②	100	40
6		盖板角焊缝端部	焊角小于 60°； 裂纹萌生与扩展②	100	40
7		十字接头承力角焊缝	焊角小于 60°； 接头错位①； 裂纹萌生与扩展②	90	36

① 本表不包括接头错位影响，确定应力时应考虑接头错位的影响；

② 本表不包括疲劳裂纹在角焊缝焊根萌生及沿角焊缝厚度扩展的情况。

结构应力的数值结果依赖于分析方法，这是结构应力评定方法应用中存在的问题之一。

应当指出，许多情况下决定焊接构件疲劳强度的因素不完全是结构应力而是缺口应力，而结构应力分析时却把缺口应力分离。因此，结构应力评定不能全面反映接头细节的疲劳行为，详细的疲劳分析还需要辅之以缺口应力分析。此外，结构应力方法目前仅仅局限于焊接接头焊趾的疲劳强度评估，尚不适用于裂纹起始于焊根或未焊透等处的疲劳分析。

3.4　缺口应力应变评定方法

3.4.1　弹性缺口应力评定方法

　　焊接结构中若焊缝外形导致尖锐缺口，不仅降低整个结构的强度，更为重要的是，将引起强烈的应力集中，即所谓的焊接接头缺口效应。缺口应力是焊接接头应力集中区的峰值应力，图 3-26（a）所示为对接接头焊趾缺口处垂直于焊趾方向的正应力沿板厚的非线性分布，缺口应力 σ_k 可分解为膜应力 σ_m、弯曲应力 σ_b 及非线性应力峰值 σ_p。角焊缝连接接头的缺口应力分布如图 3-26（b）所示。

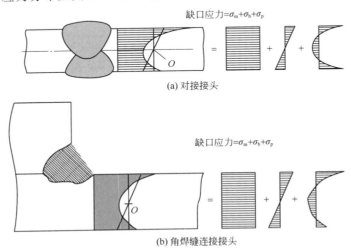

(a) 对接接头

(b) 角焊缝连接接头

图 3-26　焊接接头的缺口应力

　　在弹性条件下，缺口应力可用理论应力集中系数表征。当理论应力集中系数较高时，缺口区受周围材料的约束作用，其应力水平低于理论值，需要采用反映弹性约束效应的疲劳缺口系数来表征应力集中对疲劳强度的影响。本书第 1 章中介绍了理论应力集中系数与疲劳缺口系数的转换关系，对于焊接接头疲劳强度的缺口应力评定也同样适用。

　　焊接接头疲劳强度的缺口应力评定方法常用于评定焊趾及焊根应力集中对疲劳强度的影响。为了评估焊趾及焊根（图 3-27）的缺口效应，需要将焊趾及焊根的几何形状进行模型化处理，以便于有限元分析。

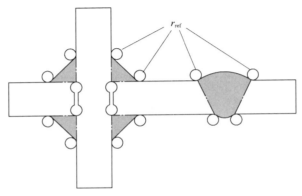

图 3-27　焊趾及焊根的虚拟缺口

采用缺口应力评定焊接接头的疲劳强度时，可不计算弹性缺口应力的平均值，也不计算应力梯度，而是直接计算一个包括焊趾或焊根及微观结构特征影响的最大缺口应力。通过引入虚拟缺口曲率半径来反映焊趾及焊根的缺口效应（图 3-28），使用具有相同缺口效应的简化模型来分析结构行为（图 3-29）。

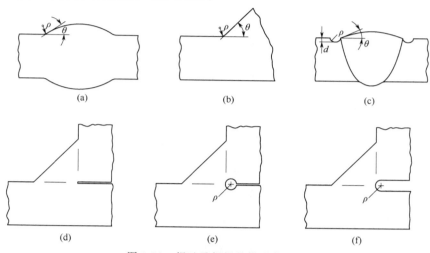

图 3-28　焊趾及焊根的模型化处理

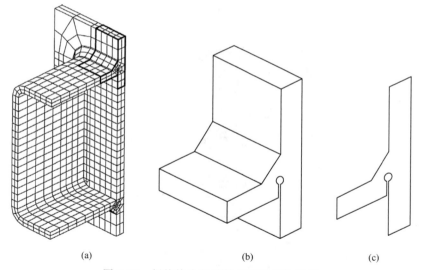

图 3-29　焊接接头的计算模型的简化过程

虚拟缺口曲率半径 ρ_f 定义为

$$\rho_f = \rho + s\rho^* \tag{3-8}$$

式中，ρ 为实际缺口曲率半径；s 为约束系数；ρ^* 为材料微观结构尺度。图 3-30 为典型金属材料微观结构尺度与屈服强度的关系。为简化计算，有关研究结果建议焊趾或焊根的虚拟缺口曲率半径 ρ_f 可取 1mm。令式（1-22）中的 $r = \rho_f$，可计算疲劳缺口敏感系数 q，应用实验测定或数值计算可得应力集中系数 K_t，代入式（1-21）可得焊接接头的疲劳缺口系数 K_f。由疲劳缺口系数按式（2-13）可计算疲劳降低系数。

根据疲劳缺口系数 K_f 可以把缺口分为不同的缺口等级，不同的缺口等级对应于不同的 S-N 曲线和工作寿命曲线。缺口处的应力集中越严重，则其疲劳寿命就较低，对应的

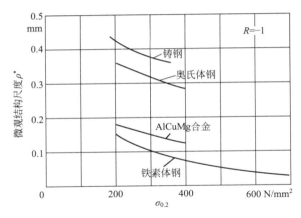

图 3-30　典型金属材料微观结构尺度与屈服强度的关系

疲劳质量等级也越低。

根据焊接接头的缺口效应，有关设计标准对焊接接头的缺口等级进行了分类。如德国标准 DIN 15018 将焊接接头缺口效应分为 5 级（K0～K4），见表 3-5。

表 3-5　焊接接头缺口等级

缺口等级 K0 轻微缺口效应	缺口等级 K1 中弱缺口效应	缺口等级 K2 中度缺口效应	缺口等级 K3 强烈缺口效应	缺口等级 K4 极强缺口效应
		斜率≤1:3 斜率≤1:2		

表 3-6 为典型焊接接头的缺口疲劳系数与疲劳强度。

表 3-6　典型焊接接头的缺口疲劳系数和疲劳强度

焊接接头（结构钢）	缺口疲劳系数 K_f（裂纹萌生部位）	整体疲劳强度（$\rho_f=0.1\text{mm}$、0.5mm、0.9mm）/MPa			疲劳强度降低系数 γ
对接接头	1.89（焊趾）	61	78	99	0.595
横向筋板接头	2.45（焊趾）	52	69	91	0.459
K 形焊缝十字接头	2.50（焊趾）	54	67	83	0.449
盖板搭接接头	3.12（焊趾）	47	55	62	0.36
角焊缝十字接头	4.03（焊缝根部）	32	43	57	0.279

焊接接头的缺口疲劳系数与材料的强度水平及有关参数之间具有很强的相关性，如图 3-31 所示。

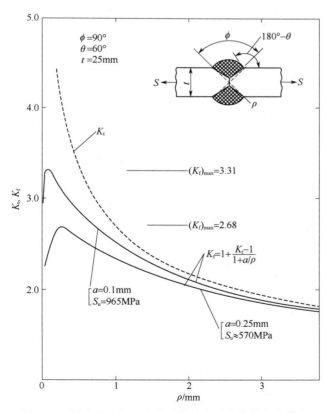

图 3-31　焊接接头缺口疲劳系数随有关参数的变化曲线

最大疲劳缺口应力或有效缺口应力范围可分别表示为

$$\sigma_{fmax} = K_f \sigma_n \tag{3-9}$$

$$\Delta\sigma = K_f \Delta\sigma_n \tag{3-10}$$

通过引入虚拟缺口曲率半径 $\rho_f = 1mm$，可对表 3-3 中的各种类型接头的缺口应力进行分析，从而将用名义应力表示的焊接接头整体疲劳强度转化为用缺口应力表示的局部疲劳强度。

图 3-32 为结构钢对接接头和角焊缝接头用缺口应力范围表示的疲劳强度。由此可见，采用缺口应力范围可将不同接头类型的 S-N 曲线归一化，其疲劳质量可共用 FAT225 表示，较结构应力评定方法更进一步。改变焊脚及板厚尺寸的焊趾或焊根缺口应力范围疲劳强度处在同一分散带内（图 3-33）。

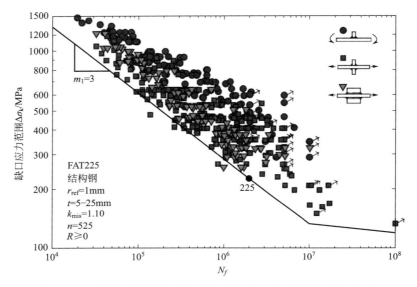

图 3-32　结构钢对接接头和角焊缝接头缺口应力范围与循环次数

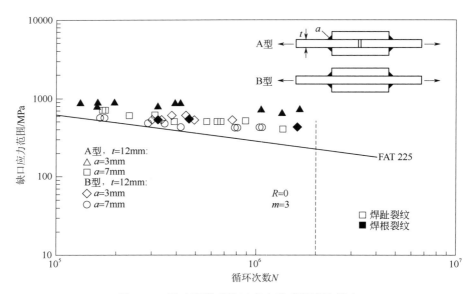

图 3-33　尺寸因素对缺口应力疲劳强度的影响

3.4.2　弹塑性缺口应力应变分析法

弹性缺口应力往往超过材料的屈服应力，此时需要考虑缺口区的弹塑性应力应变。弹塑性缺口应力应变分析法认为，只要最大缺口局部应力应变相同，疲劳寿命就相同。因而，有应力集中的构件疲劳寿命可以使用局部应力应变相同的光滑试样（图 3-34）的应变-寿命（低周疲劳）曲线进行计算，也可以使用局部应力应变相等的试样进行疲劳试验来模拟。根据这一方法，只要知道构件应变集中区的局部应力应变和材料疲劳试验数据，就可以估算构件的裂纹形成寿命，再应用断裂力学方法计算裂纹扩展寿命，就可以得到总寿命。这就为研究各种缺口条件下的焊接接头的疲劳强度提供了方便。

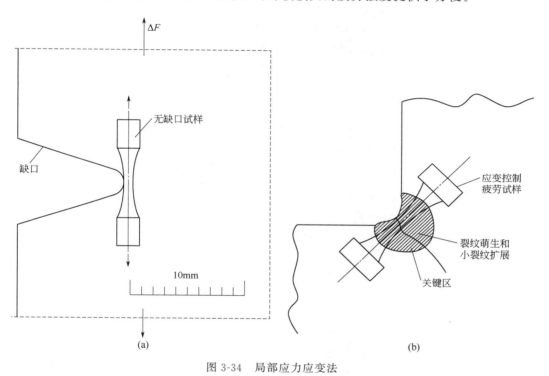

图 3-34　局部应力应变法

3.4.3　局部应变

缺口效应引起应变集中。在缺口根部的局部应力不超过弹性极限的情况下，缺口根部的局部应变 ε 为

$$\varepsilon = \frac{\sigma_t}{E} = \frac{K_t \sigma_n}{E} = K_t \varepsilon_n \tag{3-11}$$

即局部应变较名义应变 ε_n 增大了 K_t 倍（图 3-35）。将局部应变对名义应变之比定义为应变集中系数，即 $K_\varepsilon = \varepsilon / \varepsilon_n$。在缺口根部处于弹性状态下，由式（3-11）可得 $K_\varepsilon = K_t$。

在绝大多数零构件的设计中，其名义应力总是低于屈服强度，但由于应力集中，缺口根部的局部应力高于屈服强度。因此，零构件在整体上是弹性的，而在缺口根部则发生塑性应变，形成塑性区，缺口根部表面的局部应变最大（见图 3-36）。当缺口根部发生塑性应变而处于弹塑性状态时，局部应力与名义应力之比为 $K_\sigma = \sigma / \sigma_n$，$K_\sigma$ 称为弹塑性应力集中系数。

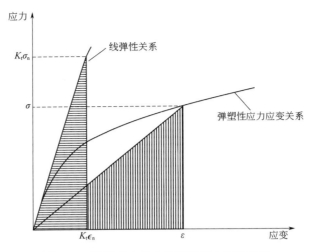

图 3-35　弹性应力集中与实际应力应变关系

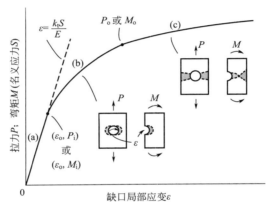

图 3-36　缺口根部塑性区

K_t、K_σ 的变化如图 3-37 所示。

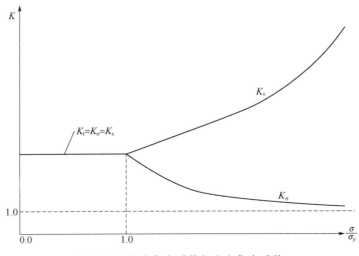

图 3-37　应力集中系数与应变集中系数

弹性应力集中系数与弹塑性应力集中系数、弹塑性应变集中系数之间的关系可用 Neuber 公式表示

$$K_t^2 = K_\sigma K_\varepsilon = \frac{\sigma}{\sigma_n} \times \frac{\varepsilon}{\varepsilon_n} \qquad [3\text{-}12(a)]$$

或

$$\varepsilon\sigma = K_t^2 \varepsilon_n \sigma_n \qquad [3\text{-}12(b)]$$

当缺口根部处于弹性状态时，$K_t = K_\sigma = K_\varepsilon$，则有

$$\varepsilon\sigma_t = \frac{(K_t \sigma_n)^2}{E} \qquad (3\text{-}13)$$

在弹塑性状态下，材料的应力-应变关系可表示为

$$\varepsilon = \varepsilon_e + \varepsilon_p = \frac{\sigma}{E} + \left(\frac{\sigma}{K}\right)^{1/n} \qquad (3\text{-}14)$$

式（3-14）与式（3-12）联立可求得缺口根部的局部弹塑性应力

$$\frac{\sigma^2}{E} + \sigma\left(\frac{\sigma}{K}\right)^{1/n} = \frac{(K_t \sigma_n)^2}{E} \qquad (3\text{-}15)$$

若名义应力 σ_n 给定，则式 [3-12（b）] 的右端为一常数。故 σ 对 ε 的变化是一条双曲线，在这种情况下，式（3-14）与式（3-12）联立求解过程如图 3-38 所示。

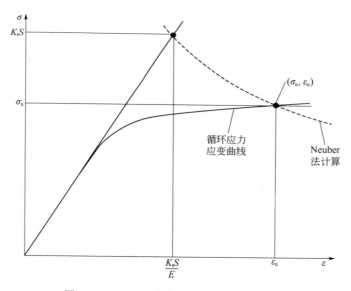

图 3-38　Neuber 法求局部应力和局部应变

一般情况下，ε_e 很小，故 $\varepsilon = \varepsilon_e + \varepsilon_p \approx \varepsilon_p$，因此式（3-14）可化简为

$$\sigma = K\varepsilon^n$$

将式（3-15）代入式（3-12）可得

$$\varepsilon = \left[\frac{(K_t \sigma_n)^2}{EK}\right]^{\frac{1}{1+n}} \qquad (3\text{-}16)$$

由此可见，缺口根部局部应变可根据应力集中系数和材料的弹塑性应变特性来计算。

缺口根部的应力应变分布可采用电测法、光弹性法、散斑干涉法、云纹法等实验手段进行分析，随着计算技术的发展，有限元数值模拟已成为局部应力应变分析的重要方法。

在焊接接头中，焊缝与母材连接过渡外形变化以及焊接缺陷都会引起应力集中而产

生缺口效应（图 3-39），其疲劳裂纹萌生寿命均可采用弹塑性缺口应力应变评定方法进行分析。应注意的是，焊缝及热影响区的组织对 ε-N 曲线有较大影响，其裂纹萌生寿命亦有所差异。图 3-40 为 C-Mn 钢焊缝及热影响区的 ε-N 曲线。

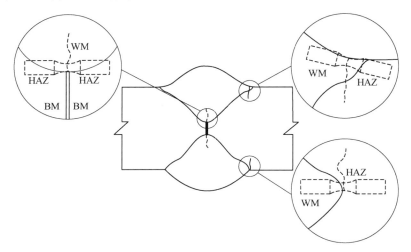

图 3-39　焊接接头缺口疲劳模拟

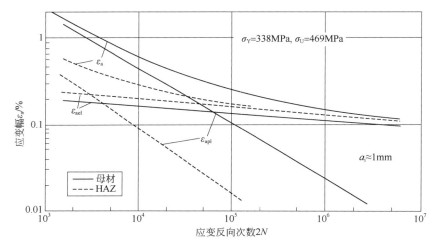

图 3-40　C-Mn 钢焊缝及热影响区的 ε-N 曲线

应用局部应力应变法估算疲劳寿命需要对应力集中引起的局部应变进行分析。局部应变可根据 Neuber 法进行计算。

$$K_\sigma = \frac{\Delta\sigma}{\Delta S} \tag{3-17}$$

$$K_\varepsilon = \frac{\Delta\varepsilon}{\Delta\varepsilon_n} \tag{3-18}$$

又 $\Delta S = E\Delta\varepsilon_n$，可得

$$K_t \Delta S = (\Delta\sigma\Delta\varepsilon E)^{1/2} \tag{3-19}$$

上式将局部应力应变与名义应力建立了联系。在疲劳设计中，常用疲劳缺口系数 K_f 代替 K_t，从而得

$$\Delta\sigma\Delta\varepsilon = \frac{(K_f\Delta S)^2}{E}$$ (3-20)

上式称为 Neuber 公式。

对于给定的名义应力范围 ΔS，式（3-20）的右端为一常数。故 $\Delta\sigma$ 对 $\Delta\varepsilon$ 的变化是一条双曲线，同时由于 $\Delta\sigma$ 对 $\Delta\varepsilon$ 的变化又受到循环稳定的应力-应变迟滞回线的制约，在这种情况下，将式（3-20）与式（1-5）或式（1-6）联立求解，即得 $\Delta\varepsilon$、$\Delta\varepsilon_p$ 和 $\Delta\varepsilon_e$ 之值，这一求解过程见图 3-41。将这些值代入公式（1-7），得出 N_f 之值，即零件的裂纹形成寿命。若零件受到变幅载荷，则对每一个名义应力幅要进行一次计算，然后按累积损伤原理得出零件的裂纹形成寿命。

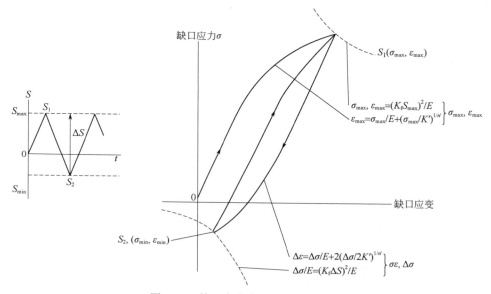

图 3-41　缺口应力应变范围求解过程

图 3-42 给出了应用局部应力应变法对焊接接头疲劳进行分析的过程。

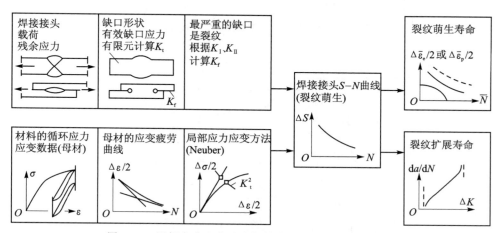

图 3-42　局部应力应变法在焊接接头疲劳分析中的应用

应当指出，含缺口构件的疲劳强度不仅取决于缺口局部最大应力应变，而且还与缺口根部有限体积内的整体应力水平（即局部应力梯度）有关（见图 3-43）。这一有限体积又称为局部应力影响区或疲劳过程区（图 3-44），该区内的平均应力水平是控制疲劳行为的局部参量，当这种平均应力达到临界值时则发生疲劳失效。为简化计算过程，通常采用距离缺口端给定临界距离或面积上的平均应力值表示局部参量，即所谓"临界距离法"（Critical Distance Method）。计算应力的方法包括点法、线法和面法（图 3-45）。

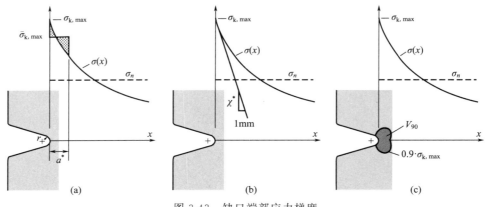

图 3-43　缺口端部应力梯度

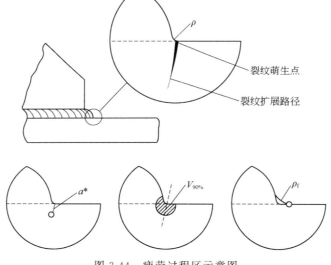

图 3-44　疲劳过程区示意图

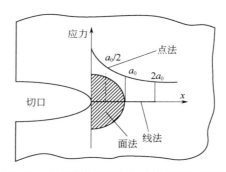

图 3-45　缺口端部平均应力计算的临界距离法

为了表征缺口端部区应力变化以及高应力区的大小，应力梯度法定义如下相对（正则化）应力梯度参数

$$\chi^* = \frac{1}{\sigma_{k,max}} \frac{d\sigma}{dx}$$

研究表明，缺口支撑系数 n 与 χ^* 具有相关性（图 3-46）。

图 3-46 所示的高应力区体积 V_{90} 表征了缺口端部的损伤情况，缺口局部疲劳强度与 V_{90} 的相关性如图 3-47 所示。

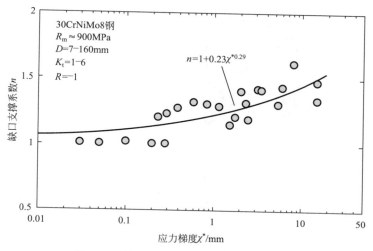

图 3-46　缺口支撑系数 n 与 χ^* 具有相关性

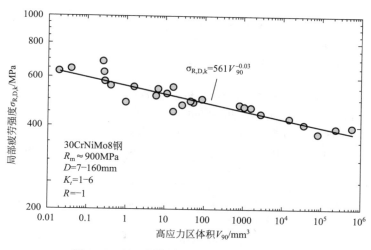

图 3-47　缺口局部疲劳强度与 V_{90} 的相关性

焊接接头应力集中区的缺口效应也可以采用临界距离法进行分析。如图 3-48 所示，可通过有限元分析求得焊趾或焊根处的应力场，然后利用面积法求局部平均应力进行疲劳评定。临界距离参数的确定是这种评定方法的关键，感兴趣的读者可参阅相关文献。采用这种方法进行焊接接头的疲劳分析需要较复杂的计算或测试，在实际应用和数据积累方面尚需要进一步加强。

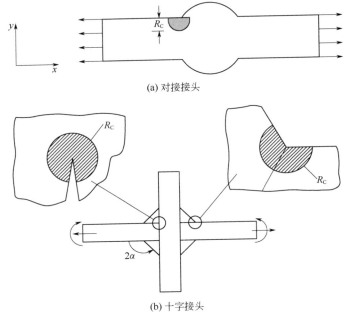

(a) 对接接头

(b) 十字接头

图 3-48 焊接接头应力集中区局部平均应力计算模型

参考文献

［1］ ZERBST U，HENSELB J. Application of fracture mechanics to weld fatigue ［J］. International Journal of Fatigue，2020，139：105801.

［2］ RADAJ D，VORMWALD M. Advanced Methods of Fatigue Assessment ［M］. Heidelberg：Springer-Verlag Berlin Heidelberg，2013.

［3］ ZERBST U，MADIA M，SCHORK B. et al. Fatigue and Fracture of Weldments ［M］. Cham：Springer Nature Switzerland AG，2019.

［4］ RADAJ D，SONSINO C M，FRICKE W. Fatigue assessment of welded joints by local approaches ［M］. Second edition. Cambridge：Woodhead Publishing Ltd.，2006.

［5］ SCHORK B，ZERBST U，KIYAK Y，et al. Effect of the parameters of weld toe geometry on the FAT class as obtained by means of fracture mechanics-based simulations ［J］. Welding in the World，2020，64：925-936.

［6］ D. 拉达伊，焊接结构疲劳强度 ［M］. 郑朝云，张式成，译. 北京：机械工业出版社，1994.

［7］ MOORE P，BOOTH G. The Welding Engineer's Guide to Fracture and Fatigue ［M］. Cambridge：Elsevier Ltd.，2015.

［8］ FRICKE W. Recent developments and future challenges in fatigue strength assessment of welded joints ［J］. Journal of Mechanical Engineering Science，2015，229（7）：1224-1239.

［9］ BERTIL JONSSON，DOBMANN G，HOBBACHER A F，et al，IIW Guidelines on Weld Quality in Relationship to Fatigue Strength ［M］. Berlin：International Institute of Welding，2016.

［10］ CORIGLIANO P，CRUPI V. Review of Fatigue Assessment Approaches for Welded Marine Joints and Structures ［J］. Metals，2022，12（6）：1010.

［11］ HOBBACHER A，Recommendations for fatigue design of welded joints and components ［M］. Second Edition. Cham：Springer International Publishing Switzerland，2016.

［12］ FRICKE W，KAHL A. Comparison of different structural stress approaches for fatigue assessment of welded ship structures Marine Structures [J]. 2005，18 (7-8)：473-488.

[13] KYUBA H，DONG P. Equilibrium-equivalent structural stress approach to fatigue analysis of a rectangular hollow section joint [J]. International Journal of Fatigue，2005，27 (1)：85-94.

[14] DOERK O，FRICKE W，WEISSENBORN C. Comparison of different calculation methods for structural stresses at welded joints [J]. International Journal of Fatigue，2003，25 (5)：359-369.

[15] XIAO Z G，YAMADA K. A method of determining geometric stress for fatigue strength evaluation of steel welded joint [J]. International Journal of Fatigue，2004，26 (12)：1277-1293.

[16] NIEMI E，FRICKE W，MADDOX S J. Structural Hot-Spot Stress Approach to Fatigue Analysis of Welded Components [M]. Second Edition. Singapore：Springer Nature Singapore Pte Ltd. 2018.

[17] Maddox S J. Hot-spot stress design curves for fatigue assessment of welded structures [J]. International Journal of Offshore and Polar Engineering，2002，12 (2)，134-141.

[18] 张彦华，刘娟，杜子瑞，等. 焊接结构的疲劳评定方法 [J]. 航空制造技术，2016，59 (11)：51-56.

[19] TAYLOR D. The Theory of Critical Distances [M]. Oxford：Elsevier BV. 2007.

[20] TAYLOR D，BARRETT N，LUCANO G. Some new methods for predicting fatigue in welded joints [J]. International Journal of Fatigue，2002，24 (5)：509-518.

焊接结构疲劳裂纹扩展断裂力学分析

根据断裂力学理论，焊接结构的疲劳断裂定义为起源于接头的应力集中区疲劳裂纹扩展至临界尺寸。焊接接头疲劳裂纹的形成受控于结构应力或缺口效应等局部条件，疲劳裂纹扩展需要进一步考虑断裂力学参量以及焊接残余应力、组织不均匀性等因素的作用。

4.1 概述

4.1.1 焊接接头疲劳裂纹扩展与剩余强度

焊接接头的疲劳裂纹一般起源于焊趾、焊根等局部应力峰值区（图 4-1），随机萌生的疲劳裂纹合并扩展行为如图 4-2 所示，裂纹扩展方向还与载荷的作用方式有关（图 4-3）。随裂纹的扩展，结构的有效承载截面减小，裂纹引起的局部应力-应变场对结构强度的作用提高。

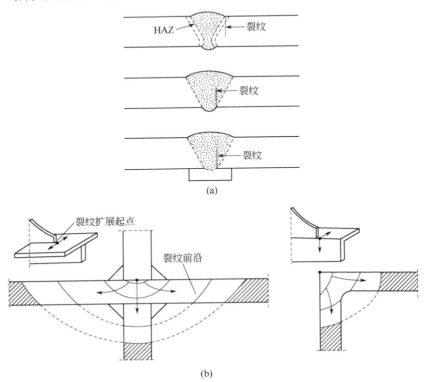

图 4-1　焊接接头疲劳裂纹扩展

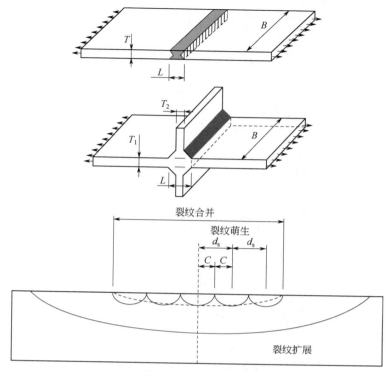

图 4-2　焊趾疲劳裂纹的形成与扩展

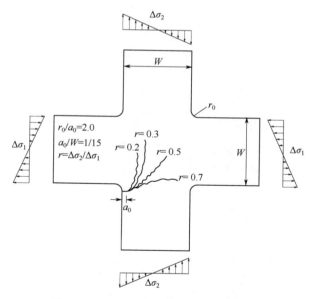

图 4-3　双轴应力对疲劳裂纹扩展的影响

含裂纹结构在连续使用中任何一时刻所具有的承载能力称为该结构的剩余强度。结构的剩余强度通常随裂纹尺寸的增加而下降（图 4-4）。如果剩余强度大于设计的强度要求，结构是安全的。如果裂纹扩展至某一临界尺寸，结构的剩余强度就不能保证设计的强度要求，以致结构可能发生破坏。

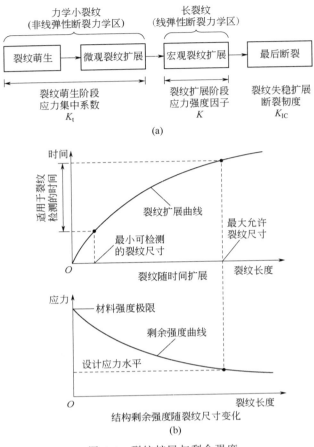

图 4-4　裂纹扩展与剩余强度

4.1.2　疲劳裂纹扩展寿命评定

（1）疲劳裂纹扩展寿命计算

根据断裂力学理论，一个含有初始裂纹（长度为 a_0）的构件，如图 4-5 所示，当承受静载荷时，只有当应力水平达到临界应力 σ_c 时，亦即裂纹尖端的应力强度因子达到临

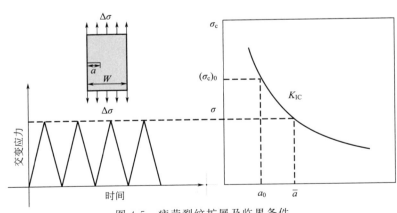

图 4-5　疲劳裂纹扩展及临界条件

界值 K_{IC}（或 K_c）时，才会发生失稳破坏。若静载荷作用下的应力 $\sigma < \sigma_c$，则构件不会发生破坏。但是，如果构件承受一个具有一定幅值的循环应力的作用，这个初始裂纹就会发生缓慢扩展，当裂纹长度达到临界裂纹长度 a_c 时，构件就会发生破坏。裂纹在循环应力作用下，由初始裂纹长度 a_0 扩展到临界裂纹长度 a_c 的这一段过程，称为疲劳裂纹的亚临界扩展。疲劳裂纹萌生与扩展的临界曲线如图 4-6 所示。图中 a_{th} 为由式（1-56）定义的疲劳裂纹萌生尺寸，此时 $a_i = a_{th}$。

由图 4-7 可见，给定初始裂纹尺寸和应力范围的条件下，随材料的断裂韧性的提高，其疲劳裂纹扩展寿命也随之提高。

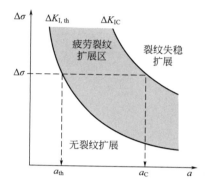

图 4-6　疲劳裂纹萌生与扩展

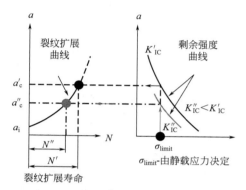

图 4-7　断裂韧性对疲劳裂纹扩展的影响

根据疲劳裂纹扩展速率公式可对构件的疲劳裂纹扩展寿命进行估算。例如，在等幅循环载荷作用下，可对 Paris 公式（1-41）直接求定积分得

$$N = N_f - N_0 = \int_{N_0}^{N_f} dN = \int_{a_0}^{a_c} \frac{da}{C\,\Delta K^m} \tag{4-1}$$

式中，N_0 为裂纹扩展至 a_0 时的循环次数（若 a_0 为初始裂纹长度，则 $N_0 = 0$）；N_f 为裂纹扩展至临界长度 a_c 时的应力循环次数。

对于无限大板含中心穿透裂纹的情况，$\Delta K = \Delta\sigma\sqrt{\pi a}$，代入式（4-1）积分后，得到疲劳裂纹扩展寿命为

$$N = N_f - N_0 = \frac{1}{C} \times \frac{2}{m-2} \times \frac{a_c}{(\Delta\sigma\sqrt{\pi a_0})^m}\left[\left(\frac{a_c}{a_0}\right)^{\frac{m}{2}-1} - 1\right] \quad (m \neq 2) \tag{4-2}$$

$$N = N_f - N_0 = \frac{1}{C\,(\Delta\sigma\sqrt{\pi a_0})^2}\ln\frac{a_c}{a_0} \quad (m \neq 2) \tag{4-3}$$

含裂纹的焊接接头应力强度因子幅度为 $\Delta K = Y\Delta\sigma\sqrt{\pi a}$，其中 Y 为修正系数，则式（4-1）可以表示为

$$\int_{a_0}^{a_c} \frac{da}{(Y\sqrt{\pi a})^m} = C\Delta\sigma^m N \tag{4-4}$$

由此可见，要估算焊接接头疲劳裂纹扩展，需要获得修正系数 Y，有关计算方法在下节专题进行讨论。

由疲劳裂纹门槛值可得疲劳极限

$$\Delta\sigma_0 = \frac{\Delta K_{th}}{Y\sqrt{\pi a_i}} \tag{4-5}$$

式中，a_i 为疲劳裂纹萌生尺寸。在有限寿命条件下，式（4-4）可以表示为 $\Delta\sigma^m N =$ 常数，即疲劳裂纹扩展率与 S-N 曲线具有对应关系，如图 4-8 所示。

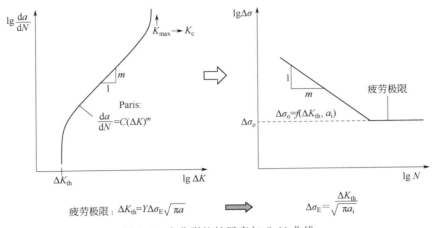

图 4-8　疲劳裂纹扩展率与 S-N 曲线

（2）疲劳裂纹扩展参数

① 初始裂纹尺寸　一般认为，当在构件中检测到裂纹状缺陷（如 0.25mm 深以上的表面裂纹等）时，可用断裂力学方法评定缺陷的行为。对于焊接接头应力集中区的疲劳裂纹扩展来说，缺口效应本身就意味着存在原始缺陷，在疲劳载荷作用下很容易扩展。在疲劳裂纹扩展寿命分析中，初始裂纹尺寸的选取与材料类型有关。如铝合金的初始裂纹尺寸一般假设为 $a_0 = 0.01 \sim 0.05$mm，钢材的初始裂纹尺寸一般假设为 $a_0 = 0.1 \sim 0.5$mm。表面裂纹则一般假设为深宽比 $a/c = 0.1 \sim 0.5$ 的半椭圆裂纹。

② 材料参数　Paris 公式中的参数 C 和 m 值可通过标准的试验方法获得。焊接接头各区域的组织性能各异，其 C 和 m 值应分别由试验测定。表面裂纹在板厚方向上的扩展和在板面方向上扩展的参数 C、m 将有所不同。一般而言，同种金属材料的不同组织状态下的 C、m 值只在一定范围内波动。例如，在 da/dN 和 ΔK 的单位分别为 mm/周和 N/mm$^{3/2}$ 条件下，结构钢的 C、m 的取值范围为 $m = 2.0 \sim 3.6$，$C = (0.9 \sim 3.0) \times 10^{-13}$。

Maddox 曾通过试验得到中等强度（屈服强度为 375～780MPa）碳锰钢焊接接头的母材、热影响区及焊缝的疲劳裂纹扩展速率数据（图 4-9），经统计分析得

$$m = 3.07, \quad C = \begin{cases} 8.054 \times 10^{-12} & \text{（上限）} \\ 4.349 \times 10^{-12} & \text{（中值）} \\ 2.366 \times 10^{-12} & \text{（下限）} \end{cases}$$

C 与 m 之间具有相关性（图 4-10），可以表示为

$$C = \frac{1.315 \times 10^{-4}}{895.4^m} \tag{4-6}$$

为方便计算，结构钢焊接接头的 m 值常取 3 或 4。

将式（4-6）代入 Paris 公式可得

$$\frac{da}{dN} = 1.315 \times 10^{-4} \left(\frac{\Delta K}{895.4} \right)^m \tag{4-7}$$

由此可见，所有的结构钢的 da/dN-ΔK 关系在 $\Delta K = 895.4$N/mm$^{3/2}$，$da/dN = 1.315 \times 10^{-4}$ mm/周这一点相交（图 4-11），且 m 值越大，疲劳裂纹扩展速率越低。

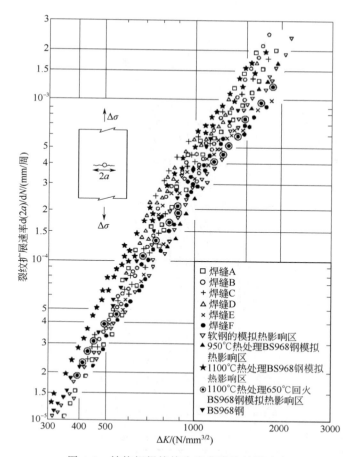

图 4-9　结构钢焊接接头疲劳裂纹扩展速率

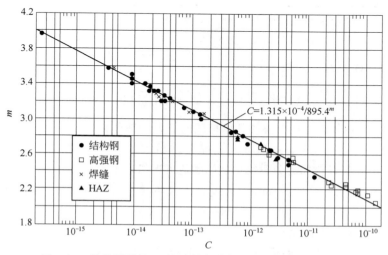

图 4-10　结构钢焊缝 C 与 m 的相关性（空气介质，$R=0$）

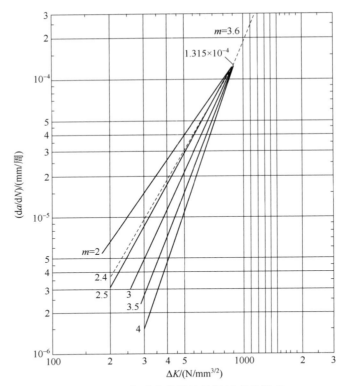

图 4-11　m 值对疲劳裂纹扩展速率的影响

国际焊接学会（IIW）推荐的焊接接头疲劳裂纹扩展速率参数如表 4-1 所示。

表 4-1　国际焊接（IIW）推荐的焊接接头疲劳裂纹扩展速率参数

材料	m	C	ΔK_{th}
钢	3.0	5.21×10^{-13}	63
铝合金	3.0	1.41×10^{-11}	21

注：1. 单位：$K/(MPa \cdot \sqrt{mm})$　$da/dN/(mm/cycle)$。

2. 高残余应力门槛值 $R = 0.5$。

（3）疲劳裂纹扩展门槛值

如前所述，当 $\Delta K \leqslant \Delta K_{th}$ 时，$\dfrac{da}{dN} = 0$，即裂纹不扩展。ΔK_{th} 亦称无限寿命持久应力强度因子范围，表示材料阻止疲劳裂纹开始扩展的能力，是含裂纹构件的疲劳极限。金属材料的 ΔK_{th} 为（5%～10%）K_{IC}，一般而言，晶粒越粗大，ΔK_{th} 值越高。脉动循环（应力比 $R = 0$）条件下，金属材料的疲劳裂纹扩展门槛值可近似表示为 $\Delta K_{th0} = (0.5～1.5) \times 10^{-3} E$，其中 E 为弹性模量（单位为 N/mm^2）。应力比 R 对 ΔK_{th} 的影响可以表示为

$$\Delta K_{th} = \Delta K_{th0}(1 - R)^{1/m}$$

式中，m 为 Paris 公式中的材料参考。

图 4-12 为 Ti-6Al-4V 钛合金（TC4）疲劳裂纹扩展门槛值与应力比的关系。这些关系为估算焊接接头的 ΔK_{th} 提供了参考。

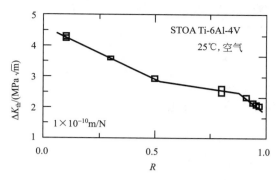

图 4-12　Ti-6Al-4V 钛合金疲劳裂纹扩展门槛值与应力比的关系

4.2　焊接接头应力强度因子

焊接接头应力集中区疲劳裂纹扩展断裂力学分析的主要问题之一是计算应力强度因子。对形状复杂的裂纹和接头几何形状，应力强度因子的计算分析也较为复杂。这里仅介绍典型的焊趾表面裂纹和根部裂纹应力强度因子的分析方法。

4.2.1　焊趾表面裂纹应力强度因子

焊趾表面裂纹短轴顶端（图 4-13）的应力强度因子可以表示为

$$K = \frac{M_{\mathrm{S}} M_{\mathrm{T}} M_{\mathrm{K}}}{\varPhi_0} \sigma \sqrt{\pi a} \tag{4-8}$$

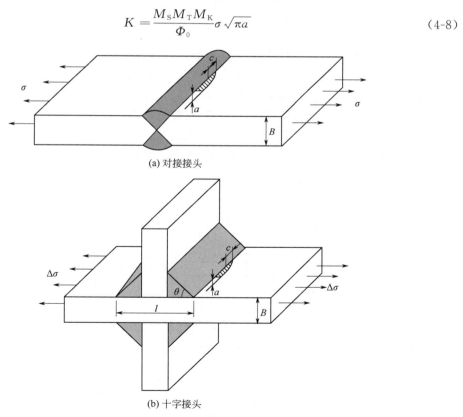

(a) 对接接头

(b) 十字接头

图 4-13　焊趾表面裂纹示意图

其中，M_S、M_T 和 M_K 分别为自由表面修正系数、有限厚度修正系数和应力集中修正系数。Φ_0 为第二类完全椭圆积分

$$\Phi_0 = \int \left[1 - \left(1 - \frac{a^2}{c^2} \right) \sin^2 \varphi \right] d\varphi \qquad (4\text{-}9)$$

对于浅长裂纹，$a/c \approx 0$，$\Phi_0 \approx 1$。

M_S 值决定于裂纹深度与宽度的比值 $a/2c$

$$M_S = 1 + 0.12 \left(1 - 0.75 \frac{a}{c} \right) \qquad (4\text{-}10)$$

M_T 为有限厚度修正系数，其数值取决于裂纹的轮廓、$a/2c$ 以及裂纹深度与板厚的比值 a/B。在 $2c = 6.71 + 2.58a$ 的条件下，可采用联合修正系数 $\dfrac{M_S M_T}{\Phi_0}$

$$\frac{M_S M_T}{\Phi_0} = 1.122 - 0.231 \frac{a}{B} + 10.55 \left(\frac{a}{B} \right)^2 - 21.7 \left(\frac{a}{B} \right)^3 + 33.19 \left(\frac{a}{B} \right)^4 \qquad (4\text{-}11)$$

$$M_K(a) = \frac{F(a)_{\text{with notch}}}{F(a)_{\text{without notch}}}$$

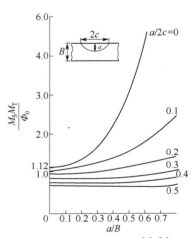

M_K 为应力集中修正系数。对于深度无限小的裂纹，M_K 可取应力集中系数。当裂纹深度增加时，裂纹尖端逐渐远离焊趾应力集中区，因此，M_K 随裂纹深度的增加而减小。对于对接接头，$a/B = 0.4$；不承载角焊缝，$a/B \geqslant 0.6$；承载角焊缝，$a/B \geqslant 0.7$ 时，$M_K = 1.0$。

图 4-14 为联合修正系数 $\dfrac{M_S M_T}{\Phi_0}$ 的变化趋势。

由此可见，焊趾应力集中对应力强度因子的影响仅局限在较浅的裂纹范围内。如图 4-15 所示，若 $a/t < 0.2$，平板表面裂纹应力强度因子修正系数 $Y \approx 1.15$，而 T 形接头焊趾表面裂纹应力强度因子修正系数则显著提高；而在 $a/t > 0.2$ 的一定范围内，T 形接头的修正系数曲线则稍低于平板的修正系数曲线，此时可忽略焊趾应力集中的影响。

图 4-14　联合修整系数 $\dfrac{M_S M_T}{\Phi_0}$

与 $a/2c$ 和 a/B 的关系

（假定 $2c = 6.71 + 2.58a$）

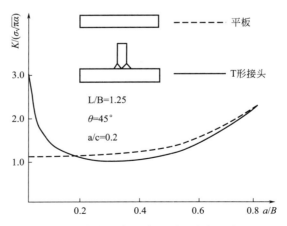

图 4-15　焊趾应力集中对焊趾表面裂纹应力强度因子的影响

图 4-16 为十字接头角焊缝焊趾裂纹无量纲应力强度因子与 a/B 的关系。由此可见，裂纹深度方向近焊趾区的高应力强度因子在厚板中比在薄板中延伸得更远些。因此，对于两个具有相同尺寸的初始裂纹而板厚不同的接头而言，厚板中裂纹应力强度因子要高于相应的薄板中裂纹应力强度因子，导致厚板焊趾裂纹扩展快于薄板焊趾裂纹。这与前一章中有关分析结果是一致的。

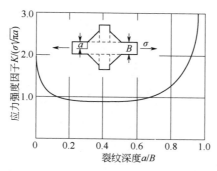

图 4-16　十字接头角焊缝焊趾裂纹的应力强度因子与裂纹深度的关系

4.2.2　焊缝根部裂纹应力强度因子

焊缝根部裂纹（图 4-17）应力强度因子可以表示为

$$K = M_K \sigma \sqrt{\pi a \sec \frac{\pi a}{W}} \tag{4-12}$$

式中

$$M_K = \frac{A_1 + A_2 \dfrac{2a}{W}}{1 + \dfrac{2h}{B}} \tag{4-13}$$

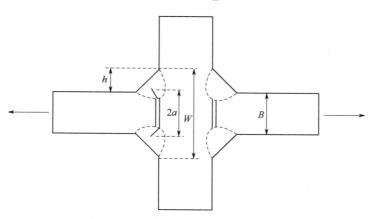

图 4-17　横向承载十字接头中的缺陷

A_1 和 A_2 是 h/B 的多项式。

$$A_1 = 0.528 + 3.278 \frac{h}{B} - 4.361 \left(\frac{h}{B}\right)^2 + 3.696 \left(\frac{h}{B}\right)^3 - 1.875 \left(\frac{h}{B}\right)^4 + 0.425 \left(\frac{h}{B}\right)^5 \tag{4-14}$$

$$A_2 = 0.218 + 2.717 \frac{h}{B} - 10.171 \left(\frac{h}{B}\right)^2 + 13.122 \left(\frac{h}{B}\right)^3 - 7.755 \left(\frac{h}{B}\right)^4 + 1.783 \left(\frac{h}{B}\right)^5 \tag{4-15}$$

图 4-18 为十字接头角焊缝根部裂纹无量纲应力强度因子与裂纹几何尺寸的关系。

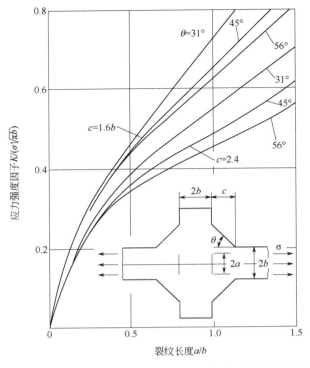

图 4-18　十字接头根部间隙（裂纹）的应力强度因子与裂纹长度、焊脚尺寸和焊缝坡口角度的关系

4.2.3　点焊接头裂纹应力强度因子

点焊接头焊核边缘类似于裂纹前沿情况，其应力状态可用应力强度因子来表征。承受剪力的搭接点焊焊核边缘（图 4-19）应力场由 Ⅰ 型和 Ⅱ 型应力强度因子复合主导，Pook 提出的 A、B 点应力强度因子计算公式为

$$K_{\mathrm{I}} = \frac{P}{d\sqrt{d}}\left[0.964\left(\frac{d}{t}\right)^{0.397}\right] \qquad [4\text{-}16(\mathrm{a})]$$

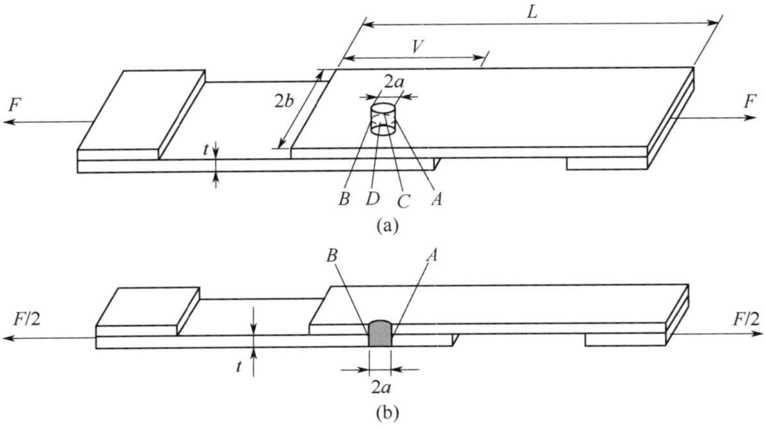

图 4-19　承受剪切拉伸的点焊接头

$$K_{\mathrm{II}} = \frac{P}{d\sqrt{d}}\left[0.798 + 0.458\left(\frac{d}{t}\right)^{0.710}\right] \qquad [4\text{-}16(\mathrm{b})]$$

上式的适用范围为 $d/t \leqslant 10$。

等效应力强度因子可以表示为

$$K_{\mathrm{eq}} = \sqrt{K_{\mathrm{I}} + \beta K_{\mathrm{II}}} \qquad (4\text{-}17)$$

式中，β 为材料对 II 型裂纹的敏感性系数，与材料的类型有关。

承受撕裂拉伸载荷的点焊接头（图 4-20）焊核边缘的应力强度因子计算公式为

$$K_{\mathrm{I}} = \frac{\sqrt{3}\,P}{2t\sqrt{t}}\left[1.02 + 0.92\ln\frac{2e}{d} + 0.17\left(\ln\frac{2e}{d}\right)^{2}\right] \qquad (4\text{-}18)$$

上式的适用范围为 $e/d \leqslant 2.5$。

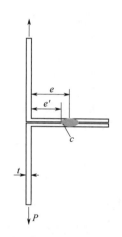

图 4-20　承受撕裂拉伸的点焊接头

4.3　力学失配对疲劳裂纹扩展的影响

4.3.1　焊接接头的强度失配

焊接接头性能存在着显著的不均匀性，焊缝与母材强度匹配对焊接接头强度有重要影响，是焊接接头疲劳强度设计必须考虑的主要因素之一。严格意义上的焊缝与母材同质等强是很难做到的，焊缝强度与母材的差异性称为焊缝强度的失配。焊缝强度失配可用失配比来描述，失配比的定义与焊缝和母材的弹塑性行为有关。

在实际的接头中，焊缝熔敷金属和 HAZ 的单向载荷拉伸（应力-应变）性能不同。虽然弹性模量无显著差异，但是 σ_{s}、$\sigma_{0.2}$、σ_{b} 以及应变硬化性能不同。图 4-21 为强度失配焊接接头的简化处理。

在弹性载荷范围内，屈服强度的匹配性不影响焊接结构变形的行为，即施加应力小于母材和焊接金属中最小屈服强度的情况。然而，当焊缝或母材发生屈服时的焊接构件就必须考虑材料的屈服强度失配性。

一般意义的焊缝强度失配性大多是指屈服强度匹配。用焊缝金属的屈服强度与母材金属的屈服强度的比值表示，即

$$M = \frac{\sigma_{\mathrm{YW}}}{\sigma_{\mathrm{YB}}} \qquad (4\text{-}19)$$

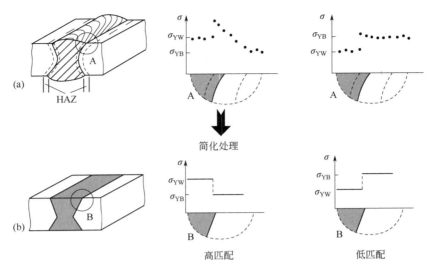

图 4-21　强度失配焊接接头的简化处理

式中，M 为失配比；σ_{YW} 为焊缝金属的屈服强度；σ_{YB} 为母材金属的屈服强度。焊缝金属屈服强度大于母材金属屈服强度时称为高匹配（$M>1$），反之则称为低匹配（$M<1$）。除了考虑强度匹配外，还可考虑抗拉强度匹配、塑性匹配或综合考虑反映强度和塑性的韧性匹配。有研究认为，匹配性若用屈服强度表示，则用差值（$\sigma_{YW}-\sigma_{YB}$）而不用比值表示会更适合。

接头强度失配对纵向载荷接头与横向载荷接头产生完全不同的作用。在塑性阶段，受横向载荷的宽板焊缝区和母材区的变形具有不同时性［图 4-22（a）］。若焊缝为高匹配，母材金属的屈服强度低于焊缝金属，因而首先发生塑性变形，而此时载荷没有达到焊缝金属的屈服点，所以焊缝金属仍然处于弹性状态。这时，母材对于焊缝具有所谓的屏蔽作用，使焊缝受到保护，接头的整体强度高于母材且具有足够的韧性。若焊缝为低匹配，母材金属屈服强度高于焊缝金属，因而当母材金属仍处于弹性状态时，焊缝金属将发生塑性变形，其延展性会先于整体屈服前耗尽，造成整体强度低于母材金属且变形能力不足，此时屏蔽作用消失。因此认为高匹配焊缝是有利的。当对接接头受纵向载荷作用，与外加载荷垂直的横截面上焊缝金属只占很小的一部分，当焊接接头受平行于焊缝轴向的纵向载荷时，焊缝金属、HAZ 以及母材同时同量产生应变。无论屈服强度水平如何，焊缝金属被

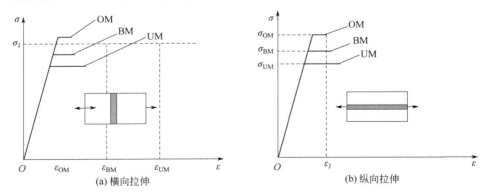

图 4-22　对接接头应力-应变关系
OM—高匹配焊缝；UM—低匹配焊缝；BM—母材

迫随着母材发生应变，如图 4-22（b）所示。此时，焊接区域的不同的应力-应变特性不会对焊接构件的应变产生直接的影响，强度失配对其影响不大。接头各区域几乎产生相同的伸长，裂纹首先在塑性差的地方产生并扩展。高匹配不会对焊缝起到保护作用，低匹配也能保证焊缝的抗断裂性能，因而母材金属和焊缝金属等塑性才是合理的。

焊缝强度失配对焊接接头裂纹尖端塑性区的影响如图 4-23 所示，裂纹尖端塑性区的形状对疲劳裂纹扩展速率和扩展方向有较大的影响。

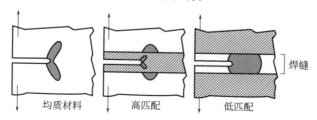

图 4-23　焊缝强度失配对焊接接头裂纹尖端塑性区的影响

4.3.2　力学失配对疲劳裂纹扩展的影响

（1）力学失配对焊接区裂纹扩展速率的影响

力学失配对焊接区局部裂纹扩展驱动力有较大影响，从而影响疲劳裂纹扩展速率。力学失配对焊接区疲劳裂纹扩展的影响主要有三个方面。其一是在高匹配情况下，力学失配效应使得对焊接区的裂纹产生一定的屏蔽作用，从而形成对焊缝的保护，降低疲劳裂纹扩展速率，但如果焊接区有较大的应力应变集中，则另当别论。其二是裂纹在不均匀的焊缝区发生偏转形成混合型扩展后，远场载荷未变，而 I 型裂纹扩展驱动力 K_I 降低。此外，裂纹偏转后接触面积增大，使裂纹闭合效应增大，有效应力强度因子下降，从而导致疲劳裂纹扩展速率降低。其三是当裂纹横向穿过焊缝时裂纹扩展速率可能发生增速或减速现象。

为分析方便，记接头母材名义应力强度因子为 K_{IB}（未考虑焊缝失配效应或纯母材的情况），焊缝区局部应力强度因子为 K_{IW}。

若接头几何裂纹尺寸与载荷条件相同，在不考虑焊缝失配的情况下，$K_{IW}=K_{IB}$，这种处理势必低估或高估了焊缝区的裂纹驱动力，此时可以考虑采用塑性区修正的方法估计其有效应力强度因子。考虑塑性区修正后分别为

$$K_{IB}=Y\sigma\sqrt{\pi a}\Big/\sqrt{1-\frac{\pi}{2}\left(\frac{\sigma}{\sigma_s^B}\right)^2} \tag{4-20}$$

$$K_{IW}=Y\sigma\sqrt{\pi a}\Big/\sqrt{1-\frac{\pi}{2}\left(\frac{\sigma}{M\sigma_s^B}\right)^2} \tag{4-21}$$

记 $R=1\Big/\sqrt{1-\frac{\pi}{2}\left(\frac{\sigma}{M\sigma_s^B}\right)^2}$ 为修正系数，则焊缝区应力强度因子表示为：

$$K_I=YR\sigma\sqrt{\pi a} \tag{4-22}$$

根据疲劳裂纹扩展机理，在疲劳裂纹扩展的第 II 阶段，裂纹的扩展是裂纹尖端塑性钝化和再锐化的结果，裂纹尖端塑性钝化和锐化的程度可用裂纹尖端张开位移（CTOD）来表征，疲劳裂纹扩展速率可以用关系式 $da/dN=\alpha$（CTOD）来预测，焊缝局部裂纹尖端张开位移为

$$\delta_t^W=\frac{4}{\pi}\times\frac{K_{eq}^2}{E'M\sigma_s} \tag{4-23}$$

在高匹配情况下，$M>1$，$K_{IW}<K_{IB}$，裂纹扩展驱动力小于母材，导致焊缝裂纹尖端的塑性区尺寸和张开位移小于母材，从而塑性钝化和锐化使裂纹扩展步长小。因此，同样条件下，此阶段焊缝金属中的疲劳裂纹扩展速率比母材的低。

图 4-24 为强度失配对结构钢焊缝疲劳裂纹扩展速率的影响。高匹配的焊缝疲劳裂纹扩展速率比母材的低，而低匹配的焊缝疲劳裂纹扩展速率比母材的高。图 4-25 为焊缝强度失配比与疲劳裂纹扩展门槛值和临界应力强度因子幅度的关系。图 4-26 为焊缝强度失配比与疲劳裂纹扩展参数的关系。

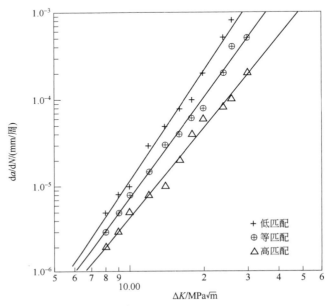

图 4-24　强度失配对结构钢焊缝疲劳裂纹扩展速率的影响

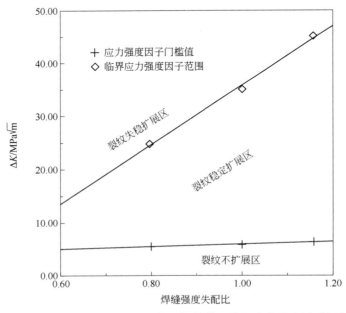

图 4-25　焊缝强度失配比与疲劳裂纹扩展门槛值和临界应力强度因子幅度的关系

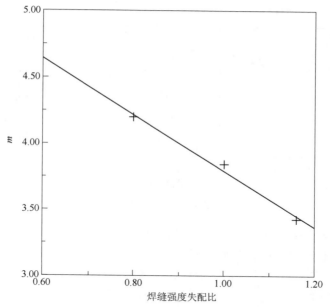

图 4-26　焊缝强度失配比与疲劳裂纹扩展参数的关系

裂纹偏转后，裂尖的应力强度因子就不再是整体试件的应力强度因子 K_I，而在局部上就成为 Ⅰ 型和 Ⅱ 型复合的应力强度因子。设其局部应力强度因子为 K_1 和 K_2，主裂纹整体应力强度因子为 K_I 和 K_II，根据应变能密度准则，裂纹尖端局部应力强度因子表示为

$$K_1 = C_{11}K_\mathrm{I} + C_{12}K_\mathrm{II}$$
$$K_2 = C_{21}K_\mathrm{I} + C_{22}K_\mathrm{II}$$

(4-24)

式中，C_{ij} 是关于偏转角 θ 的函数，裂尖有效应力强度因子或有效驱动力为

$$K_\mathrm{eq} = \sqrt{K_1^2 + K_2^2}$$

(4-25)

裂纹尖端有效应力强度因子 K_eq 随偏转角 θ 的增大而降低，裂纹偏转进入母材后，其有效裂纹扩展驱动力减小，因此疲劳裂纹扩展变缓。随着裂纹扩展从复合型向 Ⅰ 型扩展转换，Ⅰ 型裂纹扩展驱动力逐渐提高，裂纹扩展速率逐渐接近于母材的裂纹扩展速率。

（2）力学失配对疲劳裂纹扩展方向的影响

力学性能不均匀性对外载所引起的接头区裂纹扩展驱动力和扩展方向有较大影响。为了研究裂纹在焊缝、热影响区以及横向穿越焊缝的扩展问题，研究焊接接头疲劳裂纹扩展所采用试件如图 4-27 所示。

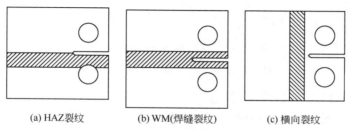

(a) HAZ裂纹　　　　(b) WM(焊缝裂纹)　　　　(c) 横向裂纹

图 4-27　焊接接头疲劳裂纹扩展试件

图 4-28 为电子束焊接接头的母材、焊缝和热影响区的疲劳裂纹扩展情况。可以看出，电子束焊接接头各区的疲劳裂纹扩展行为有较大区别。始于焊缝区的疲劳裂纹经过一段

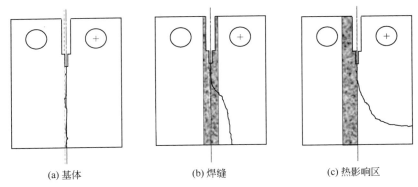

(a) 基体　　　　　　　　　(b) 焊缝　　　　　　　　　(c) 热影响区

图 4-28　电子束焊接接头疲劳裂纹扩展示意图

稳定扩展后，偏离原裂纹扩展方向，穿过熔合区与热影响区，进入母材扩展，形成Ⅰ型和Ⅱ型的复合型裂纹，扩展轨迹为一条曲线。如果热影响区存在较多的缺陷，裂纹可能沿着有利于扩展的热影响区扩展。始于热影响区的疲劳裂纹经过一段稳定扩展后，也偏离原扩展方向进入母材，发展为复合型裂纹。而始于均匀母材的疲劳裂纹始终保持Ⅰ型（张开型）扩展，裂纹扩展路径呈直线形状，不发生偏转。

　　造成裂纹扩展路径偏转的主要原因是焊接接头为一个力学不均匀体。疲劳裂纹尖端有一个局部塑性区［图 4-29 (a)］，疲劳裂纹扩展过程的实质是裂纹不断穿过其尖端塑性区的过程。对材料力学性质不同的界面裂纹进行的弹塑性分析表明，由于界面两侧的材料屈服应力不同，裂纹尖端塑性区的形状是不对称的，塑性区偏向流变抗力低的软材料一侧。根据疲劳裂纹扩展的微观机理，在裂纹扩展的第Ⅱ阶段，加载过程中裂纹张开和钝化发生在裂纹尖端两边的流变带上，由于焊缝中心与母材之间过渡区的组织和成分不均匀，界面区裂纹尖端一侧较硬，滑移受到约束，而软侧滑移得以优先发生；卸载过程中相应的逆向滑移在裂纹尖端两侧也不能等量发生，结果在裂纹尖端形成不对称的流变带，于是新的裂纹面发生偏转，裂纹扩展随之偏离原裂纹方向进入软区（见图 4-30）。

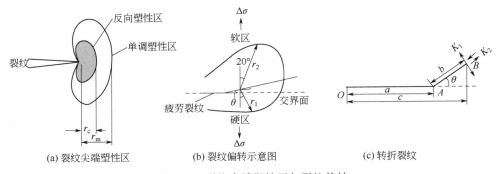

(a) 裂纹尖端塑性区　　　　(b) 裂纹偏转示意图　　　　(c) 转折裂纹

图 4-29　裂纹尖端塑性区与裂纹偏转

　　一般而言，在高匹配情况下，焊缝中心至母材的过渡区间，其材料的塑性变形能力梯度提高，焊缝为硬区，热影响区次之，母材为软区，因此可以认为位于接头界面区的疲劳裂纹尖端塑性区形状如图 4-29 (b) 所示，塑性变形局部化易向软区的母材一侧发展，始于焊缝区和热影响区的裂纹先直线扩展一段距离，随后向母材一侧偏转。尤其是电子束焊等高能束流焊接接头的焊缝区和热影响区很窄，不均匀性的梯度变化更加严重，

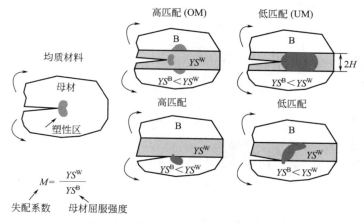

图 4-30　裂纹位置与裂纹尖端塑性区

焊缝区和热影响区可以看成是两种材料特性的夹层界面，致使焊接区裂纹扩展方向具有更大的不稳定性。

疲劳裂纹在焊接区发生偏转后进入母材，外加载荷仍为 I 型载荷，I 型裂纹扩展占主导，最后还要发生从复合型裂纹再转化为 I 型裂纹［图 4-28（b）］。当试件或构件的净截面较小时，也会发生剪切失稳断裂。对于材料成分和组织均匀的母材，在外加应力作用下，裂纹前沿形成对称的流变带，从而形成新的对称裂纹面，裂纹沿垂直于载荷作用线的方向直线扩展。

在实际的复合型裂纹扩展过程中，偏转角是随着应力强度因子幅 ΔK 的增加而变化的。在裂纹扩展初期，ΔK 较小，裂纹扩展慢，裂纹呈 I 型直线扩展，在中速扩展区，偏转角 θ 随着 ΔK 的增大而增大，裂纹扩展的每一步都要改变方向，因此扩展轨迹为一曲线，此阶段以有效应力强度因子表示，具有与均匀材料第 II 阶段类似的扩展规律。由于试件仅受到远场 I 型载荷作用，裂纹偏转扩展过程中，K_{I} 和 K_{II} 由远场应力在裂纹扩展方向上的分量引起，裂纹扩展很小一段距离以后，裂纹以只相当于纯 I 型裂纹情况扩展，扩展方向逐渐转向与外载方向垂直。

Rice 分析了交变载荷裂纹尖端塑性区，指出在疲劳裂纹尖端存在两个不同的塑性区，其一是最大应力对应的单调塑性区 r_{m}，其二是应力幅所对应的逆向塑性区 r_{c}。（在逆向加载时造成裂纹尖端前方压缩屈服而形成的一个尺寸较小的循环塑性区）。在均匀材料中，疲劳裂纹尖端塑性区的尺寸表示为：$r_{\mathrm{m}}=\dfrac{1}{6\pi}\left(\dfrac{K}{\sigma_{y}}\right)^{2}$，$r_{\mathrm{c}}=\dfrac{1}{4}r_{\mathrm{m}}$。

对于非均匀材料裂纹体，由于裂尖显微组织的不均匀性以及材料变形和应变硬化行为等因素的影响，裂纹尖端的应力应变分布不同于均匀材料，使得裂纹不符合简单的钝化-锐化扩展过程。裂纹扩展路径除与应力强度因子和流变抗力有关外，主要与裂纹尖端塑性区形状的不对称程度有关。如果用角度 θ 表示裂纹扩展的偏转角，则焊接接头疲劳裂纹尖端的塑性区尺寸为

$$\text{焊缝：} r_{\mathrm{w}}^{\theta}=\alpha^{\theta}\left(\frac{K_{\max}}{\sigma_{y}^{\mathrm{W}}}\right)^{2} \quad \text{HAZ：} r_{\mathrm{H}}^{\theta}=\alpha^{\theta}\left(\frac{K_{\max}}{\sigma_{y}^{\mathrm{H}}}\right)^{2} \quad \text{母材：} r_{\mathrm{B}}^{\theta}=\alpha^{\theta}\left(\frac{K_{\max}}{\sigma_{y}^{\mathrm{B}}}\right)^{2}$$

式中，α^{θ} 为形状系数；$K_{\max}$ 为最大应力强度因子；σ_{y}^{W}、σ_{y}^{H}、σ_{y}^{B} 分别为焊缝、热影响区和母材金属的屈服强度。定义 1 区和 2 区界面裂纹在 θ 方向上裂纹尖端塑性区的不对称

度为：

$$\eta_{12}^\theta = \frac{r_1^\theta}{r_2^\theta} \tag{4-26}$$

η_{12}^θ 越小，裂纹尖端塑性区的不对称度越大，其后续裂纹偏转角 θ 也就越大。疲劳裂纹扩展强烈地受裂纹尖端前沿的塑性区尺寸和形状影响，随着塑性区尺寸的减小，裂尖每次循环产生的剪切位移量减小，从而裂纹张开位移也减小，这些因素都会导致裂纹扩展速率减小。在交变载荷和最大应力作用下，硬区的焊缝和热影响区由于限制了裂尖塑性区尺寸而使裂纹扩展速率减小，远离接头区的母材由于材料均匀，塑性区尺寸较大，疲劳裂纹以稳定的速率扩展。同样的原因，由于不对称的塑性，靠近硬区（焊缝和热影响区）一侧塑性区尺寸的减小导致裂纹偏向软区（母材）。裂纹到达交界面的瞬时，裂尖材料状态发生了改变，裂尖塑性区形状不对称使裂纹偏转，并且总是偏向低流变应力区，由于流变应力在界面两侧不同，如果界面区没有严重的焊接缺陷，裂纹一般不会沿界面区扩展。在低流变应力区裂纹尖端塑性区尺寸较大，裂纹扩展较快，因此当焊接接头中存在疲劳裂纹时，结构的完整性主要取决于低流变应力区材料的韧性。

对于 $M<1$ 的低匹配焊缝疲劳裂纹，裂纹不偏向屈服强度较高的母材，焊缝力学不均匀性导致裂纹在小范围内波动扩展，使得表观上裂纹扩展方向比较稳定。对于普通的熔焊接头，虽然在焊缝裂纹尖端存在局部的组织和力学不均匀性，裂纹存在微观的偏离或波动扩展，但由于焊缝较宽，焊缝区力学性能不均匀性变化梯度小，焊缝裂纹扩展方向受力学失配的影响要有所缓和，而位于熔合区或热影响区的裂纹扩展方向同样具有较大的不稳定性，其焊接区的裂纹扩展速率同样与力学失配度有关。因此，焊接接头的疲劳裂纹扩展分析必须综合考虑焊缝力学失配效应。

图 4-31 为 6082-T6 铝合金搅拌摩擦焊接头疲劳裂纹扩展断口。其中，疲劳裂纹穿越搅拌摩擦焊接头扩展（图 4-32）的疲劳裂纹扩展速率较母材、焊缝及热影响区的情况有较大的波动（图 4-33、图 4-34），其主要原因是裂纹跨越了不同裂纹扩展抗力的微观组织。此外，纵向残余应力对横向裂纹扩展也产生了影响（图 4-35）。

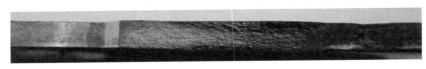

(a) 沿HAZ方向

(b) 沿焊缝方向

(c) 垂直焊缝方向

图 4-31　6082-T6 铝合金搅拌摩擦焊接头疲劳裂纹扩展断口

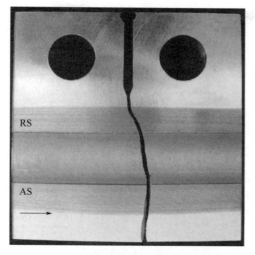

图 4-32　疲劳裂纹穿越铝合金搅拌摩擦焊接头扩展

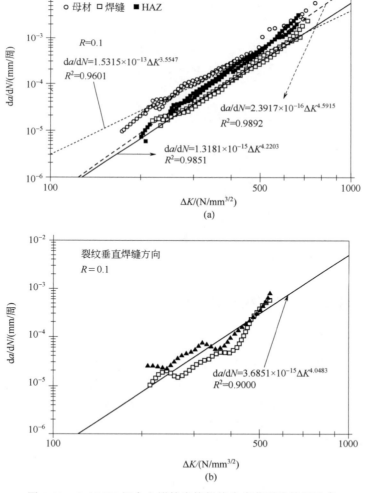

图 4-33　6082-T6 铝合金搅拌摩擦焊接头疲劳裂纹扩展速率

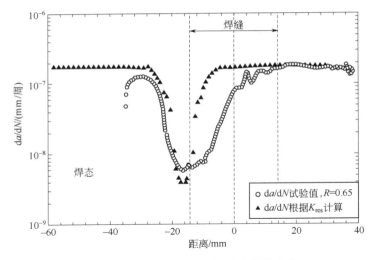

图 4-34　裂纹穿越焊缝时扩展速率的变化

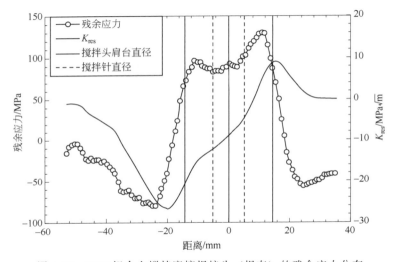

图 4-35　2050 铝合金搅拌摩擦焊接头（焊态）的残余应力分布

4.4　焊接残余应力对疲劳裂纹扩展的影响

4.4.1　残余应力强度因子

　　焊接结构的断裂力学分析必须考虑焊接残余应力的影响。焊接残余应力作用下的应力强度因子的变化较为复杂，其符号可能为正，也可能为负。如图 4-36 所示，当裂纹位于残余拉应力区时，其作用与外载应力一样发挥驱动断裂的作用。在弹性条件下，残余应力强度因子与外载应力强度因子线性叠加构成断裂驱动力。但是，当残余应力与外载应力叠加超过材料屈服极限时，残余应力会有所释放，这时断裂驱动力就不能简单地进行线性叠加了，需要进行塑性修正。

　　焊接残余应力场中的应力强度因子可采用权函数方法进行计算。根据权函数方法的原理，在相同形状构件和裂纹几何情况下（图 4-37），如果已知一个简单应力分布（称为

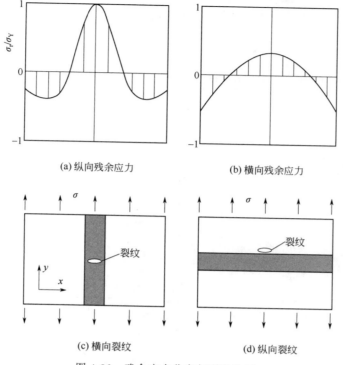

(a) 纵向残余应力　　　　　　　(b) 横向残余应力

(c) 横向裂纹　　　　　　　　　(d) 纵向裂纹

图 4-36　残余应力分布与裂纹位置

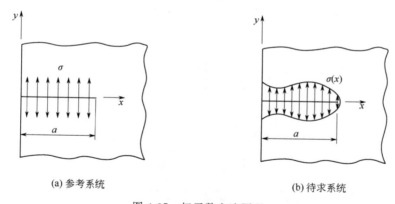

(a) 参考系统　　　　　　　　　(b) 待求系统

图 4-37　权函数方法原理

参考系统）的应力强度因子，则可计算其他特殊应力分布（待求系统）的应力强度因子。若残余应力的分布函数为 $\sigma(x)$，则残余应力强度因子可以表示为

$$K_{\mathrm{R}} = \int_0^a h(x, a)\sigma(x)\mathrm{d}x \tag{4-27}$$

式中，$h(x, a)$ 为权函数。

$$h(x, a) = \frac{E'}{K_{\mathrm{r}}} \times \frac{\partial u_{\mathrm{r}}(x, a)}{\partial a} \tag{4-28}$$

式中，K_{r} 为已知应力分布的应力强度因子，称为参考应力强度因子；$u_{\mathrm{r}}(x, a)$ 为与 K_{r} 对应的裂纹张开位移函数。

例如，应用权函数方法计算对接接头中心裂纹的纵向残余应力强度因子时，参考应

力强度因子可选为 $K_r = \sigma\sqrt{\pi a}$ ， $u_r(x, a) = \dfrac{\sigma}{E'}\sqrt{a^2 - x^2}$ ，代入式（4-28）可得

$$h(x, a) = \frac{1}{\sqrt{\pi a}\,\sqrt{1 - (x/a)^2}} \tag{4-29}$$

若纵向残余应力 $\sigma_R^L(x)$ 关于焊缝中心对称分布（图 4-38），在板厚方向皆为此分布，则有

$$K_R = \frac{2}{\sqrt{\pi a}}\int_0^a \frac{\sigma_R^L(x)}{\sqrt{1 - (x/a)^2}}\mathrm{d}x \tag{4-30}$$

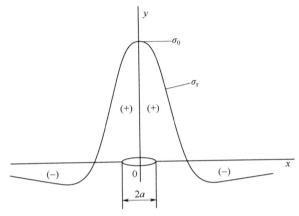

图 4-38　残余应力场中的裂纹

为积分方便，可将残余应力分布简化为分段线性函数，如图 4-39 所示。

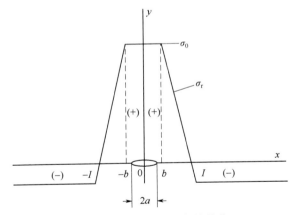

图 4-39　残余应力分布的简化

若 $a \leqslant b$ ，则有

$$K_R = \sigma_0\sqrt{\pi a} \tag{4-31}$$

若 $b < a \leqslant l$ ，则有

$$K_R = \sigma_0\sqrt{\pi a}\,(2/\pi)\left\{\frac{\pi}{2} - \frac{1}{l - b}\left[\sqrt{(a^2 - b^2)} - \frac{b\pi}{2} + b\arcsin\frac{b}{a}\right]\right\} \tag{4-32}$$

　　图 4-40 为对接接头横向穿透裂纹和表面裂纹的残余应力强度因子。在残余应力分布一定的条件下，穿透裂纹的残余应力强度因子随裂纹尺寸增大到某一峰值后下降直至零点及零点以下。当裂纹扩展至负应力强度因子区将会受到明显的抑制。如果仅考虑裂纹

扩展的驱动力，则仅计及正应力强度因子。

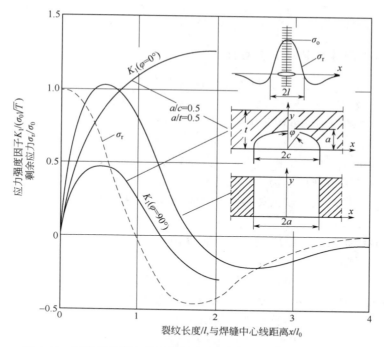

图 4-40　对接接头横向穿透裂纹和表面裂纹的残余应力强度因子

图 4-40 中的穿透裂纹残余应力强度因子曲线可拟合为下式

$$K_R = \sigma_0 \sqrt{\pi a}\, e^{-0.42(a/l)^2} \left[1 - \frac{1}{\pi} \left(\frac{a}{l} \right)^2 \right] \tag{4-33}$$

即当 $a/l > \sqrt{\pi}$ 时出现负应力强度因子，负应力强度因子的出现取决于残余应力的分布。

拉伸残余应力和压缩残余应力对应力强度因子范围的影响如图 4-41 所示。拉伸残余应力不影响应力强度因子范围。

$$\Delta K_T = K_{Tmax} - K_{Tmin} = (K_{max} + K_{res}) - (K_{min} + K_{res}) = \Delta K$$

但是提高了应力比，即

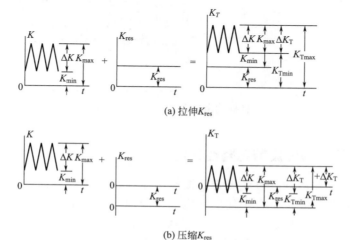

图 4-41　残余应力对应力强度因子范围的影响

$$R_{\mathrm{T}}=\frac{K_{\mathrm{Tmin}}}{K_{\mathrm{Tmax}}}=\frac{K_{\min}+K_{\mathrm{res}}}{K_{\max}+K_{\mathrm{res}}}>R$$

通过式（1-44）可进一步分析应力比对疲劳裂纹扩展速率的影响。

4.4.2　残余应力对疲劳裂纹扩展的影响

对于图 4-40 所示的残余应力场中的半椭圆表面裂纹，裂纹前沿各点处的应力强度因子分布不同。在裂纹嘴处（$\varphi=\pi/2$）的应力强度因子变化规律类似但低于穿透裂纹，而裂纹最深处（$\varphi=0$）的应力强度因子随表面裂纹长度增大而增大，这样就容易导致裂纹沿板厚方向扩展速率将高于在板表面方向上的扩展速率，表面裂纹趋向转变为穿透裂纹。对于厚板（$t>20\mathrm{mm}$）焊接结构，残余应力在表面和内部有较大差异，许多情况下表面为拉应力而内部可能会出现压应力，因而表面裂纹沿深度方向的扩展就会受到抑制。而垂直于纵向残余应力的埋藏裂纹沿厚度方向的扩展则是进入表面高应力区的过程，是决定构件剩余寿命的主要因素。

裂纹跨越焊缝扩展时，纵向残余应力强度因子的变化如图 4-40 所示，表明裂纹将随残余应力强度因子的变化而产生波动。

在裂纹沿焊缝扩展过程中，横向残余应力将不断进行重新分布（图 4-42）。随裂纹不断扩展，其残余应力逐渐释放。若裂纹尖端为压缩残余应力，则减缓裂纹扩展；若裂纹尖端为拉伸残余应力，则对裂纹扩展有加速作用。

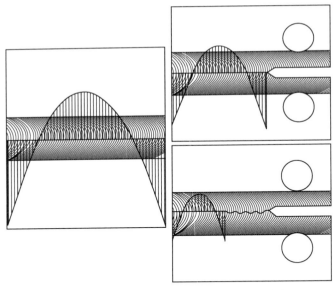

图 4-42　横向残余应力随裂纹扩展的重新分布

4.5　含缺陷焊接结构的疲劳完整性评定

含缺陷焊接结构的疲劳完整性评定是断裂力学应用的重要方面，也称为合于使用评定。焊接结构剩余寿命分析是合于使用评定的重要内容，合于使用评定的结果是决定焊接结构能否继续使用、维修、报废的重要依据。目前，合于使用评定方法已规范化，这里仅重点介绍与含缺陷焊接构件疲劳评定有关的内容。

4.5.1 缺陷形状及规则化

焊接结构合于使用评定将缺陷分为平面缺陷和体积型缺陷。平面缺陷对焊接结构断裂的影响最大，因此这里只讨论平面缺陷。平面缺陷根据其位置不同，又分为贯穿缺陷、表面缺陷和深埋缺陷（图 4-43）。

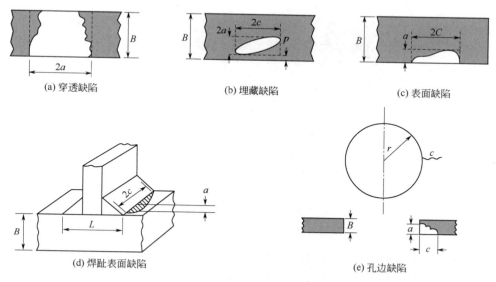

图 4-43　缺陷形状

在对缺陷进行评定时，需要将缺陷进行规则化处理。表面缺陷和深埋缺陷分别假定为半椭圆形裂纹和椭圆形埋藏裂纹。简化时要考虑多个缺陷的相互作用，应根据有关规范进行复合化处理。最后将表面缺陷和埋藏缺陷换算成当量（或称等效的）贯穿裂纹尺寸，换算曲线如图 4-44 所示，其中 $\bar{a}$ 为当量贯穿裂纹的半长。

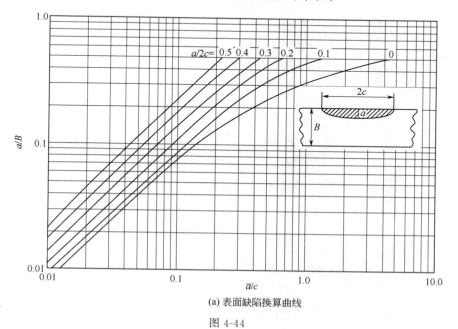

(a) 表面缺陷换算曲线

图 4-44

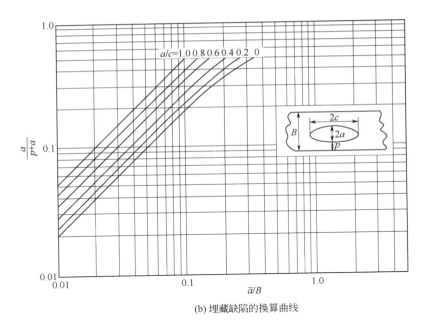

(b) 埋藏缺陷的换算曲线

图 4-44　表面缺陷和埋藏缺陷的换算曲线

　　构件同一截面上的多个相邻缺陷会产生相互作用，在缺陷评定时要进行复合处理。表 4-2 给出了典型共面平面缺陷的复合准则，表 4-3 给出了典型非共面平面缺陷的复合准则。

表 4-2　共面平面缺陷复合准则

缺陷形式	相互影响准则	当量化有效尺寸
	$s \leqslant c_1 + c_2$	$2c = 2c_1 + 2c_2 + s$ $a = a_1$ 或 $a = a_2$ （取较大值）
	$s \leqslant a_1 + a_2$	$2a = 2a_1 + 2a_2 + s$ $2c = 2c_1$ 或 $2c = 2c_2$ （取较大值）
	$s \leqslant c_1 + c_2$	$2c = 2c_1 + 2c_2 + s$ $2a = a_1$ 或 $2a = a_2$ （取较大值）

续表

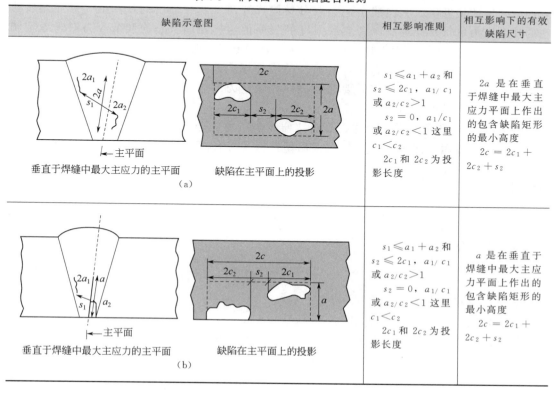

缺陷形式	相互影响准则	当量化有效尺寸
	$s \leqslant a_1 + a_2$	$a = a_1 + 2a_2 + s$ $2c = 2c_1$ 或 $2c = 2c_2$ （取较大值）
	$s_1 \leqslant a_1 + a_2$ $s_2 \leqslant c_1 + c_2$	$2c = 2c_1 + 2c_2 + s_2$ $2a = 2a_1 + 2a_2 + s_1$
	$s_1 \leqslant a_1 + a_2$ $s_2 \leqslant c_1 + c_2$	$2c = 2c_1 + 2c_2 + s_2$ $a = a_1 + 2a_2 + s_1$

表 4-3　非共面平面缺陷复合准则

缺陷示意图		相互影响准则	相互影响下的有效缺陷尺寸
垂直于焊缝中最大主应力的主平面 （a）	缺陷在主平面上的投影	$s_1 \leqslant a_1 + a_2$ 和 $s_2 \leqslant 2c_1$，a_1/c_1 或 $a_2/c_2 > 1$ $s_2 = 0$，a_1/c_1 或 $a_2/c_2 < 1$ 这里 $c_1 < c_2$ $2c_1$ 和 $2c_2$ 为投影长度	$2a$ 是在垂直于焊缝中最大主应力平面上作出的包含缺陷矩形的最小高度 $2c = 2c_1 + 2c_2 + s_2$
垂直于焊缝中最大主应力的主平面 （b）	缺陷在主平面上的投影	$s_1 \leqslant a_1 + a_2$ 和 $s_2 \leqslant 2c_1$，a_1/c_1 或 $a_2/c_2 > 1$ $s_2 = 0$，a_1/c_1 或 $a_2/c_2 < 1$ 这里 $c_1 < c_2$ $2c_1$ 和 $2c_2$ 为投影长度	a 是在垂直于焊缝中最大主应力平面上作出的包含缺陷矩形的最小高度 $2c = 2c_1 + 2c_2 + s_2$

续表

缺陷示意图	相互影响准则	相互影响下的有效缺陷尺寸
 垂直于焊缝交线处最大主应力的主平面 （c）　　　缺陷在主平面上的投影	$s_1 \leqslant 2c_1$，a_1/c_1 或 $a_2/c_2 > 1$ $s_1 = 0$，a_1/c_1 或 $a_2/c_2 < 1$ 和 $s_2 \leqslant a_1 + a_2$ 这里 $c_1 < c_2$ $2a_1$ 和 $2a_2$ 为投影长度	$2a = 2a_1 + 2a_2 + s_2$ $2c$ 是在垂直于焊缝中最大主应力平面上作出的包含缺陷矩形的最小高度

4.5.2　焊接残余应力的处理

焊接残余应力对结构完整性有重要影响。对焊接残余应力作用估计不足将影响断裂风险评价，过低估计焊接残余应力则增大断裂风险，如过高估计则可能导致结构成本提高。因此，在失效评定中要估计焊接残余应力的大小或分布。根据评定的级别要求，残余应力的处理也可分为简化处理、限定分布和详细分析。

焊接残余应力的简化处理是偏保守的估计，将焊态下横向残余应力取母材或焊缝两者屈服强度的最低值，纵向残余应力取母材或焊缝两者屈服强度的最高值，修复焊接状态的残余应力取母材或焊缝两者屈服强度的最高值，热处理状态的残余应力取焊缝金属屈服强度的 10%（也有规定 30%）。简化估计时假定焊接残余应力沿板厚分布是均匀的。

焊接残余应力的限定分布是针对典型的构件规定残余应力分布计算方法。计算时不考虑压缩残余应力的作用，仅需要获得拉伸残余应力的分布。焊接残余应力的分布包括表面的分布和沿厚度方向的变化。

对于图 4-45 所示的焊接构件，表面拉伸残余应力的分布简化为梯形。在焊接条件已知的情况下，表面纵向残余应力分布根据塑性区尺寸计算，塑性区尺寸取决于焊接参数和材料性能。

对于厚板结构

$$r_0 = \sqrt{\frac{K}{\sigma_{\text{yp}}} \times \frac{\eta q}{v t}} \tag{4-34}$$

对于薄板结构

$$y_0 = \frac{1.033K}{\sigma_{\text{yp}}} \times \frac{\eta q}{v t} \tag{4-35}$$

式中，材料系数 $K = 2\alpha E/(e\pi\rho c)$。

横向残余应力的表面分布如图 4-46 所示。

对于厚度方向的残余应力采用偏于保守的估计，如图 4-47 所示。

$$\frac{\sigma_{\text{R}}^L(z/t)}{\sigma_{\text{yW}}} = 1 \tag{4-36(a)}$$

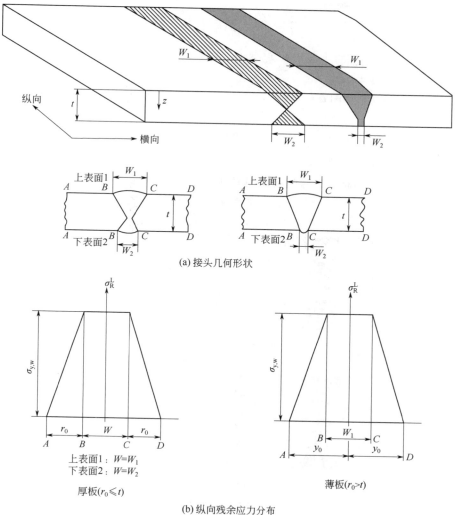

(a) 接头几何形状

(b) 纵向残余应力分布

图 4-45　纵向残余应力的简化

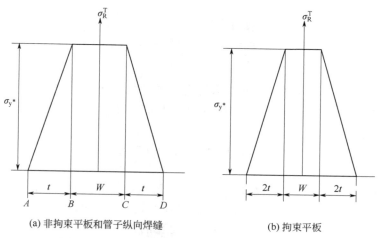

(a) 非拘束平板和管子纵向焊缝　　　　(b) 拘束平板

图 4-46　横向残余应力的简化

$$\frac{\sigma_R^L(z/t)}{\sigma_{yW}} = 0.95 + 1.505\,\frac{z}{t} - 8.287\left(\frac{z}{t}\right)^2$$
$$+ 10.57\left(\frac{z}{t}\right)^3 - 4.08\left(\frac{z}{t}\right)^4 \qquad [4\text{-}36(b)]$$

$$\frac{\sigma_R^T(z/t)}{\sigma_y^*} = 1 - 0.917\,\frac{z}{t} - 14.533\left(\frac{z}{t}\right)^2 + 83.115\left(\frac{z}{t}\right)^3 - 215.45\left(\frac{z}{t}\right)^4$$
$$+ 244.16\left(\frac{z}{t}\right)^5 - 96.36\left(\frac{z}{t}\right)^6 \qquad [4\text{-}36(c)]$$

$$\sigma_y^* = \min\left(R_e^B,\ R_e^W\right)$$

焊接残余应力的详细分析需要根据具体材料、结构形式和焊接条件，通过试验测量和数值计算等方法获得更为接近实际的残余应力分布。

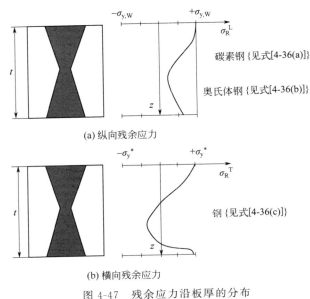

(a) 纵向残余应力

(b) 横向残余应力

图 4-47　残余应力沿板厚的分布

4.5.3　含缺陷焊接结构的疲劳评定

对含缺陷焊接接头的疲劳完整性进行评定，需要根据缺陷的类型选择不同的评定方法。缺陷的类型分为平面缺陷、体积缺陷和形状不完整等类型。

（1）平面缺陷的疲劳评定

① 断裂力学方法　平面缺陷的疲劳评定采用断裂力学方法，依据 Paris 公式对裂纹扩展寿命以及缺陷进行评估。详细评定时需要计算构件疲劳危险区的应力强度因子幅度值和临界裂纹尺寸。

图 4-48 为英国标准 BS7910 推荐的几种类型 da/dN-ΔK 关系曲线，表 4-4 为疲劳裂纹扩展参数。

表 4-5 为 BS7910 推荐的空气和海洋环境条件下疲劳裂纹扩展应力强度因子门槛值。

② $S\text{-}N$ 曲线方法　根据基于名义应力的焊接接头疲劳质量按接头细节分级评定方法，可建立含缺陷焊接接头疲劳评定简化的评定程序。在简化评定程序中，缺陷的验收是通过比较表征含缺陷接头的实际疲劳强度和所需疲劳强度的两组 $S\text{-}N$ 曲线来实现的。

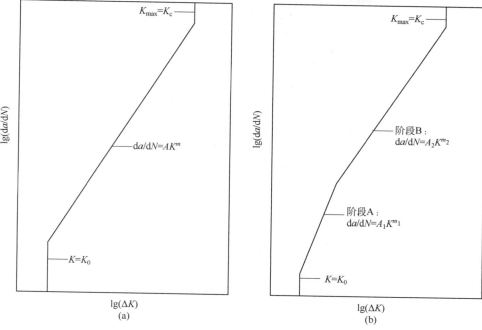

图 4-48　da/dN-ΔK 关系曲线

表 4-4　空气中钢的疲劳裂纹扩展参数推荐值

R	阶段 A				阶段 B				阶段 A/阶段 B 过渡点 ΔK / (N/mm$^{3/2}$)	
	均值曲线		均值+2SD		均值曲线		均值+2SD			
	A	m	A	m	A	m	A	m	均值曲线	均值+2SD
<0.5	1.21×10^{-26}	8.16	4.37×10^{-26}	8.16	3.98×10^{-13}	2.88	6.77×10^{-13}	2.88	363	315
$\geqslant0.5$	4.80×10^{-18}	5.10	2.10×10^{-17}	5.10	5.86×10^{-13}	2.88	1.29×10^{-12}	2.88	196	144

注：1. 均值+2SD（$R\geqslant0.5$）适用于焊接接头评定。

　　2. da/dN 单位为 mm/次。

表 4-5　焊接接头疲劳裂纹扩展门槛 ΔK_0 推荐值

材　料	环　境	ΔK_0 / (N/mm$^{3/2}$)
钢（包括奥氏体钢）	100℃ 以下空气或其他非腐蚀性环境	63（$2MPa\sqrt{m}$）
钢（不包括奥氏体钢）	20℃ 以下海洋环境（有阴极保护）	63（$2MPa\sqrt{m}$）
钢（包括奥氏体钢）	海洋环境（无保护）	0（$0MPa\sqrt{m}$）
铝合金	20℃ 以下空气或其他非腐蚀性环境	21（$0.7MPa\sqrt{m}$）

　　图 4-49 为焊接接头疲劳简化评定采用的质量等级 S-N 曲线（Q1～Q10），有关参数见表 4-6。

　　采用简化的疲劳评定方法，首先将实际缺陷进行规则化处理，确定初始缺陷的当量裂纹尺寸 $\overline{a}_i$，根据允许的裂纹扩展量确定缺陷容限尺寸 $\overline{a}_m$，然后根据有关评定规范确定与初始缺陷 $\overline{a}_i$ 对应的疲劳质量 S_i 和与缺陷容限 $\overline{a}_m$ 对应的疲劳质量 S_m（图 4-50），则含缺

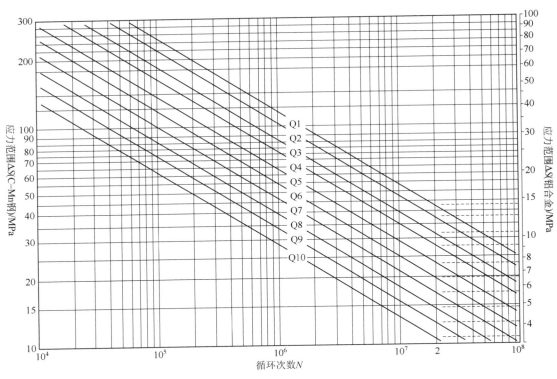

图 4-49   C-Mn 钢和铝合金焊接接头疲劳质量等级

表 4-6   焊接接头疲劳质量等级

质量等级	$S-N$ 曲线常数（钢）	与 BS7608 相当的分类	$S_{2\times10^6}$/MPa	
			钢	铝合金
Q1	1.52×10^{12}	D	91	30
Q2	1.04×10^{12}	E	80	27
Q3	6.33×10^{11}	F	68	23
Q4	4.31×10^{11}	F2	60	20
Q5	2.50×10^{11}	G	50	17
Q6	1.58×10^{11}	W	43	14
Q7	1.00×10^{11}	—	37	12
Q8	6.14×10^{10}	—	32	10
Q9	3.89×10^{10}	—	27	9
Q10	2.38×10^{10}	—	23	8

陷铁素体钢焊接构件的疲劳质量级别可表示为 $S=(S_i^3-S_m^3)^{1/3}$。由此计算所得含缺陷焊接构件的疲劳质量要低于表中所对应的疲劳质量等级，若 $\overline{a}_m\gg\overline{a}_i$，有 $S\approx S_i$。如果含缺陷焊接构件的疲劳质量级别等于或高于所需的质量级别，则缺陷是可以接受的。

　　进行变幅载荷疲劳分析时，必须确定零构件或结构工作状态下所承受的载荷谱，获得构件在应力水平 S_i 下经受的循环次数 n_i，然后根据 Miner 累积损伤准则，将变幅载荷的疲劳强度转化为等效的恒幅疲劳强度，即

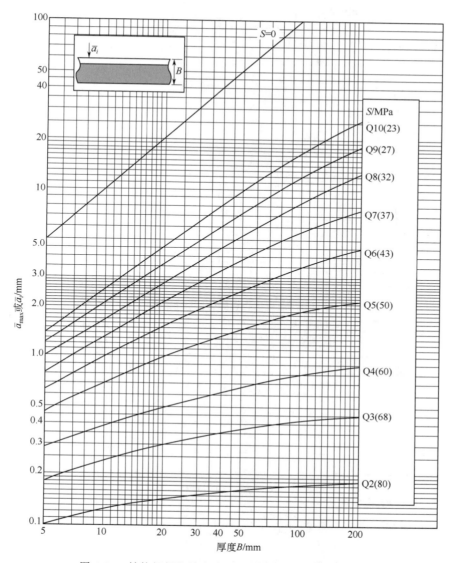

图 4-50　结构钢焊接接头表面缺陷参数与疲劳质量等级

$$S = \left(\frac{\sum n_i S_i^3}{10^5} \right)^{\frac{1}{3}} \tag{4-37}$$

以上转化中用 10^5 次循环作为寿命指标是任意选取的，也可以用其他数值。S-N 曲线中的指数 $m=3$，也可以采用实际实验值。

对于非平面缺陷或形状的不完整性，当构件的应力范围低于表 4-7 中的数值时，在计算时可忽略。

（2）体积缺陷的疲劳评定

体积缺陷的疲劳评定是以焊接接头的疲劳质量等级为基本依据的。通过几何测量，确定夹渣、气孔两类缺陷的严重程度。对于夹渣，是按照深度和长度，对于气孔，则是按体积。根据实验数据，规定不同疲劳质量级别的缺陷容限，如果实际缺陷未超过相应所需疲劳质量级别对应的容限，则缺陷是可以接受的。表 4-8 为钢与铝合金焊件的体积缺陷容限。

表 4-7　非平面缺陷及形状不完整性接头的最小应力范围

质 量 等 级	计算 S 时的 $\Delta\sigma_j$ 最小值/MPa	
	钢	铝合金
Q1	42	14
Q2	37	12
Q3	32	11
Q4	28	9
Q5	23	8
Q6	20	7
Q7	17	6
Q8	15	5
Q9	12	4
Q10	11	4

表 4-8　钢与铝合金焊件的体积缺陷容限

疲劳质量级别	夹渣的最大长度/mm		以射线探伤投影面积的百分数表示的气孔容限/%	
	焊态	应力消除	焊态	应力消除
Q1	2.5	19	3	3
Q2	4	58	3	3
Q3	10	无最大	5	5
Q4	35	—	5	—
Q5 及以下	无最大	—	5	—

（3）形状不完整的疲劳评定

错边及角变形等形状不完整在焊接构件中产生了附加应力，从而加重焊趾区的应力集中。在评定形状不完整对疲劳的影响时，以应力放大系数作为判据，规定各疲劳质量等级所允许的应力放大系数 K_m，如果实际焊接构件的应力放大系数低于或等于相应疲劳质量等级允许的 K_m 值，则形状不完整是可以接受的。焊接构件的应力放大系数 K_m 按下式计算

$$K_m = \frac{\Delta\sigma + \Delta\sigma_B}{\Delta\sigma} = 1 + \frac{\Delta\sigma_B}{\Delta\sigma} \tag{4-38}$$

式中　$\Delta\sigma_B$——错边或角变形引起的弯曲应力幅；

　　　$\Delta\sigma$——名义应力。

① 错位产生的应力放大系数

a. 等厚度板对接错位［图 4-51（a）］

等厚度板对接错位产生的应力放大系数为

$$k_m = 1 + \lambda\,\frac{el_1}{t(l_1 + l_2)} \tag{4-39}$$

式中，λ 为约束系数，对于无约束情况，$\lambda = 6$，对于无限远加载情况，$l_1 = l_2$。

b. 不等厚度板对接错位 ［图 4-51 （b）］　不等厚度板对接错位产生的应力放大系数为

$$k_\mathrm{m} = 1 + \frac{6e}{t_1} \times \frac{t_1^n}{t_1^n + t_2^n} \tag{4-40}$$

对于无限远处加载的非拘束接头 $n = 1.5$。

c. 十字形接头错位 ［图 4-51 （c）］　在焊趾处产生疲劳裂纹后向板内扩展时，应力放大系数为

$$k_\mathrm{m} = \lambda \frac{el_1}{t(l_1 + l_2)} \tag{4-41}$$

对于无约束和无限远加载情况，$l_1 = l_2$，$\lambda = 6$。

在焊根处产生裂纹的情况下 ［图 4-51 （d）］，应力放大系数为

$$k_\mathrm{m} = 1 + \frac{e}{t + h} \tag{4-42}$$

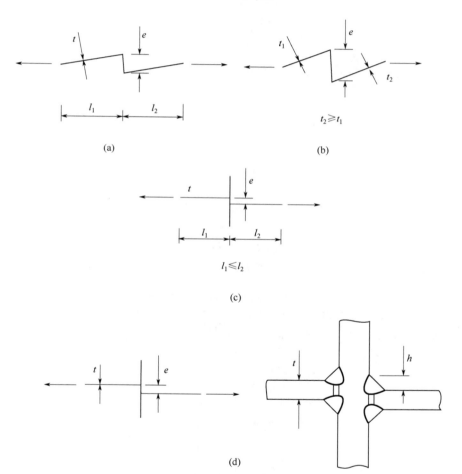

图 4-51　错位应力放大系数计算模型

② 角变形产生的应力放大系数

a. 对接接头的角变形 ［图 4-52 （a）］　对于刚性固定端情况，角变形产生的应力放大系数为

$$k_\mathrm{m} = 1 + \frac{3y}{t} \times \frac{\tan h\,(\beta/2)}{\beta/2} \tag{4-43}$$

或　　$$k_\mathrm{m} = 1 + \frac{3\alpha l}{2t} \times \frac{\tan h\,(\beta/2)}{\beta/2}$$

$$\beta = \frac{2l}{t}\sqrt{\frac{3\sigma_\mathrm{m}}{E}}$$

对于铰支端情况，角变形产生的应力放大系数为

$$k_\mathrm{m} = 1 + \frac{6y}{t} \times \frac{\tan h\,(\beta/2)}{\beta/2} \tag{4-44}$$

或　　$$k_\mathrm{m} = 1 + \frac{3\alpha l}{t} \times \frac{\tan h\beta}{\beta}$$

b. 十字形接头的角变形〔图 4-52（b）〕

$$k_\mathrm{m} = 1 + \lambda\alpha\,\frac{l_1 l_2}{t(l_1 + l_2)} \tag{4-45}$$

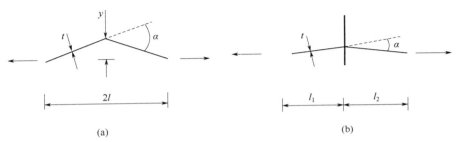

图 4-52　角变形应力放大系数计算模型

如果同时出现错位或角变形，则应力放大系数要考虑两个因素的共同作用，即

$$k_\mathrm{m} = 1 + (k_\mathrm{me} - 1) + (k_\mathrm{ma} - 1) \tag{4-46}$$

式中，k_me 为错位引起的应力放大系数；k_ma 为角变形引起的应力放大系数。

表 4-9 为形状不完整的应力放大系数容限。

表 4-9　形状不完整的应力放大系数容限

质 量 等 级	按照 BS7608 接头分类允许的 K_m 值				
	D	E	F	F2	W
Q1	1.0	—	—	—	—
Q2	1.14	1.0	—	—	—
Q3	1.34	1.18	1.0	—	—
Q4	1.52	1.34	1.13	1.0	—
Q5	1.84	1.61	1.37	1.21	—
Q6	2.16	1.88	1.61	1.42	1.0
Q7	2.48	2.18	1.85	1.63	1.15
Q8	2.92	2.56	2.18	1.92	1.35
Q9	3.40	2.99	2.53	2.23	1.58
Q10	4.00	3.52	2.98	2.63	1.85

表 4-10 为接头咬边深度与材料厚度之比的容限。

表 4-10　接头咬边深度与材料厚度之比的容限（材料厚度 10～40mm）

质 量 等 级	咬边深度/材料厚度	
	对 接 焊 缝	角 焊 缝
Q1	0.025	—
Q2	0.05	—
Q3	0.075	0.05
Q4	0.10	0.075
Q5	0.10	0.10
Q6～Q10	0.10	0.10

参考文献

[1] ANDERSON T L. Fracture Mechanics：Fundamentals and Applications [M]. Fourth Edition. Baca Raton：Taylor & Francis Group LLC，2017.

[2] DOMINIQUE F，ANDR'E P，ANDR'E Z. Mechanical Behaviour of Materials，Volume Ⅱ：Fracture Mechanics and Damage，Dordrecht：Springer Science＋Business Media Dordrecht 2013.

[3] ZERBST U，HENSELB J. Application of fracture mechanics to weld fatigue [J]. International Journal of Fatigue，2020，139：105801.

[4] KRUPP U. Fatigue crack propagation in metal and alloys [M]. Weinheim：WILEY-VCH Verlag GmbH & Co. KGaA，2007.

[5] TOM L，NAMAN R. Fatigue Life Analyses of Welded Structures [M]. London：ISTE Ltd，2006.

[6] MADDOX S J. An analysis of Fatigue Cracks in Fillet Welded Joints [J]. International Journal of Fracture，1975，11（2）：221-243.

[7] BOWNESS D，LEE M M M. Prediction of weld toe magnification factors for semi-elliptical cracks in T-butt joints [J]. International Journal of Fatigue，2000，22（5）：389-396.

[8] HOBBACHER A. Stress intensity factors of welded joints [J]. Engineering Fracture Mechanics. 1993，46（2）：173-182 .

[9] RADAJ D. Stress singularity，notch stress and structural stress at spot-welded joints [J]. Engineering Fracture Mechanics，1989，34（2）：495-506.

[10] ZHANG S. Fracture mechanics solutions to spot welds [J]. International Journal of Fracture 2001，112：247-274.

[11] LIN P C，WANG D A，PAN J. Mode I stress intensity factor solutions for spot welds in lap-shear specimens [J]. International Journal of Solids and Structures，2007，44（3-4）：1013-1037.

[12] HAO S，SCHWALBE K-H，CORNEC A. The effect of yield strength mis-match on the fracture analysis of welded joints：slip-line field solutions for pure bending [J]. International Journal of Solids and Structures，2000，37（39）：5385-5411.

[13] RAVI S. BALASUBRAMANIAN V，NASSER S N. Effect of mis-match ratio（MMR）on fatigue crack growth behaviour of HSLA steel welds [J]. Engineering Failure Analysis，2004，11（3）：413-428.

[14] AINSWORTH R A，BANNISTER A C，ZERBST U. An overview of the European flaw assessment procedure SINTAP and its validation [J]. International Journal of Pressure Vessels and Piping，2000，77（14-15）：869-876.

[15] ZHANG H Q，ZHANG Y H，LI L H. Influence of weld mis-matching on fatigue crack growth behavior of electron beam welded joints [J]. Material Science and Engineering A，2002，334（1-2）：141-146.

[16] POUGET G，REYNOLDS A P. Residual stress and microstructure effects on fatigue crack growth in AA2050 friction stir welds [J]. International Journal of Fatigue, 2008, 30 (3)：463-472.

[17] MOREIRA P M G P, DE JESUS A M P, RIBEIRO A S, et al. Fatigue crack growth in friction stir welds of 6082-T6 and 6061-T6 aluminium alloys：A comparison [J]. Theoretical and Applied Fracture Mechanics, 2008, 50 (2)：81-91.

[18] FET T. Evaluation of the bridging relation from crack-opening-displacement measurements by use of the weight function [J]. Journal of the American Ceramic Society, 1995, 78 (4)：945-948.

[19] OHTA A，SASAKI E，NIHEI M，et al. Fatigue crack propagation rates and threshold stress intensity factors for welded joints of HT80 steel at several stress ratios [J]. International Journal of Fatigue, 1982, 4 (4)：233-237,.

[20] BS 7910-2013 Guide on methods for assessing the acceptability of flaws in metallic structures. [S].

第 **5** 章

焊接结构疲劳强度的随机分析

5.1 疲劳性能数据的随机性

5.1.1 疲劳寿命的离散性

实际材料的显微组织结构、力学性能都是不均匀的，疲劳抗力是随机量，疲劳裂纹萌生和扩展速率及疲劳寿命则表现出统计特性。即使在控制良好的试验条件下，材料的疲劳强度和疲劳寿命的试验数据也具有显著的离散性（图 5-1），而疲劳寿命的离散性又远比疲劳强度的离散性大。例如，应力水平的 3％误差，可使疲劳寿命有 60％的误差。应力水平愈高，疲劳寿命的离散性愈小；应力水平愈接近于疲劳极限，疲劳寿命的离散性愈大。

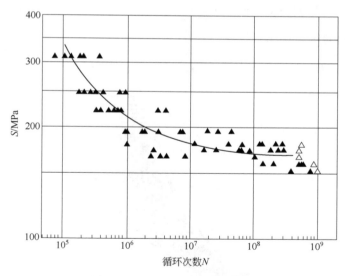

图 5-1 疲劳试验数据的离散性

由于疲劳试验数据的离散性，所以试样的疲劳寿命和应力水平之间的关系，并不是一一对应的单值关系，而是与存活率 p 有密切关系。前述的 S-N 曲线只能代表中值疲劳寿命和应力水平之间的关系（图 5-2）。要想全面表达各种存活率下的疲劳寿命和应力水平之间的关系，必须使用 P-S-N 曲线。

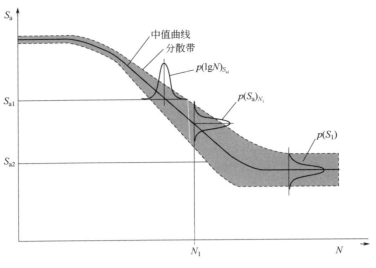

图 5-2　*S-N* 曲线的分散带

5.1.2　疲劳裂纹扩展的随机性

　　一般而言，影响材料疲劳裂纹扩展的各种因素都具有随机特性。因此，即使在恒幅载荷作用下，疲劳裂纹扩展速率也应具有随机特性。疲劳裂纹扩展试验结果表明，尽管试验条件相同，但每次试验所得到的样本记录是不一样的（图 5-3），每次试验所得结果仅仅是无限个可能产生的结果中的一个，单个样本记录本身也是不规则的。

5.1.3　焊接结构的随机因素

　　实际焊接结构的应力集中、焊接缺陷、焊接残余应力、材料的组织性能及工作环境

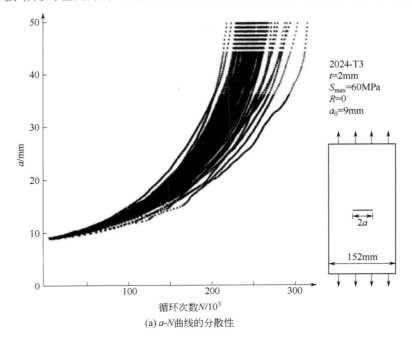

(a) *a-N* 曲线的分散性

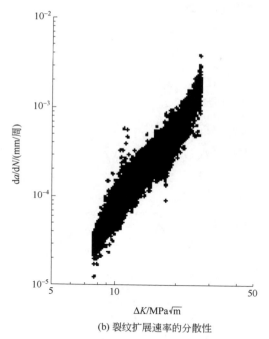

(b) 裂纹扩展速率的分散性

图 5-3　疲劳裂纹扩展的随机特性

都具有较大的不确定性。

　　图 5-4 为对接焊缝焊趾形状的不规则性变化情况；图 5-5 为不同角焊缝焊趾圆弧半径对焊趾区应力集中的影响。

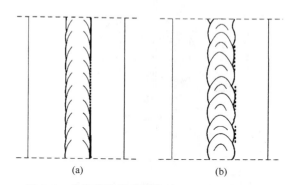

图 5-4　对接焊缝焊趾形状的不规则性变化情况

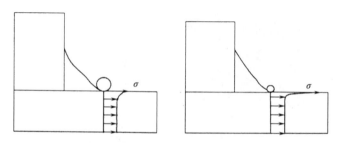

图 5-5　不同角焊缝焊趾圆弧半径对焊趾区应力集中的影响

　　实际焊接接头的轮廓参数沿焊缝长度方向是随机变化的（见图 5-6），由此产生的应力集中也是随机变化的（图 5-7）。

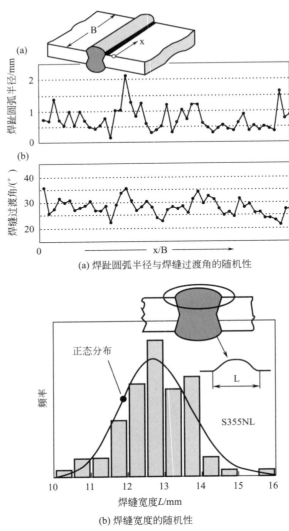

(a) 焊趾圆弧半径与焊缝过渡角的随机性

(b) 焊缝宽度的随机性

图 5-6　焊缝形状的随机性

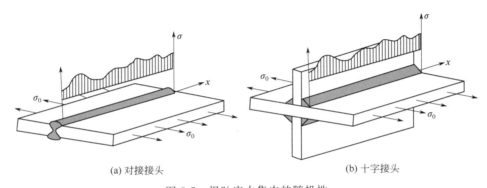

(a) 对接接头　　　　　　　　　　(b) 十字接头

图 5-7　焊趾应力集中的随机性

图 5-8 为应力集中系数对焊接接头疲劳强度的影响。考虑到实际焊接接头的应力集中系数的随机性，因此其疲劳强度必然具有较大的分散性。

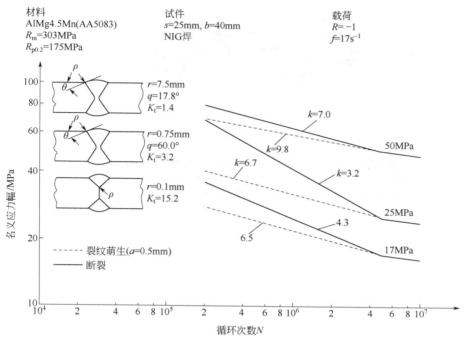

图 5-8　应力集中系数对焊接接头疲劳强度的影响

焊接接头包括焊缝、熔合区和热影响区（图 5-9）。熔焊时，焊缝一般由熔化了的母材和填充金属组成，是焊接后焊件中所形成的结合部分。在接近焊缝两侧的母材，由于受到焊接的热作用，而发生金相组织和力学性能变化的区域称为焊接热影响区。焊缝向热影响区过渡的区域称为熔合区。在熔合区中，存在着显著的物理化学的不均匀性，也是接头性能的薄弱环节。

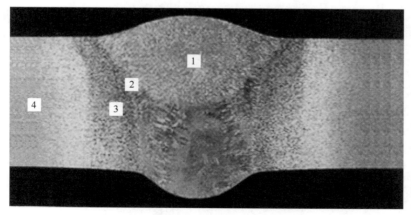

图 5-9　电弧焊接头断面
1—焊缝金属；2—熔合线；3—热影响区（HAZ）；4—母材

搅拌摩擦焊接头由焊核、热力影响区和热影响区构成（图 5-10）。所谓热力影响区，是指热塑性变形区，焊核也是热力影响区的一部分。焊核是发生剧裂流变的区域，而热力影响区则是少部分发生塑性变形而大部分金属受到搅拌挤压和摩擦热作用的区域，其主要特征是热力搅拌作用产生的流变形态。

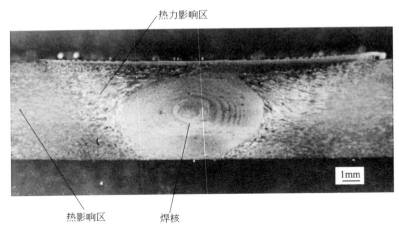

图 5-10　搅拌摩擦焊接头组织特征

焊接接头组织的不均匀性也必然导致裂纹扩展的随机性。

5.2　疲劳强度概率分析方法

5.2.1　疲劳失效概率

影响结构疲劳强度的因素一般都具有随机性，称为基本变量，记为 X_i（$i=1$，2，$\cdots$，n）。结构的强度可用功能函数来表达，即

$$Z = g(X_1, X_2, \cdots, X_n) \tag{5-1}$$

$$Z = g(X_1, X_2, \cdots, X_n) = 0 \tag{5-2}$$

式（5-2）称为极限状态方程。当功能函数中仅包括作用效应（或称应力）S 和结构抗力（或称强度）R 两个基本变量时，可得

$$Z = g(R, S) = R - S \tag{5-3}$$

当 $Z > 0$ 时，结构处于可靠状态；当 $Z < 0$ 时，结构处于失效状态；当 $Z = 0$ 时，结构处于极限状态，如图 5-11 所示。当基本变量满足极限状态方程

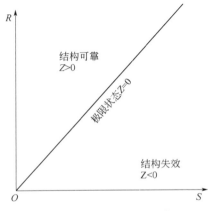

图 5-11　结构所处的状态

$$Z = R - S = 0 \tag{5-4}$$

时，结构达到极限状态，即图 5-11 中的 45°线。

结构功能函数 $Z = R - S < 0$ 的概率称为失效概率。

$$P_f = P(Z < 0) = P(R < S) \tag{5-5}$$

可靠度为

$$P_r = P(Z \geqslant 0) = P(R \geqslant S) = 1 - P_f \tag{5-6}$$

应力与强度的分布是随时间演变的。如图 5-12 所示，结构服役初期的应力和强度分布有一定的距离，失效可能性小，但随着时间的推移，由于环境、使用条件等因素的影响，材料强度退化，导致应力分布与强度分布发生干涉（图中阴影部分），这时将可能产生失效，通常把这种干涉称为应力-强度干涉模型。在交变载荷作用下，强度逐渐由图 5-12（a）衰减至图 5-12（b），出现两者交叉重叠，在该区域应力有可能大于强度，结构发生失效的概率与该面积有关，通过积分计算干涉区域的面积，可求出失效概率。

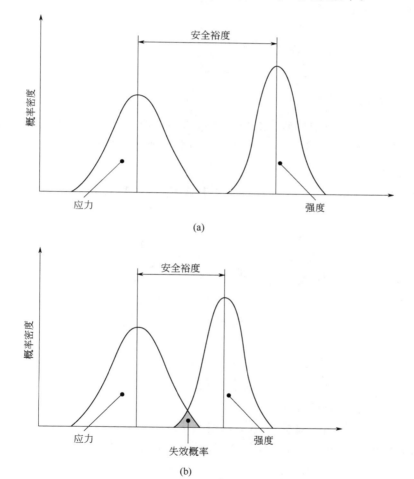

图 5-12　应力-强度干涉模型

当结构功能函数中仅有两个独立的随机变量 R 和 S，概率密度曲线如图 5-12 所示，其联合概率密度函数可以表示为

$$f_{R,S}(r, s) = f_R(r) f_S(s) \tag{5-7}$$

结构的失效概率可直接通过 $Z < 0$ 的概率来表达，即

$$P_f = \iint_{r \leqslant s} f_{r,s}(r,s) = \iint_{r \leqslant s} f_R(r) f_S(s) dr ds = \int_{-\infty}^{+\infty} \left[\int_{-\infty}^{s} f_R(r) dr \right] f_S(s) ds \tag{5-8}$$

应用上述方法评估结构的疲劳失效概率，可用疲劳损伤 D 表示作用效应，疲劳损伤极限 D_{lim} 表示结构抗力，则疲劳极限状态方程为

$$Z = D_{lim} - D = 0 \tag{5-9}$$

疲劳失效概率为

$$P_f = P(Z = D_{lim} - D < 0) \tag{5-10}$$

或

$$P_f = P(D \geqslant D_{lim}) \tag{5-11}$$

在实际应用中，可根据情况选定疲劳损伤参数。如以疲劳寿命表示的疲劳失效概率为

$$P_f = P(N \geqslant N_f) \tag{5-12}$$

以疲劳强度表示的失效概率为

$$P_f = P(\Delta\sigma \geqslant S) \tag{5-13}$$

以裂纹尺寸表示的失效概率为

$$P_f = P(a \geqslant a_c) \tag{5-14}$$

5.2.2　疲劳失效概率评估

应用应力-强度干涉模型评估计算疲劳失效概率取决于疲劳损伤变量的统计分布，掌握疲劳损伤的统计分布及其数字特征是疲劳失效概率评估的基础。

（1）正态分布

正态分布也称高斯（Gaussian）分布。若随机变量 X 服从正态分布，则密度函数（或称频率函数）为：

$$f(x) = \frac{1}{\sigma\sqrt{2\pi}} \exp\left[-\frac{(x-\mu)^2}{2\sigma^2} \right] \quad -\infty < x < +\infty \tag{5-15}$$

式中，μ 为母体均值；σ 为母体标准差。

正态概率分布函数为

$$F(x) = P_r(X \leqslant x) = \int_{-\infty}^{x} f(x) dx = \int_{-\infty}^{x} \frac{1}{\sigma\sqrt{2\pi}} \exp\left[-\frac{(x-\mu)^2}{2\sigma^2} \right] dx \tag{5-16}$$

且

$$\int_{-\infty}^{+\infty} f(x) dx = 1 \tag{5-17}$$

即曲线 $f(x)$ 下方的总面积为 1。

分布函数 $F(x)$ 给出了随机变量 X 取值小于或等于 x 的概率。如图 5-13 所示为正态概率密度与分布函数。可见，随机变量 X 取值大于 x 的概率为 $1 - F(x)$。

令 $u = (x-\mu)/\sigma$，即有：

$$x = \mu + u\sigma \tag{5-18}$$

由密度函数变换公式可得到 u 的密度函数为：

$$\Phi(u) = f(x) \frac{dx}{du} = \frac{1}{\sqrt{2\pi}} \exp\left(-\frac{1}{2} u^2 \right) \quad -\infty < u < +\infty \tag{5-19}$$

可见，u 服从均值 $\mu = 0$、标准差 $\sigma = 1$ 的正态分布，它是关于纵轴对称的。$\Phi(u)$ 称为标

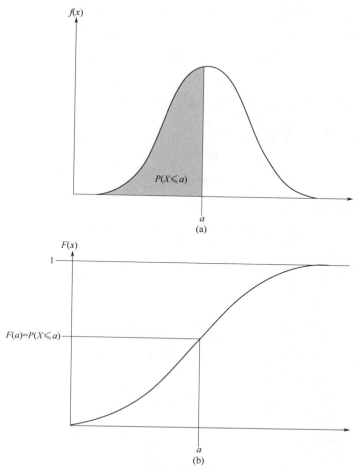

图 5-13　正态概率密度与分布函数

准正态分布密度函数，如图 5-14 所示。

标准正态分布函数为

$$\Phi(u) = \int_{-\infty}^{u} \frac{1}{\sqrt{2\pi}} \exp\left(-\frac{u^2}{2}\right) du = \Phi\left(\frac{x-\mu}{\sigma}\right) \tag{5-20}$$

由图 5-13，并注意其对称性，有：

$$\Phi(0) = 0.5 \quad \Phi(-u) = 1 - \Phi(u) \quad P_r(a < u < b) = \Phi(b) - \Phi(a)$$

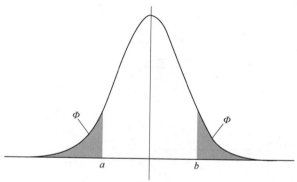

图 5-14　标准正态分布密度函数

随机变量 $X \leqslant x$ 的概率等于随机变量 $U \leqslant u$ 的概率，故有：

$$F(x) = P_r(X \leqslant x) = P_r(U \leqslant u) = \Phi(u) \tag{5-21}$$

若式（5-5）中的 R、S 分别服从正态分布，则 $Z = R - S$ 也服从正态分布，概率密度函数为

$$f(x) = \frac{1}{\sigma_Z \sqrt{2\pi}} \exp\left[-\frac{1}{2}\left(\frac{Z - \mu_Z}{\sigma_Z}\right)^2\right] \tag{5-22}$$

式中，μ_Z 为 Z 的均值，σ_Z 为 Z 的标准差，分别为

$$\mu_Z = \mu_R - \mu_S \tag{5-23(a)}$$

$$\sigma_Z = \sqrt{\sigma_R - \sigma_S} \tag{5-23(b)}$$

结构失效概率可表示为

$$P_f = P(Z < 0) = \int_{-\infty}^{0} F_Z(z)\,\mathrm{d}z = F_Z(0) \tag{5-24}$$

式中，$F_Z(z)$ 为 Z 的分布函数，即

$$F_Z(z) = \int_{-\infty}^{z} f_Z(z)\,\mathrm{d}z = \frac{1}{\sigma_Z \sqrt{2\pi}} \int_{-\infty}^{z} \exp\left[-\frac{1}{2}\left(\frac{Z - \mu_Z}{\sigma_Z}\right)^2\right]\mathrm{d}z = \Phi(Y) \tag{5-25}$$

式中

$$Y = \frac{Z - \mu_Z}{\sigma_Z}$$

因此有

$$P_f = F_Z(0) = \Phi\left(-\frac{u_Z}{\sigma_Z}\right) = \Phi(-\beta) = 1 - \Phi(\beta) \tag{5-26}$$

式中

$$\beta = \frac{u_Z}{\sigma_Z} = \frac{\mu_R - \mu_S}{\sqrt{\sigma_R^2 + \sigma_S^2}}$$

结构的可靠度为

$$R = 1 - P_f = 1 - \Phi(-\beta) = \Phi(\beta) \tag{5-27}$$

显然，β 增大，R 也增大，而 P_f 随之减小，即结构可靠度增大；β 越小，失效概率越大，即结构可靠度减小，故 β 反映了结构的可靠度程度，因而被称为结构可靠度指标。因 β 的计算较为方便，故工程中常用 β 来描述结构的可靠度。β、σ_Z、u_Z 的关系如图 5-15 所示。当

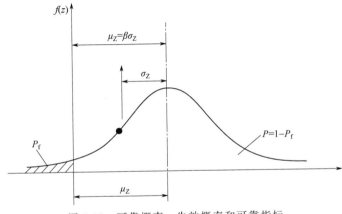

图 5-15　可靠概率、失效概率和可靠指标

已知两个正态基本变量的统计参数——平均值和标准差后，即可求出 β 和 P_f 值（表 5-1）。

表 5-1　可靠指标 β 与失效概率运算值 P_f 的关系

β	2.7	3.2	3.7	4.2
P_f	3.5×10^{-3}	6.9×10^{-4}	1.1×10^{-4}	1.3×10^{-5}

设 X 服从标准正态分布，若 z_a 满足条件

$$P(X > z_a) = 1 - \Phi(z_a/\sigma) = \alpha \quad 0 < \alpha < 1 \tag{5-28}$$

则称点 z_a 为标准正态分布的上 α 分位点。

由以上分析可见，当 R 和 S 为相互独立的正态分布随机变量时，根据可靠度指标 β，通过标准正态分布函数 $\Phi(u)$ 可求得失效概率或可靠度。标准正态分布函数 $\Phi(u)$ 值可由正态分布函数表查得（见表 5-2）。u-$\Phi(u)$ 间的关系也可以通过数值拟合的近似表达式求得，如：

表 5-2　常用正态分布函数值

u	$\Phi(u) \times 100$	u	$\Phi(u) \times 100$	U	$\Phi(u) \times 100$	u	$\Phi(u) \times 100$
-3.719	0.01	-1.282	10.00	0.253	60.00	2.000	97.72
-3.090	0.10	-1.000	15.87	0.524	70.00	2.326	99.00
-3.000	0.13	-0.842	20.00	0.842	80.00	3.000	99.87
-2.326	1.00	-0.524	30.00	1.000	84.13	3.090	99.90
-2.000	2.28	-0.253	40.00	1.282	90.00	3.719	99.99
-1.645	5.00	0	50.00	1.645	95.00	—	—

$$\Phi(u) = 1 - \exp[-(0.86534 - 0.41263u)^{2.534}] \quad u \geqslant 0 \tag{5-29}$$

$$u = \{\ln[1 - \Phi(u)]^{0.394633} - 0.86534\}/0.41263 \quad \Phi(u) \geqslant 0.5 \tag{5-30}$$

若 $u < 0$ 或 $\Phi(u) < 0.5$，可利用 $\Phi(-u) = 1 - \Phi(u)$ 的关系求解。

设标准正态分布函数 $\Phi(\cdot)$ 的反函数为 $\Phi^{-1}(\cdot)$，则

$$\Phi^{-1}[F(x)] = \Phi^{-1}(\Phi(u)) = u \tag{5-31}$$

因此有

$$x = \mu + \sigma u = \mu + \sigma\Phi^{-1}(F(x)) \tag{5-32}$$

即 x 与 $\Phi^{-1}(F(x))$ 呈线性关系，而标准差 σ 为其直线的斜率。

当 $Z = \ln X$ 服从正态分布时，则称 X 服从对数正态分布，疲劳寿命常采用对数正态分布。概率密度和分布函数为

$$f(x) = \frac{1}{x\sigma_Z\sqrt{2\pi}}\exp\left[-\frac{1}{2}\left(\frac{\ln x - \mu_Z}{\sigma_Z}\right)^2\right] \tag{5-33}$$

$$F(x) = \frac{1}{x\sigma_Z\sqrt{2\pi}}\int_0^x \exp\left[-\frac{1}{2}\left(\frac{\ln x - \mu_Z}{\sigma_Z}\right)^2\right]dx \tag{5-34}$$

式中，μ_Z、σ_Z 分别为 $\ln X$ 的均值和方差，且 $0 < x < \infty$，$0 < \mu_Z < \infty$，$\sigma_Z > 0$。μ_Z、σ_Z 与 X 的均值和标准差之间的关系为

$$\mu_Z = \ln\mu - \frac{1}{2}\sigma_Z^2 \tag{5-35}$$

$$\sigma_Z^2 = \ln\left(1 + \frac{\sigma^2}{\mu^2}\right) = \ln\left[1 + (COV)^2\right] \tag{5-36}$$

式中，$COV = \sigma/\mu$ 称为变异系数。

若 R 和 S 为相互独立的对数正态分布随机变量，即

$$Z = \ln R - \ln S \tag{5-37}$$

可靠性指标为

$$\beta = \frac{u_Z}{\sigma_Z} = \frac{\mu_{\ln R} - \mu_{\ln S}}{\sqrt{\sigma_{\ln R}^2 + \sigma_{\ln S}^2}} \tag{5-38}$$

失效概率为

$$P(R < S) = P(\ln R < \ln S) = P(Z < 0) = \Phi(-\beta) = 1 - \Phi(\beta) \tag{5-39}$$

其中可靠性指标 β 也可以按下式直接根据 R 和 S 的均值、标准差进行计算

$$\beta = \frac{\ln\mu_R - \ln\mu_S}{\sqrt{\ln\left[1 + (COV)_R^2\right]\left[1 + (COV)_S^2\right]}} \tag{5-40}$$

（2）威布尔（Weibull）分布

威布尔分布的密度函数定义为：

$$F(N) = \frac{b}{N_a - N_0}\left(\frac{N - N_0}{N_a - N_0}\right)^{b-1}\exp\left[-\left(\frac{N - N_0}{N_a - N_0}\right)^b\right] \quad (N \geqslant N_0) \tag{5-41}$$

式中，N_0、N_a 和 b 是描述威布尔分布的三个参数。N_0 是下限，也称最小寿命参数；N_a 控制着横坐标的尺度大小，反映了数据 N 的分散性，称为尺度参数；b 描述分布密度函数曲线的形状，如图 5-16 所示，称为形状参数。若 $b = 1$，式（5-41）为指数分布；若 $b = 2$，即为 Reyleigh 分布；若 $b = 3.5 \sim 4$，则可以作为正态分布的很好的近似。

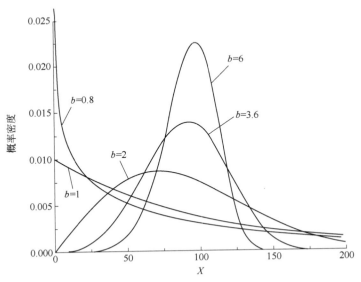

图 5-16　威布尔分布密度函数

如同前面讨论正态分布一样，我们关心的是在疲劳寿命 N 之前破坏的概率，或寿命小于或等于 N 的概率 $F(N)$。由定义有：

$$F(N) = \int_{N_0}^{N} \frac{b}{N_a - N_0}\left(\frac{N - N_0}{N_a - N_0}\right)^{b-1}\exp\left[-\left(\frac{N - N_0}{N_a - N_0}\right)^b\right]dN \tag{5-42}$$

令 $x = (N - N_0)/(N_a - N_0)$，则有 $\mathrm{d}N = (N_a - N_0)\mathrm{d}x$，由上式可得：

$$F(x) = \int_0^x \frac{b}{N_a - N_0} x^{b-1} \mathrm{e}^{-x^b} (N_a - N_0)\mathrm{d}x = \int_0^x \mathrm{e}^{-x^b} \mathrm{d}(-x^b) = 1 - \mathrm{e}^{-x^b} \tag{5-43}$$

注意到 $F(N) = F(x)$，即得三参数威布尔分布函数 $F(N)$ 为：

$$F(N) = 1 - \exp\left[-\left(\frac{N - N_0}{N_a - N_0}\right)^b\right] \tag{5-44}$$

由上式可知，当 $N = N_0$ 时，$F(N_0) = 0$，即疲劳寿命小于 N_0 的破坏概率为零，故 N_0 是最小寿命参数；当 $N = N_a$ 时，$F(N_a) = 1 - 1/e = 0.632$，即疲劳寿命小于 N_a 的破坏概率恒为 63.2% 而与其他参数无关，所以 N_a 也称为特征寿命参数。

将式（5-44）改写为：

$$\frac{1}{1 - F(N)} = \mathrm{e}^{\left(\frac{N - N_0}{N_a - N_0}\right)^b} \tag{5-45}$$

取二次对数后得到：

$$\lg\lg\left[1 - F(N)\right]^{-1} = b\lg(N - N_0) + \lg\lg\mathrm{e} - b\lg(N_a - N_0) \tag{5-46}$$

上式表示，变量 $\lg\lg\left[1 - F(N)\right]^{-1} - \lg(N - N_0)$ 间有线性关系；或者，在双对数图中，$\lg[1 - F(N)]^{-1} - (N - N_0)$ 间有线性关系。b 是直线的斜率，故也称其为斜率参数。

若令 $N_0 = 0$，则有

$$f(N) = \frac{bN^{b-1}}{N_a^b} \exp\left[-\left(\frac{N}{N_a}\right)^b\right] \tag{5-47}$$

$$F(N) = 1 - \exp\left[-\left(\frac{N}{N_a}\right)^b\right] \tag{5-48}$$

此即二参数威布尔分布函数。威布尔分布的均值和方差为

$$\mu = N_a \Gamma\left(1 + \frac{1}{b}\right) \tag{5-49}$$

$$\sigma^2 = N_a^2\left\{\Gamma\left(1 + \frac{1}{b}\right) - \left[\Gamma\left(1 + \frac{1}{b}\right)\right]^2\right\} \tag{5-50}$$

式中，$\Gamma(\cdot)$ 为伽马函数。

5.3　疲劳强度统计特性

5.3.1　*S-N* 曲线的统计特性

由于应力水平与疲劳寿命之间的随机特性，对于给定的应力幅，并无确定的疲劳寿命 N 与之对应，与之对应的是某唯一确定的疲劳寿命的概率分布（图 5-17）。或者说，变量 N 是随机的，但服从某一确定的、与应力水平相关的概率分布。疲劳统计分析的任务是要回答：在给定的应力水平下，寿命为 N 时的破坏（或存活）概率是多少？或者说，在给定的破坏（或存活）概率下的寿命是多少？如前节所述，这一分布通常可用对数正态分布或威布尔分布描述，其特征数（均值、标准差）也可以估计。

材料或构件的疲劳寿命或疲劳强度是随机变量。通过数据拟合得到的 *S-N* 曲线称为中值 *S-N* 曲线（图 5-18），或者说是可靠度为 50% 的 *S-N* 曲线，意味着过早发生破坏的概率将达 50%，这显然是不安全的。为了保证结构的安全，在结构疲劳设计中多采用具有存活率的 *S-N* 曲线（*P-S-N* 曲线）来表示疲劳强度。

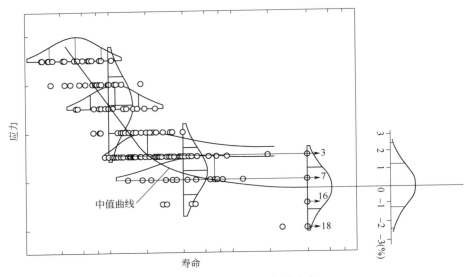

图 5-17　S-N 数据的统计分布

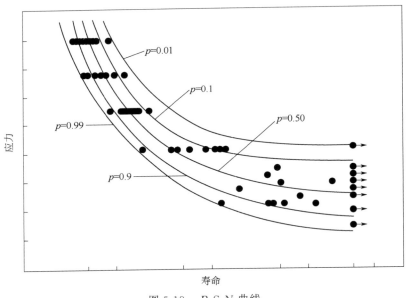

图 5-18　P-S-N 曲线

在一定的应力水平下，疲劳寿命小于给定值的概率 $p_f = P(N < N_p)$ 表示构件疲劳寿命达不到 N_p 而过早发生破坏的概率，而概率 $p = P(N > N_p)$ 表示构件的疲劳寿命高于 N_p 的概率，称为存活率（有时也称为可靠度），N_p 则称为具有存活率 p 的安全寿命。由此可见，中值疲劳寿命是存活率为 50% 的安全寿命。

当疲劳寿命分布已知时，就可计算不同存活率 p 的安全寿命。将应力水平和安全寿命用曲线拟合就可得到 P-S-N 曲线。

一般认为，当寿命恒定时，材料的疲劳强度服从正态分布和对数正态分布。当应力恒定时，在 $N < 10^6$ 次循环下，疲劳寿命服从对数分布和威布尔分布，如图 5-19 所示。在 $N > 10^6$ 次循环下，疲劳寿命服从威布尔分布。

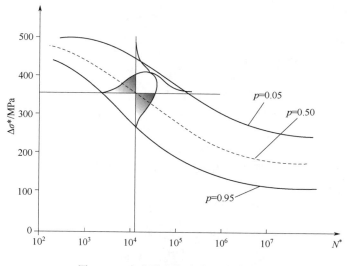

图 5-19　疲劳强度与寿命的统计分布

这里以疲劳寿命为对数正态分布和 Weibull 分布为例进行分析。

设构件的疲劳寿命为 N，令 $x = \lg N$，即 $N = 10^x$，则称 x 为对数正态寿命。x 小于规定寿命 x_p 的概率为破坏率

$$P(x < x_p) = \Phi(u_p) \tag{5-51}$$

存活率为

$$p = P(x > x_p) = 1 - P(x < x_p) = 1 - \Phi(u_p) \tag{5-52}$$

根据前述有 $x_p = \mu + u_p \sigma$，这里 u_p 称为标准正态偏量。选定存活率即可确定 u_p，从而可得含存活率 p 的疲劳寿命 $N = 10^{x_p}$。

为获得 $P\text{-}S\text{-}N$ 曲线，需要通过不同应力水平下的疲劳寿命进行统计分析以估计疲劳寿命均值 μ 和标准差 σ。μ、σ 是母体分布参数，一般只能由取自该母体的若干试件组成的"子样"（或称样本）试验数据来估计。

子样均值 $\bar{x}$ 定义为：

$$\bar{x} = \frac{1}{n} \sum_{i=1}^{n} x_i \quad i = 1,\ 2,\ \cdots,\ n \tag{5-53}$$

式中，x_i 是第 i 个观测数据，对于疲劳，则是第 i 个试件的对数寿命，即 $x_i = \lg N_i$；n 是子样中 x_i 的个数，称为样本大小（或样本容量）。

子样方差 s^2 定义为：

$$s^2 = \frac{1}{n-1} \sum_{1}^{n} (x_i - \bar{x})^2 = \frac{1}{n-1} \left(\sum x_i^2 - n \bar{x}^2 \right) \tag{5-54}$$

方差 s^2 的平方根 s，即子样标准差，是偏差 $x_i - \bar{x}$ 的度量，反映了分散性的大小。

n 越大，子样均值 $\bar{x}$ 和标准差 s 就越接近于母体均值 μ 和标准差 σ。

因此，假定对数疲劳寿命 $X = \lg N$ 是服从正态分布的，则只要由一组子样观测数据计算出子样均值 $\bar{x}$ 和标准差 s，并将它们分别作为母体均值 μ 和标准差 σ 的估计量，即可得到具有某给定破坏（或存活）概率下的寿命或某给定寿命所对应的破坏（或存活）概率。存活率为

$$p = P(X \geqslant x_p) = 1 - \int_{-\infty}^{x_p} f_Z(x)\,dx = 1 - \frac{1}{\sigma_x \sqrt{2\pi}} \int_{-\infty}^{x_p} \exp\left[-\frac{1}{2}\left(\frac{x - \mu_x}{\sigma_x}\right)^2\right]dx$$

$$(5\text{-}55)$$

令 $u = \dfrac{x - \mu_x}{\sigma_x}$，则有

$$p = P(X \geqslant x_p) = 1 - \Phi(u_p) \qquad (5\text{-}56)$$

式中

$$u_p = \frac{x_p - \mu_x}{\sigma_x}$$

称为与存活率对应的标准正态偏量。给定存活率后，可从标准正态分布函数的反函数得到 $u_p = \Phi^{-1}(1 - p)$。

由上可知，存活率为 p 的对数疲劳寿命 x_p 为：

$$x_p = \mu + u_p \sigma \quad \Rightarrow \quad x_p = \overline{x} + u_p s \qquad (5\text{-}57)$$

式中，$\mu + u_p \sigma$ 是 x_p 的真值，$\overline{x} + u_p s$ 是其估计量；u_p 是与存活率 p 对应的标准正态偏量，u_p 可由 p 确定。存活率为 p 的疲劳寿命为

$$N_p = 10^{x_p} = 10^{\mu_x + \Phi^{-1}(1-p)\sigma_x} \qquad (5\text{-}58)$$

当给定应力范围下疲劳寿命的分布为对数正态分布时，P-S-N 曲线的表达式为

$$\lg N = \lg C_p - m \lg S \qquad (5\text{-}59)$$

式中，$\lg C_p$ 表示存活率为 p 时的 $\lg C$ 值，m 为常数。

根据 (S_i, N_i) 数据可获得 $\lg C_i$ 子样，利用此子样可得到 $\lg C_p$ 的估计值为

$$\lg C_p = \mu_{\lg C} + u_p \sigma_{\lg C} = \lg C + u_p \sigma_{\lg C} \qquad (5\text{-}60)$$

式中，$\lg C$ 为中值 S-N 曲线中的常数。由此可得含存活率的 P-S-N 曲线为

$$\lg N = \lg C + u_p \sigma_{\lg C} - m \lg S = \lg C + \Phi^{-1}(1 - p)\sigma_{\lg C} - m \lg S \qquad (5\text{-}61)$$

从几何意义上看，S-N 曲线的统计行为是在双对数坐标系中斜率为 m 的直线随机发生平移，直线与 $\lg N$ 轴的截距服从正态分布。

当疲劳寿命为 Weibull 分布时

$$p = P(N \geqslant N_p) = \int_{N_p}^{\infty} \frac{b}{N_a - N_0}\left(\frac{N - N_0}{N_a - N_0}\right)^{b-1} \exp\left[-\left(\frac{N - N_0}{N_a - N_0}\right)^b\right]dN$$

$$= \exp\left[-\left(\frac{N - N_0}{N_a - N_0}\right)^b\right] \qquad (5\text{-}62)$$

由此可得

$$N_p = N_0 + (-\ln p)^{1/b}(N_a - N_0) \qquad (5\text{-}63)$$

利用对数正态分布或威布尔分布可以求出不同应力水平下的 P-N 数据，将不同存活率下的数据点分别相连，即可得出一族 S-N 曲线，其中的每一条曲线，分别代表某一不同的存活率下的应力-寿命关系。这种以应力为纵坐标，以存活率 p 的疲劳寿命为横坐标，所绘出的一族存活率-应力-寿命曲线，称为 P-S-N 曲线（图 5-20）。在进行疲劳设计时，可根据所需的存活率 p，利用与其对应的 S-N 曲线进行设计。

根据 P-S-N 曲线可得一定应力比条件下给定寿命的疲劳强度概率分布，其中 $P(S_a)$ 表示疲劳强度低于相应存活率要求的概率。

以上讨论的估计给定破坏（或存活）概率下的寿命，或某给定寿命所对应的破坏

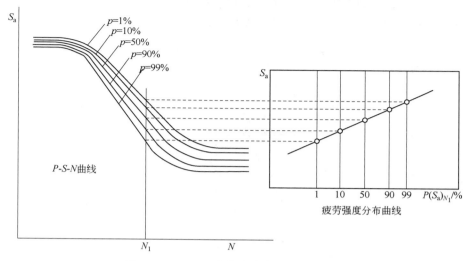

图 5-20　*P-S-N* 曲线及疲劳强度分布曲线

（或存活）概率的方法，是建立在可以由子样参数（$\bar{x}$、s）估计母体参数（μ、σ）的基础上的。这样估计的对数寿命可能比母体对数寿命的真值小，也可能比母体真值大。显然，若估计量大于真值，则意味着对寿命做出了偏于危险的估计。因此，还需要按照数理统计方法对疲劳寿命进行区间估计。对于给定样本数 n，若子样对数疲劳寿命参数为（$\bar{x}$、s），通常采用单侧置信限估计疲劳寿命的下限，即

$$x = \bar{x} - ks \tag{5-64}$$

式中，k 称为单侧容限系数。k 值依据样本数 n、存活率 p 和置信度 γ 确定。表 5-3 给出了常用单侧容限系数 k 值。

若要估计置信度为 γ，存活率 p 的安全寿命，可根据样本数 n 及 p，γ，查表 5-3 得到 k 值；再由式（5-64）式求得疲劳寿命的下限，

表 5-3　常用单侧容限系数 k 值

n	$\gamma=50\%$			$\gamma=90\%$			$\gamma=95\%$		
	$p=90\%$	99%	99.9%	90%	99%	99.9%	90%	99%	99.9%
4	1.42	2.60	3.46	3.19	5.44	7.13	4.16	7.04	9.21
6	1.36	2.48	3.30	2.49	4.24	5.56	3.01	5.06	6.61
8	1.34	2.44	3.24	2.22	3.78	4.95	2.58	4.35	5.69
10	1.32	2.41	3.21	2.07	3.53	4.63	2.35	3.98	5.20
20	1.30	2.37	3.14	1.77	3.05	4.01	1.93	3.30	4.32
50				1.56	2.73	3.60	1.65	2.86	3.77
100				1.47	2.60	3.44	1.53	2.68	3.54
500				1.36	2.44	3.24	1.39	2.48	3.28
∞				1.28	2.33	3.09	1.28	2.33	3.09

5.3.2　疲劳裂纹扩展的随机分析

（1）疲劳裂纹扩展的统计特性

疲劳裂纹扩展分析中，重要的统计信息是达到给定裂纹尺寸的时间历程（或应力循

环次数）的分布规律，以及经受一定应力循环后的疲劳裂纹尺寸的分布规律（图 5-21）。前者在随机过程中称为首次到达时间问题，即当裂纹尺寸第一次超过某一临界值时即告失效。

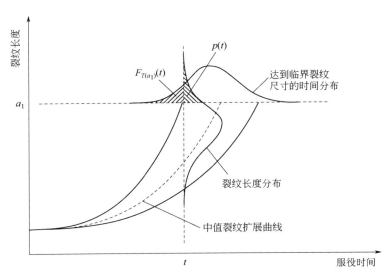

图 5-21 疲劳裂纹扩展的统计特性

目前，针对疲劳裂纹扩展速率的随机特性，已发展了不同的分析方法。归纳起来有两种：其一是将 Paris 公式中的参数 C、m 作为随机变量，研究疲劳裂纹扩展速率的离散性；其二是将 Paris 公式随机化。前者可称为疲劳裂纹扩展概率模型，后者称为疲劳裂纹扩展随机过程模型。

由于 Paris 公式中的参数 C、m 之间有相关性，为数学处理方便，两者不同时视为随机变量。疲劳裂纹扩展概率模型一般可将 C 视为随机变量，m 为 C 的函数。通常选取 $\lg C$ 服从正态分布，即 C 服从对数正态分布。

$$C(\alpha) = 10^{[\mu + \sigma \Phi^{-1}(1-\alpha)]} \tag{5-65}$$

式中，σ 为 $\lg C$ 的方差；μ 为 $\lg C$ 的均值；$\Phi^{-1}(1-\alpha)$ 是标准正态分布函数的反函数。

疲劳裂纹扩展随机过程分析方法主要有两种：其一是用离散的 Markov 链来描述疲劳损伤过程，其二是将 Paris 模型随机化。相对而言，后者以断裂力学理论为基础，考虑裂纹扩展的随机特性，其物理意义较前者明确，因此得到了较大的发展。

Paris 模型随机化方法是在疲劳裂纹扩展确定性模型基础上引入随机因素的影响，即将 Paris 公式随机化为

$$\frac{\mathrm{d}a}{\mathrm{d}N} = X(t) C \Delta K^m \tag{5-66}$$

式中，$t = N/f$，f 为疲劳载荷频率；$X(t)$ 为随机过程，$X(t)$ 反映了疲劳裂纹扩展的随机性。

在对 $X(t)$ 的数学处理上，有对数正态随机模型和随机微分方程模型两种分析方法。对数正态随机模型又可处理为对数正态随机过程模型和对数正态随机变量模型。

为方便通过解析方法获得裂纹扩展的统计分布，这里首先将疲劳裂纹扩展随机模型中的对数正态随机过程 $X(t)$ 简化为随机变量 X，得到对数正态随机变量模型

$$\frac{\mathrm{d}a}{\mathrm{d}N} = X C \Delta K^m \tag{5-67}$$

将 $\Delta K = \Delta \sigma \sqrt{\pi a}$，代入式（5-67）积分后可得

$$a = \frac{a_0}{(1 - XbQNa_0^b)^{1/b}} \tag{5-68}$$

式中

$$Q = C \Delta \sigma^m \pi^{m/2}$$

$$b = \frac{m}{2} - 1 \quad (m \neq 2)$$

a_0 为初始裂纹尺寸。

设 z_γ 为正态随机变量 $Z = \lg X$ 的 γ 百分位点，可得 $\gamma\% = P(Z > z_\gamma) = 1 - \Phi(z_\gamma / \sigma_Z)$ 或 $z_\gamma = \sigma_Z \Phi^{-1}(1 - \gamma\%)$。用 x_γ 来表示随机变量 X 的 γ 百分位点，$x_\gamma = 10^{z_\gamma}$，由下式可得到经受 N 次循环后的裂纹尺寸的 γ 百分位点 $a_\gamma(N)$ 为

$$a_\gamma(N) = \frac{a_0}{(1 - x_\gamma bQNa_0^b)^{1/b}} \tag{5-69}$$

图 5-22 为基于正态随机变量模型的含概率水平 $1 - \gamma\%$ 的裂纹尺寸与循环次数的关系，即 P-a-N 曲线，据此可对疲劳裂纹扩展的统计信息做进一步分析。例如当 $\gamma\% = 0.25$ 时，可得存活率为 0.25 的 a-N 曲线，表明一组试件中的裂纹扩展速率高于该曲线的为 25%，或者说裂纹扩展速率低于该曲线的为 75%。

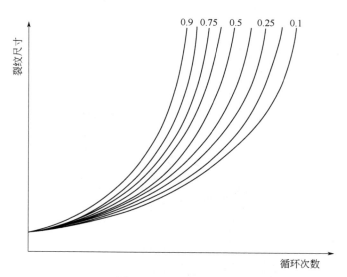

图 5-22　P-a-N 曲线

对数正态随机变量 X 的分布函数为

$$F(x) = P(X \leqslant x) = \Phi\left(\frac{\lg x}{\sigma_Z}\right) \tag{5-70}$$

可得

$$X = \frac{a_0^{-b} - a^{-b}(N)}{bQN} \tag{5-71}$$

则任意循环次数 N 时的裂纹尺寸的分布函数为

$$F_{a(N)}(x) = P(a(N) \leqslant x) = \Phi\left(\frac{\lg \dfrac{a_0^{-b} - x^{-b}}{bQN}}{\sigma_Z}\right) \tag{5-72}$$

令 $N(a_1)$ 表示达到任一给定裂纹尺寸 a_1 所需循环次数的随机变量，令式中的 $a(N) = a_1$ 和 $N = N(a_1)$，则有

$$N(a_1) = \frac{a_0^{-b} - a_1^{-b}}{bQX} \tag{5-73}$$

从而可求出 $N(a_1)$ 的分布为

$$F_{N(a_1)}(n) = P(N(a_1) \leqslant n) = \Phi\left(\frac{\lg\left(\dfrac{a_0^{-b} - a_1^{-b}}{bQn}\right)}{\sigma_Z}\right) \tag{5-74}$$

任一循环次数下 n 构件中裂纹扩展超过任一定值 a_1 的概率称为超越概率。裂纹超越概率为

$$P(a_1, n) = P(a(n) > a_1) = 1 - F_{a(n)}(a_1) = 1 - \Phi\left(\frac{\lg\dfrac{a_0^{-b} - a_1^{-b}}{bQn}}{\sigma_Z}\right) \tag{5-75}$$

上述分析说明裂纹扩展的统计分布是随疲劳循环次数（或寿命）而变化的，如图 5-23 所示。

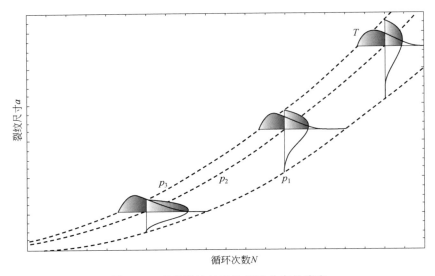

图 5-23　疲劳裂纹扩展的统计分布的演变

（2）疲劳裂纹扩展随机过程模型

疲劳裂纹扩展随机过程模型可以表示为：

$$\frac{\mathrm{d}a}{\mathrm{d}N} = X(t)C\Delta K^m \tag{5-76}$$

对数正态随机模型是将 $X(t)$ 视为对数正态随机过程，即 $Z(t) = \lg X(t)$ 为正态随机过程。两边取对数，得

$$\lg\frac{\mathrm{d}a}{\mathrm{d}N} = \lg C + m\lg(\Delta K) + Z(t) \tag{5-77}$$

由此可见，疲劳裂纹扩展速率可由确定性趋势项和随机波动项两部分组成（图 5-24），Paris 公式给出的 $\mathrm{d}a/\mathrm{d}N$ 与 ΔK 的关系描述的就是裂纹扩展速率的确定性趋势。

随机微分方程模型是将式（5-76）中的确定趋势项和随机项分离，写成如下形式

$$\frac{\mathrm{d}a}{\mathrm{d}t} = \left[m_x + \widetilde{X}(t) \right] C \Delta K^m \quad (5\text{-}78)$$

式中，m_x 为 $X(t)$ 的均值，$\widetilde{X}(t)$ 为随机波动项，$X(t) = m_x + \widetilde{X}(t)$。应用随机微分方程理论可对式（5-78）进行求解，以获得疲劳裂纹扩展的统计信息。

疲劳裂纹扩展试验结果表明，裂纹扩展具有较大的分散性。尽管试验条件相同，但每次试验所得到的样本记录是不一样的，每次试验所得结果仅仅是无限个可能产生的结果中的一个，单个样本记录本身也是不规则的，一般可由确定性趋势项和随机波动项两部分组成。确定性趋势项实际上是样本记录随时间或空间变化的平均行为，或称低频分量，随机波动部分亦可称为高频分量。

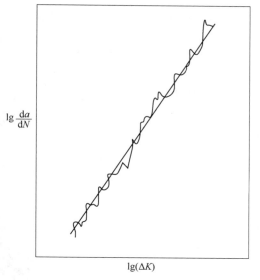

图 5-24　裂纹扩展速率的随机波动

在双对数坐标系中的线性关系描述的就是确定性趋势，同理，Paris 公式所描述的也是裂纹扩展速率的确定性趋势。裂纹扩展速率的随机行为应该从两方面来考察：样本记录的确定性趋势分析，据此可对疲劳裂纹扩展进行统计分析，以此构成疲劳裂纹扩展概率理论研究的基础；样本记录的随机性分析，据此可以分析叠加在其平均行为上随机波动项，以此构成了疲劳裂纹随机扩展过程理论研究的基础。

根据式（5-77）有

$$Z(t) = \lg \frac{\mathrm{d}a}{\mathrm{d}N} - \left[\lg C + m \lg (\Delta K) \right] \quad (5\text{-}79)$$

对于疲劳裂纹扩展而言，随机涨落 $Z(t)$ 综合反映了材料组织性能、外加载荷等因素的随机性对裂纹扩展速率的影响。因此，掌握疲劳扩展统计特性的关键是研究随机涨落 $Z(t)$ 的统计特性，从而构成了疲劳裂纹扩展随机过程研究的核心。

根据这一定义可知 $E[Z(t)] = 0$，随机涨落 $Z(t)$ 为 $\lg[\mathrm{d}a(t)/\mathrm{d}t]$ 随机地偏离平均值的量度。由上述可知 $Z(t) = \lg X(t)$，随机数据分析表明 $Z(t) = \lg X(t)$ 为平稳正态随机过程。

通过疲劳裂纹扩展随机模型可以模拟再现疲劳裂纹扩展时间历程，模拟裂纹扩展的关键归结为产生平稳高斯随机序列 $Z(t_i)$。为得到疲劳裂纹扩展随机过程的样本函数，取 $\Delta a =$ 常量，并将式（5-76）写成如下离散形式

$$\frac{\Delta a}{\Delta t_i} = X(t_i) C (\Delta K_i)^m \quad (5\text{-}80)$$

由此可得

$$\Delta t_i = \frac{\Delta a}{X(t_i) C (\Delta K_i)^m}$$

$$a_i = a_0 + i \Delta a$$

$$t_i = \sum_{i=1}^{n} \Delta t_i$$

其中 $X(t_j) = 10^{Z(t_j)}$。

其中的基本参数可通过少量的试验数据获得，通过模拟可再现疲劳裂纹扩展过程。根据模拟结果可进一步分析疲劳裂纹扩展的统计信息。图 5-25 为疲劳裂纹扩展模拟结果。

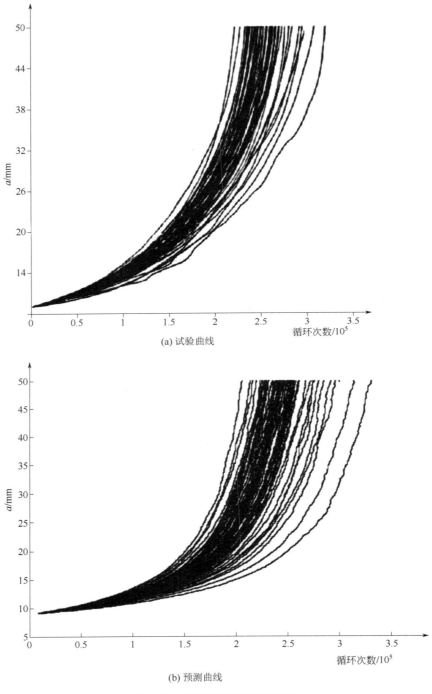

(a) 试验曲线

(b) 预测曲线

图 5-25　疲劳裂纹扩展模拟结果

5.4　焊接结构疲劳失效概率分析

5.4.1　焊接结构的随机因素

实际焊接结构的应力集中、焊接缺陷、焊接残余应力、材料的组织性能及工作环境都具有较大的不确定性，即使采用较大的安全裕度，也不能确保结构的完整性。因此，焊接结构完整性的概率分析受到很大的重视，这种分析方法的技术要点是采用概率断裂力学原理对焊接结构的失效概率进行评估。这种分析的主要作用包括：若焊接结构的破坏会导致灾难性后果，则必须证明这种事件出现的概率是足够低的；判断各种改进焊接结构完整性的措施是有效的。

（1）焊接缺陷的分布

焊接结构不可避免地存在焊接缺陷，要得到有关焊接缺陷形状、位置和方向等参数的分布是十分困难的。其主要原因是缺陷的检出率和分辨率与检测手段有很大关系。对于实际存在的缺陷，尺寸越小，检出率越低，检出的尺寸精度也越差。焊接结构在检查后的安全性主要取决于残存缺陷的大小和数量，所以掌握残存缺陷尺寸、数量等有关统计信息是极为重要的。

图 5-26 为原始缺陷概率分布、缺陷检出概率、检出缺陷概率分布以及消除超标缺陷后的残存缺陷分布之间的关系。通过图解分析，可近似估计原始缺陷的概率分布。

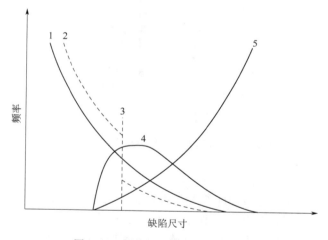

图 5-26　焊接缺陷尺寸的概率分布

1—原始缺陷分布；2—修理后缺陷分布；3—可接受的缺陷尺寸；4—检出缺陷分布；5—检出概率

由于现有无损检测方法不能提供有关原始焊接缺陷统计分布的足够信息，因此，在结构损伤容限设计与耐久性分析方面发展了从使用寿命后期出现的大尺度疲劳裂纹的分布反推初始缺陷的分布，称为当量初始缺陷尺寸分布（EIFSD），并且用 EIFSD 描述结构的初始疲劳质量（IFQ），当量的初始缺陷是假想的存在于结构投入使用之前的结构细节中的缺陷，在结构的运行过程中，它将引发真实的裂纹扩展。这一分析路线对于初始焊接缺陷的分析是很值得参考的。

（2）断裂韧度的分布

合于使用评定中所采用的断裂韧度（即 K_{mat} 或 δ_{mat}）的分散性一般比其他常规力学

性能的分散性大。研究结果表明，脆性断裂韧度 K_{mat} 数据符合三参数威布尔分布：

$$P = 1 - \exp\left[-\left(\frac{K_{mat} - K_{min}}{K_0 - K_{min}}\right)^m\right] \tag{5-81}$$

式中，P 为分布函数；m 为形状参数，或称威布尔斜率；K_0 为尺度参数；K_{min} 为位置参数。对于屈服强度在 $275 \sim 825\text{MPa}$ 范围内的铁素体钢，通常可取形状参数 $m = 4$，位置参数 $K_{min} = 20\text{MPa}\sqrt{\text{m}}$，尺度参数 K_0 则通过数据拟合来获得，含概率水平的断裂韧度表达式：

$$K_{mat}(\alpha) = 20 + (K_0 - 20)\left[-\ln(1-\alpha)\right]^{1/4} \tag{5-82}$$

式中，$1 - \alpha$ 为置信度。

在上述铁素体钢脆-韧温度过渡区间，含概率水平的断裂韧度与温度的关系为：

$$K_{mat}(\alpha) = 20 + \left\{11 + 77\exp\left[0.019(T - T_{27J} - 3\text{℃})\right]\right\}\left(\frac{25}{B}\right)^{1/4}\left[\frac{1}{\ln(1-\alpha)}\right]^{1/4} \tag{5-83}$$

图 5-27 为不同概率水平的断裂韧度与温度关系示意图。

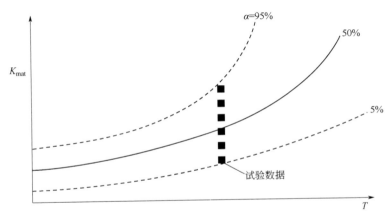

图 5-27　不同概率水平的断裂韧度与温度的关系

（3）分项系数

由于应力、缺陷尺寸、材料性能等参数都具有随机性，直接用可靠度指标 β 进行分析往往需要复杂的计算过程，为此，工程中一般推荐采用分项系数法进行可靠性评定，即将有关参数的标准值乘以分项系数后进行评定。分项系数应根据各随机变量的统计参数和概率分布类型以及失效概率并考虑工程经验确定。

表 5-4 为 BS7910 推荐的各有关参数分项系数与失效概率的对应关系，其中 COV 称为变异系数，COV＝参数的均值/标准差。

（4）临界裂纹尺寸的分布

临界裂纹尺寸的统计分布特性与断裂阻力参量和载荷条件的随机性有关。若应用 COD 设计曲线方法确定临界裂纹尺寸的统计分布时，可采用以下方法进行分析，即将无量纲 COD 的均值函数表示为

$$\Phi = \alpha\frac{\varepsilon}{\varepsilon_y} \tag{5-84}$$

为综合考虑各种随机因素的综合作用，可以将上式随机化为如下形式

表 5-4 分项系数与失效概率的对应关系

项 目		$p(F)2.3\times10^{-1}$	$p(F)10^{-3}$	$p(F)7\times10^{-5}$	$p(F)10^{-5}$
		$\beta_Z=0.739$	$\beta_Z=3.09$	$\beta_Z=3.8$	$\beta_Z=4.27$
应力 σ	$(COV)_\sigma$	γ_σ	γ_σ	γ_σ	γ_σ
	0.1	1.05	1.2	1.25	1.3
	0.2	1.1	1.25	1.35	1.4
	0.3	1.12	1.4	1.5	1.6
缺陷尺寸 a	$(COV)_a$	γ_a	γ_a	γ_a	γ_a
	0.1	1.0	1.4	1.5	1.7
	0.2	1.05	1.45	1.55	1.8
	0.3	1.08	1.5	1.65	1.9
	0.5	1.15	1.7	1.85	2.1
断裂韧性 K	$(COV)_K$	γ_K	γ_K	γ_K	γ_K
	0.1	1	1.3	1.5	1.7
	0.2	1	1.8	2.6	3.2
	0.3	1	2.85	NP	NP
断裂韧性 δ	$(COV)_\delta$	γ_δ	γ_δ	γ_δ	γ_δ
	0.2	1	1.69	2.25	2.89
	0.4	1	3.2	6.75	10
	0.6	1	8	NP	NP
屈服限 Y	$(COV)_Y$	γ_Y	γ_Y	γ_Y	γ_Y
	0.1	1	1.05	1.1	1.2

$$\Phi=F_k\alpha\frac{\varepsilon}{\varepsilon_y} \qquad (5-85)$$

两边取对数可得

$$\lg\Phi=\lg\alpha+\lg\frac{\varepsilon}{\varepsilon_y}+\lg F_k \qquad (5-86)$$

或

$$f_k=\lg\Phi-\left(\lg\alpha+\lg\frac{\varepsilon}{\varepsilon_y}+\lg F_k\right) \qquad (5-87)$$

式中，$f_k=\lg F_k$，f_k 实际上是一个误差函数，因此可以假定为正态分布，则 F_k 为对数正态分布。由 $\Phi=\delta_c/(2\pi\varepsilon_y a_c)$，可得

$$a_c=\frac{\delta_c}{\alpha\pi\varepsilon F_k} \qquad (5-88)$$

根据上式可对临界裂纹尺寸的分布进行统计分析。

5.4.2 疲劳强度的概率分析

结构在疲劳载荷作用下会发生损伤累积，疲劳累积损伤的结果使疲劳强度逐渐衰减（图 5-28），疲劳应力和疲劳强度概率分布出现干涉导致疲劳失效概率增大。

累积损伤的计算是根据 Palmgren-Miner 线性累积损伤理论。等效恒幅应力 S_e 为

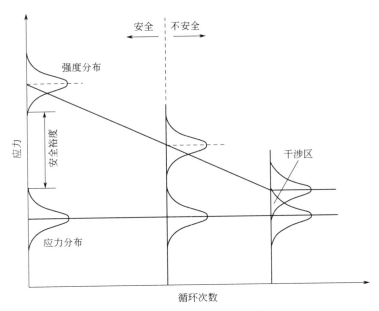

图 5-28　疲劳强度-应力干涉模型

$$S_e = \left(\frac{\sum n_i S_i^m}{N_T} \right)^{1/m} \tag{5-89}$$

式中，N_T 为结构在其设计寿命期间的应力循环总次数。等效恒幅应力 S_e 作用下的疲劳寿命 $N_f = C/S_e^m$，疲劳累积损伤度为

$$D = \frac{N_T}{N_f} = \frac{N_T S_e^m}{C} \tag{5-90}$$

若载荷的平均频率为 f_0，则 $N_T = T f_0$，结构在时间 T 内的疲劳累积损伤度为

$$D = \frac{T f_0 S_e^m}{C} = \frac{T \Omega}{C} \tag{5-91}$$

式中，$\Omega = f_0 S_e^m = f_0 \left(\dfrac{\sum n_i S_i^m}{N_T} \right)$

结构发生疲劳失效时，$T = T_f$，则有

$$D = \frac{T_f \Omega}{C} = 1 \tag{5-92}$$

由此可得用时间表示的疲劳寿命为

$$T_f = \frac{C}{\Omega} \tag{5-93}$$

如果应力范围的长期分布可用连续的概率密度函数 $f(S)$ 表示，由于每一个应力循环造成的疲劳损伤为 $D = 1/N(S)$，则与 $f(S)$ 对应的累积损伤度 D 可以表示为

$$D = N_T \int_0^\infty \frac{f(S)}{N(S)} \mathrm{d}S \tag{5-94}$$

式中　　N_T——结构在其设计寿命期间的应力循环总次数；

S——应力范围；

$f(S)$——应力范围长期分布的概率密度函数；

$N(S)$ ——与应力范围 S 相对应的结构疲劳失效时的应力循环次数。

则

$$D = \frac{N_{\mathrm{T}}}{C} \int_0^\infty S^m f(S) \mathrm{d}S = \frac{N_{\mathrm{T}}}{C} E(S^m) \tag{5-95}$$

式中，$E(S^m)$ 为 S^m 的期望值，即

$$E(S^m) = \int_0^\infty S^m f(S) \mathrm{d}S \tag{5-96}$$

又有

$$D = \frac{E(S^m)}{S_e^m} \tag{5-97}$$

式中，S_e 为连续载荷谱作用下的等效应力。

可得

$$D = \frac{T f_0 E(S^m)}{C} = \frac{T\Omega}{C} \tag{5-98}$$

式中，$\Omega = f_0 E(S^m)$。 比较可知，连续载荷谱作用下的等效应力为

$$S_e = [E(S^m)]^{1/m} \tag{5-99}$$

同样有 $T_{\mathrm{f}} = C/\Omega$，这样就得到了与离散型载荷疲劳累积损伤分析类似的计算式，为疲劳失效概率分析提供了方便。根据 $S\text{-}N$ 曲线的分析可知，参数 C 是一个随机变量，它反映了疲劳强度的不确定性。参数 Ω -应力范围和作用频率有关，它反映了疲劳载荷的随机性。因此，疲劳寿命 T_{f} 必然具有随机特性。

当应力范围符合二参数 Weibull 分布时，概率密度函数为

$$f(S) = \frac{b S^{b-1}}{\alpha} \exp\left(-\frac{S^b}{\alpha}\right) \tag{5-100}$$

设 N_{L} 是载荷谱作用下使结构产生疲劳损伤的循环次数，应力首次且唯一一次超过 S_{L} 的概率为 $1/N_{\mathrm{L}}$，即

$$P(S > S_{\mathrm{L}}) = \int_{S_{\mathrm{L}}}^\infty f(S) \mathrm{d}S = \int_{S_{\mathrm{L}}}^\infty \frac{b S^{b-1}}{\alpha} \exp\left(-\frac{S^b}{\alpha}\right) \mathrm{d}S = \exp\left(-\frac{S_{\mathrm{L}}^b}{\alpha}\right) = \frac{1}{N_{\mathrm{L}}} \tag{5-101}$$

因此有

$$\alpha = \frac{S_{\mathrm{L}}^b}{\ln N_{\mathrm{L}}} \tag{5-102}$$

式中，形状参数 b 要根据结构所处的环境、结构类型等因素来确定。例如，对于船舶结构，b 取值范围为 $0.7 \sim 1.3$。

二参数威布尔分布函数的 $E(S^m)$ 为

$$E(S^m) = \int_0^\infty S^m \frac{b \ln N_{\mathrm{L}}}{S_{\mathrm{L}}^b} \exp\left(-\frac{S^b}{S_{\mathrm{L}}^b} \ln N_{\mathrm{L}}\right) \mathrm{d}S = \frac{S_{\mathrm{L}}^m}{(\ln N_{\mathrm{L}})^{m/b}} \Gamma\left(\frac{m}{b} + 1\right) \tag{5-103}$$

式中，$\Gamma(\cdot)$ 为伽马函数。则

$$\Omega = f_0 \frac{S_{\mathrm{L}}^m}{(\ln N_{\mathrm{L}})^{m/b}} \Gamma\left(\frac{m}{b} + 1\right) \tag{5-104}$$

$$S_e = \frac{S_{\mathrm{L}}^m}{(\ln N_{\mathrm{L}})^{m/b}} \left[\Gamma\left(\frac{m}{b} + 1\right)\right]^{1/m} \tag{5-105}$$

疲劳累积损伤度为

$$D = \frac{N_{\mathrm{T}}}{C} \times \frac{S_{\mathrm{L}}^m}{(\ln N_{\mathrm{L}})^{m/b}} \Gamma\left(\frac{m}{b} + 1\right) \tag{5-106}$$

由于随机因素的影响，结构发生疲劳破坏时，D 的临界值并不为 1，大多数情况下在 $0.3\sim1.3$ 之间。将临界疲劳累积损伤记为 Δ，Δ 为随机变量。引入应力随机变量 X 将累积损伤度随机化，则

$$D = \frac{TX^m\Omega}{C} = \Delta \tag{5-107}$$

则疲劳失效概率为

$$P_f(D \geqslant \Delta) = P_f\left(\frac{TX^m\Omega}{C} \geqslant \Delta\right) \tag{5-108}$$

结构的疲劳寿命也是随机变量，即

$$T_f = \frac{\Delta C}{X^m\Omega} \tag{5-109}$$

则疲劳失效概率为

$$P_f(T_f \leqslant T_c) = P_f\left(\frac{\Delta C}{X^m\Omega} \leqslant T_c\right) \tag{5-110}$$

式中，T_c 为设计寿命。

如果 T_f 和 T_c 均服从对数正态分布，则

$$P(T_f \leqslant T_c) = P(\ln T_f \leqslant \ln T_c) = P(Z \leqslant 0) = \Phi(-\beta) = 1 - \Phi(\beta) \tag{5-111}$$

式中

$$Z = \ln T_f - \ln T_c = \ln\frac{\Delta C}{X^m\Omega} - \ln T_c = \ln\Delta + \ln C - m\ln X - \ln\Omega - \ln T_c \tag{5-112}$$

$$\mu_Z = \mu_{\ln\Delta} + \mu_{\ln C} - m\mu_{\ln X} - \ln\Omega - \ln T_c \tag{5-113}$$

$$\sigma_Z = \sqrt{\sigma_{\ln\Delta}^2 + \sigma_{\ln C}^2 - m^2\sigma_{\ln X}^2} \tag{5-114}$$

式中，μ_Z 为 Z 的均值；σ_Z 为 Z 的标准差。可靠性指标 $\beta = \mu_Z/\sigma_Z$。

5.4.3　疲劳裂纹扩展失效概率分析

根据概率断裂力学的观点，焊接结构的断裂驱动力和阻力都是随机变量。应用概率及统计方法求得含缺陷结构的破坏概率以及剩余强度或寿命。如以裂纹尺寸表示的焊接构件的失效概率为

$$P_f = P(a \geqslant a_c) \tag{5-115}$$

可靠度为

$$R = 1 - P_f \tag{5-116}$$

若裂纹尺寸 a 的概率密度函数为 $f(a)$，临界裂纹尺寸 a_c 的概率密度函数为 $g(a_c)$，若上述两事件相互独立，则由干涉模型（图 5-29）可得

$$P_f = \int_0^\infty \int_0^a g(a_c) f(a) \, \mathrm{d}a \, \mathrm{d}a_c \tag{5-117}$$

失效概率也可以用断裂驱动力和阻力参数来表示

$$P_f = P(K_I \geqslant K_{IC}) \tag{5-118}$$

或

$$P_f = P(\delta \geqslant \delta_c) \tag{5-119}$$

$$P_f = P(J \geqslant J_{IC}) \tag{5-120}$$

如前所述，疲劳裂纹扩展过程具有较大的分散性，结合疲劳载荷的随机性可对疲劳裂纹扩展失效概率进行分析。疲劳裂纹扩展失效概率分析是在确定性模型 Paris 公式的基础上进行的。令

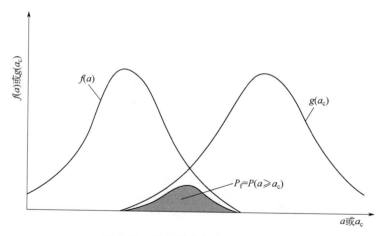

图 5-29　概率断裂力学的基本原理

$$\Delta K = S f(a) \sqrt{\pi a} \tag{5-121}$$

代入 Paris 公式整理并积分可得

$$N = \frac{1}{C(S)^m} \int_{a_i}^{a} \frac{\mathrm{d}a}{f(a)^m (\sqrt{\pi a})^m} \tag{5-122}$$

在恒幅应力下有

$$\int_{a0}^{a} \frac{\mathrm{d}a}{Cf(a)(\sqrt{\pi a})^m} = \int_{0}^{N} S^m \mathrm{d}N = NS^m = Tf_0 S^m = T\Omega \tag{5-123}$$

在随机载荷下，上式中的 S 要替换成等效应力 S_e。

　　在疲劳载荷作用下，裂纹发生扩展，结构抗力衰减（图 5-30）。当 $a = a_c$ 时，$N = N_f = T_f f_0$，结构发生疲劳失效，N_f 或 T_f 为疲劳寿命。

$$T_f = \frac{1}{\Omega} \int_{a0}^{a_c} \frac{\mathrm{d}a}{Cf(a)(\sqrt{\pi a})^m} \tag{5-124}$$

仿照前述的随机化方法，将疲劳寿命随机化为

$$T_f = \frac{1}{B^m \Omega} \int_{a0}^{a_c} \frac{\mathrm{d}a}{Cf(a)(\sqrt{\pi a})^m} \tag{5-125}$$

则疲劳失效概率为

$$P_f(T_f \leqslant T_c) = P_f \left(\frac{1}{B^m \Omega} \int_{a0}^{a_c} \frac{\mathrm{d}a}{Cf(a)(\sqrt{\pi a})^m} \leqslant T_c \right) \tag{5-126}$$

式中，T_c 为设计寿命。

或采用裂纹尺寸作为失效判据，令

$$\psi(a) = \int_{a0}^{a} \frac{\mathrm{d}a}{Cf(a)(\sqrt{\pi a})^m} \tag{5-127}$$

当 $a = a_c$ 时，$N = N_f = T_f f_0$，有

$$\psi(a_c) = \int_{a0}^{a_c} \frac{\mathrm{d}a}{Cf(a)(\sqrt{\pi a})^m} = T_f \Omega \tag{5-128}$$

引入随机变量并构造极限状态函数，有

$$Z = \psi(a_c) - \psi(a) = T_f B^m \Omega - \int_{a0}^{a} \frac{\mathrm{d}a}{Cf(a)(\sqrt{\pi a})^m} \tag{5-129}$$

当 $a_c \leqslant a$ 时，则

$$Z = \psi(a_c) - \psi(a) \leqslant 0 \qquad (5\text{-}130)$$

则疲劳失效概率为

$$P_f(a_c \leqslant a) = P_f(\psi(a_c) \leqslant \psi(a)) = P_f\left(\int_{a0}^{a_c} \frac{\mathrm{d}a}{Cf(a)\left(\sqrt{\pi a}\right)^m} \leqslant T_f B^m \Omega\right) \qquad (5\text{-}131)$$

但在具体计算中存在一定的难度，这是因为式中的函数比较复杂，且含有积分式，需要采用数值计算方法。

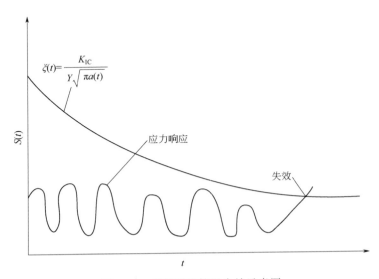

图 5-30　疲劳裂纹扩展失效示意图

参考文献

［1］ ZERBST U，MADIA M，SCHORK B. et al. Fatigue and Fracture of Weldments ［M］. Cham：Springer Nature Switzerland AG，2019.

［2］ MADIA M，ZERBST U，BEIER H T，et al. The IBESS model-elements，realization and validation ［J］. Engineering Fracture Mechanics，2018，198：171-208.

［3］ VIRKLER D A，HILLBERRY B M，GOEL P K. The statistical nature of fatigue crack propagation ［J］. ASME Journal of Engineering Materials and Technology，1979，101（2）：148-153.

［4］ DITLEVSEN O，MADSEN H O. Structural Reliability Methods ［M］. Chichester John Wiley & Sons Ltd，1996.

［5］ MAYMON G. Stochastic crack propagation ［M］. London：Elsevier Inc.，2018.

［6］ 高镇同，熊峻江. 疲劳可靠性 ［M］. 北京：航空航天大学出版社，2000.

［7］ 胡毓仁，李典庆，陈伯真. 船舶与海洋工程结构疲劳可靠性分析 ［M］. 哈尔滨：哈尔滨工程大学出版社，2009.

［8］ LIN Y K，YANG J N. A stochastic theory of fatigue crack propagation ［J］. AIAA Journal，1985，23（1）：117-124.

［9］ SOBCZYK K，SPENCER B F. Random Fatigue：From Data to Theory ［M］. Boston：Academic Press，1992.

［10］ SOBCZYK K. Modelling of random fatigue crack growth ［J］. Engineering Fracture Mechanics，1986，24（4）：609-623.

[11] PROVAN J W. 概率断裂力学和可靠性 [M]. 航空航天工业部《AFFD》系统工程办公室，译. 北京：航空工业出版社，1989.

[12] ORTIZ K，KIREMIDJIAN A. Stochastic modeling of fatigue crack growth [J]. Engineering Fracture Mechanics，1988，29 (3)：317-334.

[13] ZERBST U，SCHÖDEL M，WEBSTER，S et al. Fitness-for-Service Fracture Assessment of Structures Containing Cracks [M]. Oxford：Elsevier Ltd.，2007.

[14] WIRSCHING P H，TORNG T Y，MARTIN W S. Advanced Fatigue Reliability Analysis [J]. International Journal of Fatigue，1991，13 (5)：389-394.

[15] CHRYSSANTHOPOULOS M K，RIGHINIOTIS T D. Fatigue reliability of welded steel structures [J]. Journal of Constructional Steel Research，2006，62 (11)：1199-1209.

[16] DITLEVSEN O. Random Fatigue Crack Growth- A first passage problem [J]. Engineering Fracture Mechanics，1986，23 (2)：467-477.

[17] DITLEVSEN O，OLESEN R. Statistical analysis of the Virkler data on fatigue crack growth [J]. Engineering Fracture Mechanics，1986，25 (2)：177-195.

[18] DOLINSKI K. Stochastic loading and material inhomogeneity in fatigue crack propagation [J]. Engineering Fracture Mechanics，1986，25 (5-6)：809-818.

== 第 **6** 章 ==

焊接结构的抗疲劳设计与控制

　　焊接结构的疲劳强度与整体结构构型、接头局部细节相关，为了保证焊接结构的抗疲劳性能，需要从结构设计、制造以及使用维护等方面进行综合分析，从而有效控制焊接结构的疲劳破坏。本章重点介绍焊接结构的抗疲劳设计、焊接接头的抗疲劳措施以及焊接结构疲劳完整性分析等内容。

6.1　焊接结构的抗疲劳设计

6.1.1　结构疲劳设计方法概述

　　随着结构疲劳失效研究和强度设计理论的发展，结构抗疲劳设计先后出现了安全寿命设计、破损-安全设计、损伤容限设计、耐久性（经济寿命）设计等方法，形成了集成静强度、刚度、耐久性和损伤容限等设计方法的结构完整性体系。焊接结构的抗疲劳设计也需要有机融合到这一体系中。

　　（1）安全寿命设计

　　安全寿命设计认为结构中是无缺陷的，在整个使用寿命期间，结构不允许出现可见的裂纹。安全寿命设计必须考虑安全系数，以考虑疲劳数据的分散性和其他未知因素的影响（见图 6-1）。在设计中，可以对应力取安全系数，也可以对寿命取安全系数，或者规定两种安全系数都要满足。安全寿命设计可以根据 S-N 曲线设计，也可以根据 ε-N 曲线进行设计，前者称为名义应力有限寿命设计，后者是局部应力应变法。设计准则为：

$$使用寿命 \leqslant 安全寿命 = \frac{目标寿命}{分散系数}$$

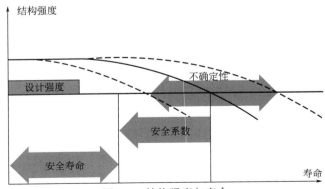

图 6-1　结构强度与寿命

　　式中，目标寿命指试验寿命或计算寿命；考虑到疲劳寿命的分散性和误差，对整个结构或部件的疲劳试验，分散系数一般不小于 4。

　　疲劳分散系数是寿命评定中的一个重要可靠性指标。确定结构安全寿命的核心是疲劳寿命分布特性和疲劳寿命分散系数。疲劳寿命分散系数研究起源于飞机结构疲劳寿命。飞机结构疲劳分散系数是根据飞机结构失效的分布规律和中值寿命定义，借助于概率推导出可靠度和分散系数之间的函数表达式。在飞机结构寿命设计和疲劳试验中，不直接用可靠度函数来描述飞机寿命的可靠性，而是用分散系数来描述。

　　疲劳寿命分散系数定义为中值寿命 N_{50} 与安全寿命 N_P 的比值

$$J_N = \frac{N_{50}}{N_P} \tag{6-1}$$

　　假定对数疲劳寿命 $x = \lg N$ 符合正态分布，对数安全寿命 $x_P = \lg N_P$ 可表示为：

$$x_P = \mu + \mu_P \sigma \tag{6-2}$$

　　式中，σ 为母体标准差；$\mu = \lg N_{50}$ 为母体平均值；μ_P 为与存活率 p 相关的标准正态偏量。式（6-2）还可写成：

$$\lg N_p = \lg N_{50} + \mu_p \sigma$$

由此可得

$$J_N = \frac{N_{50}}{N_P} = 10^{\mu_P \sigma} \tag{6-3}$$

当母体标准差 σ 已知时，即 $\sigma = \sigma_0$，可得 $J_N = 10^{\mu_P \sigma}$，即为式（6-1）。

　　一般来说，在疲劳寿命标准差一定时，选用的分散系数越大，可靠度越高，反之可靠度越低。

　　从图 6-2 对数寿命正态分布曲线可以看出分散系数的含义。零件寿命低于安全寿命 N_{min} 的概率是 0.13%，平均寿命 N 是 N_{min} 的 2.45 倍。若取分散系数为 4.0，则疲劳强度最好的零件的寿命 N_{best}，这意味着寿命低于疲劳强度最好零件寿命 N_{best} 的零件占零件总数的 94.95%。随机抽取的被试零件的寿命大于 N_{best} 的可能性只有 5%，小于 N_{min} 的可能性基本上不会大于 0.13%。

　　承受变幅载荷的结构安全寿命设计，可用等幅载荷下的试验结果根据累积损伤理论计算寿命。在疲劳试验中也可用累积损伤理论简化载荷谱。

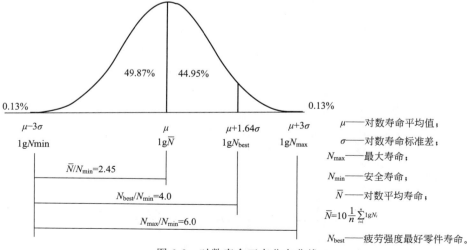

图 6-2　对数寿命正态分布曲线

（2）破损-安全设计

实践表明，采用安全寿命设计还远不能保证安全。即使结构在材料的疲劳极限下工作，也会萌生疲劳裂纹（图 6-3），虽然不一定发生明显的扩展，但也构成对结构的损伤。破损-安全设计方法允许结构在规定的使用年限内产生疲劳裂纹，并允许疲劳裂纹扩展，但其剩余强度大于限制载荷，而且在设计中要采取断裂控制措施，如采用多传力设计和设置止裂板等，以确保裂纹在被检测出来而未修复之前不致造成结构破坏。破损安全原则常常与安全寿命原则混合使用。

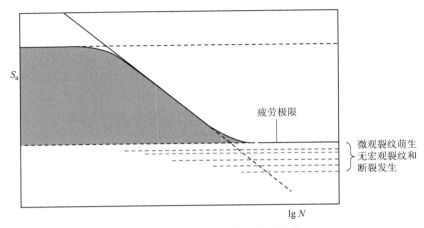

图 6-3　低于疲劳极限的疲劳裂纹萌生

结构在长期服役环境下的损伤导致其抗力性能随时间的增长而逐渐衰减（图 6-4），其变化是一个缓慢的能量耗散和不可逆的过程。结构的疲劳失效在理论上可以归结为环境载荷等驱动力超越材料或结构的抗力的情况下发生的后果。失效是结构或构件的极限状态，结构或构件的性能是以极限状态为基础进行衡量的。通过改进设计提高结构的抗失效能力，进而延长结构的使用寿命（见图 6-5）。

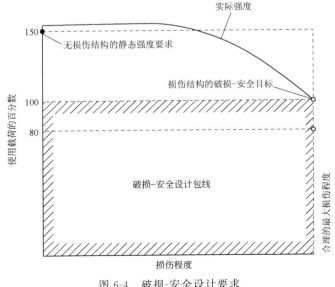

图 6-4　破损-安全设计要求

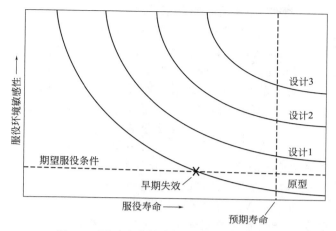

图 6-5 通过改进设计延长结构的使用寿命

（3）损伤容限设计

损伤容限是指结构因环境载荷作用导致损伤后，仍能满足结构的静强度、动强度、稳定性和结构使用功能要求的最大允许损伤状态。为了防止含损伤服役结构的早期失效，必须把损伤在规定的使用期内的增长控制在一定的范围内（图 6-6），使得损伤不发生不稳定（快速）扩展，在此期间，结构应满足规定的剩余强度要求，以满足结构的安全性和可靠性。为了确定损伤容限，首先确定结构性能随损伤的变化规律；确定损伤部位的

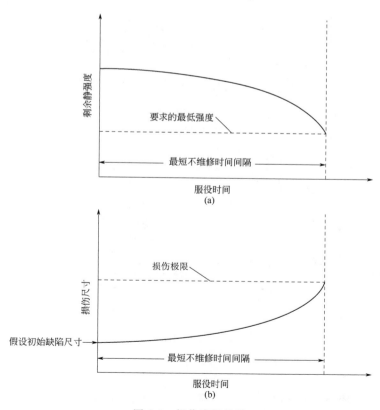

图 6-6 损伤容限设计

环境谱及具体部位的应力谱；计算结构损伤后的寿命；评定不同损伤尺寸下的结构静强度、稳定性、结构功能等是否满足要求，最终确定损伤容限。

20 世纪 70 年代美国空军提出了损伤容限设计原则。它考虑到意外损伤的可能存在，即从飞行安全出发，为了谨慎，假定新的飞机结构存在初始损伤，其尺寸依据制造厂无损检验能力确定，要求达到足够的检出概率，然后对带裂纹结构进行断裂分析或试验，确定裂纹在变幅载荷下扩展到临界尺寸的周期，由此制定飞机检修周期（图 6-7），即：

$$检修周期 = \frac{裂纹扩展周期}{分散系数}$$

式中，考虑到裂纹扩展速率的分散性和误差，分散系数比安全寿命的分散系数要小得多，一般可取为 2。每次检修时，对需要修理的损伤进行修理，使其在下一检修周期的扩展量仍处于允许范围内，从而保证结构的剩余强度要求（图 6-8）。裂纹的临界尺寸根据结构的残余强度不小于破损安全载荷的原则确定。破损安全载荷由强度规范规定，其数值因裂纹部位检测的难易而异。带裂纹结构的残余强度可用断裂力学方法计算或通过静力试验确定。裂纹扩展的速率通常用 Paris 公式计算。

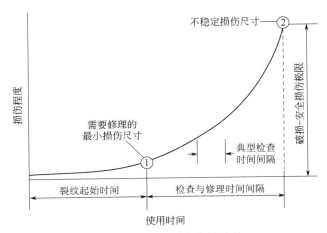

图 6-7 结构的裂纹扩展过程

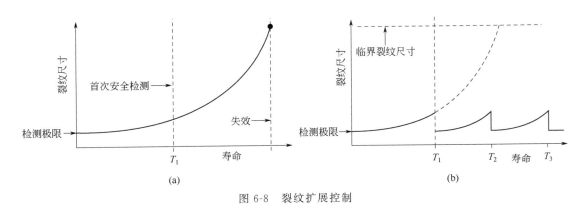

(a)   (b)

图 6-8 裂纹扩展控制

（4）耐久性设计

耐久性是结构固有的一种基本能力，是指在规定时期内，结构抵抗疲劳开裂（包括应力腐蚀和氢脆引起的开裂）、腐蚀、热退化、剥离和外来物损伤作用的能力。

耐久性设计认为结构在使用前（在制造、加工、装配、运输时）就存在着许多微小的初始缺陷，结构在载荷/环境谱的作用下，逐渐形成一定长度和一定数量的裂纹和损伤，继续扩展下去将造成结构功能损伤或维修费用剧增，影响结构的使用。耐久性方法首先要定义疲劳破坏严重细节（如孔、槽、圆弧、台阶等）处的初始裂纹当量（图 6-9），描绘与材料、设计、制造质量相关的初始疲劳损伤状态，再用疲劳或疲劳裂纹扩展分析预测在不同使用时刻损伤状态的变化，确定其经济寿命，制定使用、维修方案。

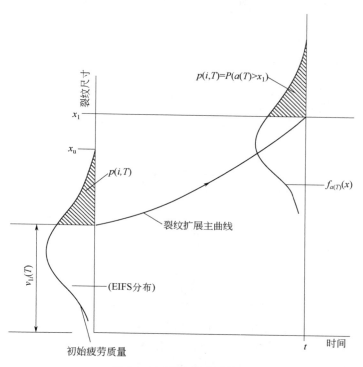

图 6-9　初始疲劳质量模型

相同结构细节的零部件制造质量即使合格，但是，由于其组织结构和表面完整性并非完全一致，也会导致其在相同疲劳载荷作用下的疲劳寿命呈现较大的分散性。这种效应等价于结构细节具有不同的初始损伤（或称当量初始缺陷），对应不同的初始疲劳质量（IFQ）。为了表征结构细节初始损伤的疲劳寿命分散性效应，引入了当量初始缺陷尺寸（EIFS）分布用于分析初始疲劳质量。EIFS 是假想缺陷的尺寸，在真实的时间点处，它将萌生真实的裂纹。选择某一给定参考裂纹尺寸，这一尺寸能够很容易地被探测出或者能够在试验之后的断口金相分析中可靠地发现。对于无论何种形式的初始缺陷，变成给定参考裂纹尺寸所需的时间被定义为裂纹形成时间（TTCI）。即 EIFS 定量表征了构件细节的 IFQ，EIFS 依赖于材料、结构几何参数、载荷谱形式和制造装配流程等因素，而与应力水平、传递载荷和环境等因素无关。不同的 IFQ 会导致不同的 TTCI，因此 TTCI 可以表示 IFQ 的优劣。由于每个结构细节的 IFQ 不同，即初始缺陷尺寸不同，所以其 TTCI 值也不同。IFQ 为随机变量，TTCI 也是随机变量。

应当注意，结构细节的 TTCI 及其分布与应力谱和参考裂纹尺寸有关，不同的载荷和参考裂纹尺寸对应不同的 TTCI 分布。因此，TTCI 只具有相对性，不能作为 IFQ 指标的定量描述。在给定载荷谱形式、应力水平和参考裂纹尺寸的条件下，EIFS 是 TTCI 的函数。由于

TTCI 为一随机变量，显然，EIFS 也是一个随机变量。其分布可由 TTCI 分布导出（图 6-10）。

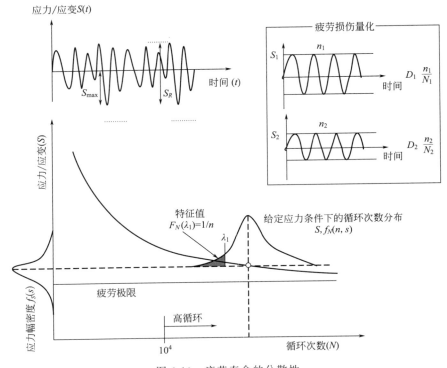

图 6-10　疲劳寿命的分散性

　　IFQ 表征了结构的原始制造状态，对于一组同样的结构细节，根据当量初始缺陷尺寸分布可分析不同可靠度下结构细节的初始疲劳质量。当量初始缺陷是假想的裂纹，EIFS 是对一给定的细节描述其初始疲劳质量（IFQ）的一个数学上的量值。通过合理的裂纹扩展规律对断口金相结果的反推可以确定当量初始缺陷尺寸。

　　初始疲劳质量可以用当量初始裂纹尺寸判据和寿命判据来评定。当构件细节的当量初始裂纹尺寸小于等于其许用值时，则认为其初始疲劳质量符合控制要求。由于 TTCI 的随机特性，即构件细节初始疲劳质量要求，但在给定循环载荷下，也会导致不同的疲劳寿命。而初始疲劳质量控制的目的在于实现预期的设计寿命，这就要求构件细节当量初始裂纹尺寸许用值应保证具有足够的使用寿命。因此，当量初始裂纹尺寸许用值需要通过耐久性分析来确定。

　　耐久性分析包含两个基本步骤：①定量所考虑的结构细节的初始疲劳质量；②用初始疲劳质量及采用的设计条件（即载荷谱、应力水平、载荷传递百分数等）预测裂纹超越概率。图 5.6 中描述了耐久性分析方法的基本要素。

　　耐久性设计由原来不考虑裂纹或仅考虑少数最严重的单个裂纹，发展到考虑可能全部出现的裂纹群；由仅考虑材料的疲劳抗力，发展到考虑细节设计及其制造质量和各种疲劳设计方法，都反映了疲劳断裂研究的发展和进步。

　　耐久性/损伤容限定寿设计思想是 20 世纪 70 年代迅速发展起来的，是最具生命力的一种新的设计思想。国内外都先后制定并颁布了有关的设计标准和设计规范。它是用耐久性设计定寿，用损伤容限设计保证安全。耐久性和损伤容限设计要求是相容的、互补的。在实际结构设计中，要求结构既有好的耐久性，即延迟开裂的特性，又有好的损伤容限特性，即裂纹缓慢扩展的特性。

以上各种抗疲劳设计方法，都反映了疲劳断裂研究的发展和进步。但是，由于疲劳问题复杂，影响因素多，使用条件和环境差别大，各种方法不是相互取代，而是相互补充的。不同构件，不同情况，应当采用不同方法。

6.1.2　焊接结构的抗疲劳设计

（1）抗疲劳设计路线

前面的分析表明，焊接结构的疲劳损伤起始于结构应力（或热点应力）及缺口应力峰值区域。热点应力与整体结构的构型变化有关，如焊缝、转角或开孔等；而缺口应力取决于结构局部细节变化，如焊趾、焊根、焊接缺陷等。采用适当的措施降低结构应力和缺口应力峰值是提高焊接结构疲劳强度和寿命的有效途径。其中结构应力依赖于结构的整体设计，而结构局部细节是设计和制造的共同结果。因此，为了保证焊接结构的抗疲劳性能，需要从结构设计、制造以及使用维护等方面进行综合分析，从而有效控制焊接结构的疲劳破坏。

焊接构件不可避免地会存在初始缺陷，而这些缺陷往往成为疲劳发展过程中的初始裂纹点。因此，焊接构件的疲劳破坏过程就不存在裂纹形成阶段，只有裂纹扩展和最后断裂两个阶段。由于最后断裂往往在瞬间完成，因此裂纹扩展阶段就成为构件的疲劳寿命。图 6-11 中 A 点为初始裂纹点，B 点为瞬间断裂点，曲线 AB 就是裂纹扩展过程，由 $A \sim B$ 的载荷循环次数即为构件的疲劳寿命。

从图 6-11 中可以看出，在应力幅给定的情况下，要提高疲劳寿命有两种方法：一是减小初始缺陷，即初始裂纹尺寸，如由 a_1 减小为 a_0，则可增加疲劳寿命 ΔN_1 次；二是延迟瞬间断裂到 C 点，则可增加疲劳寿命 ΔN_2 次。

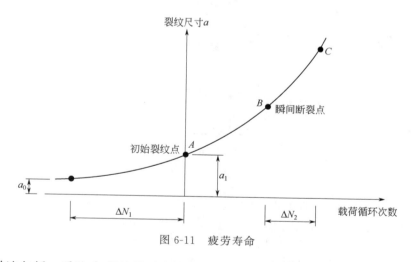

图 6-11　疲劳寿命

具体做法包括：采取合理的构造细节设计，尽可能减少应力集中；严格控制施工质量，以减小初始裂纹尺寸；采取必要的工艺措施，如磨去对接焊缝的表面余高部分及对纵向角焊缝打磨端部等减小应力集中程度。

（2）焊接结构细节设计原则

应力集中是降低焊接接头和结构疲劳强度的主要原因，只有当焊接接头和结构的构造合理，焊接工艺完善，焊缝金属质量良好时，才能保证焊接接头和结构具有较高的疲劳强度。焊接结构的抗疲劳设计的重点是减少应力集中的作用，同时选用抗疲劳开裂、抗腐蚀性能好的母材和焊材。

疲劳裂纹源于焊接接头和结构上的应力集中点，消除或降低应力集中的一切手段，都可以提高结构的疲劳强度。通过合理的结构设计可降低应力集中，主要措施如下。

① 优先选用对接接头，尽量不用搭接接头；重要结构最好把 T 形接头或角接接头改成对接接头，让焊缝避开拐角部位；必须采用 T 形接头或角接接头时，最好选用全熔透的对接焊缝。

承受弯曲的细高截面工字梁常用钢板焊接而成 [图 6-12（a）]，翼缘与腹板通常采用双面角焊缝连接。这种焊接梁的疲劳强度低于相应的轧制梁，疲劳强度降低系数为 0.8。图 6-12（c）用型钢作为翼缘与腹板连接，由于焊缝处于弯曲应力较低的区域而疲劳强度较高。

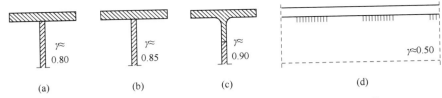

图 6-12　工字梁翼缘与腹板的连接形式及疲劳强度降低系数

② 尽量避免偏心受载的设计，使构件内力的传递顺畅、分布均匀，不引起附加应力。焊缝应设置在结构的低应力区，分散缺口效应，避免结构应力峰值与缺口应力峰值的叠加，如图 6-13 所示。

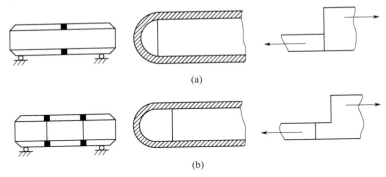

图 6-13　焊缝避开最大应力集中部位

③ 减小断面突变，当板厚或板宽相差悬殊而需对接时，应设计平缓的过渡区（图 6-14）；结构上的尖角或拐角处应做成圆弧状，其曲率半径越大越好（图 6-15）。

图 6-16 为节点板不同连接设计的疲劳强度降低系数。可以看出，只有当接头拐角处过渡圆角半径较大并圆滑过渡时才能获得较高的疲劳强度。

④ 避免三向焊缝空间交汇（图 6-17），焊缝尽量不设置在应力集中区，尽量不在主要受拉构件上设置横向焊缝；不可避免时，一定要保证该焊缝的内外质量，减小焊趾处的应力集中。

图 6-18（a）为重型桁架焊接节点，这类节点具有强烈的缺口效应，仅可用于承受静载。图 6-18（b）适用于承受疲劳载荷，图 6-18（c）所示的结构从缺口效应方面考虑特别合理。

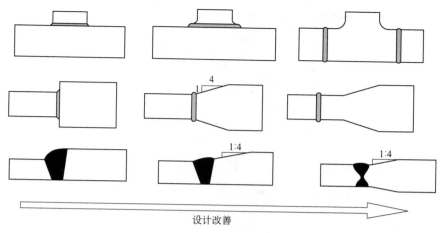

设计改善

图 6-14　节点板过渡的改进

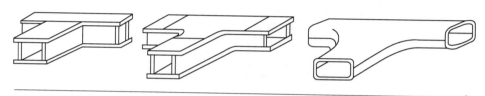

提高疲劳强度

图 6-15　提高疲劳强度的设计

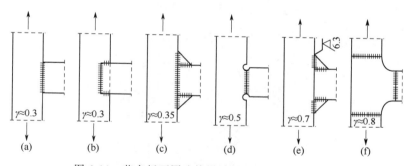

图 6-16　节点板不同连接设计的疲劳强度降低系数

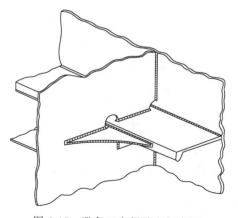

图 6-17　避免三向焊缝空间交汇

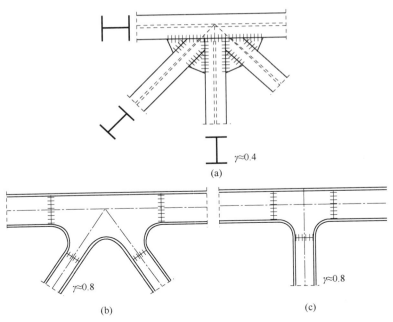

图 6-18　重型桁架焊接节点设计形式及疲劳强度降低系数

⑤ 只能单面施焊的对接焊缝，在重要结构上不允许在背面放置永久性垫板。避免采用断续焊缝（图 6-19），因为每段焊缝的始末端有较高的应力集中，其疲劳强度将大大降低，但承受横向力的双面角焊缝可以通过对焊缝进行交错布置而得到改善。

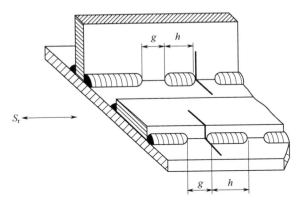

图 6-19　断续焊缝及疲劳裂纹

焊接接头的疲劳完整性设计的重点是减少应力集中、残余拉伸应力、截面或刚度突变、腐蚀环境等因素的作用，同时选用抗疲劳开裂、抗腐蚀性能好的母材和焊材，采用合理的焊接工艺、热处理、表面处理和抗疲劳强化措施。

⑥ 压力容器开孔补强设计。

为满足一定的工艺操作、检测及维修等要求，在容器上开孔是不可避免的。开孔以后，不仅使容器整体强度受到削弱，而且造成开孔边缘局部应力集中。因此，对容器开孔应予以重视。

开孔对容器强度虽有影响，但并不是每开一个孔都需要补强，根据有关规定，当开孔直径很小、容器所受压力不大、其对容器强度影响很小时，可以不专门进行补强。

　　压力容器开孔补强常用的形式有补强圈补强、厚壁接管补强、整体锻件补强三种，见图 6-20。

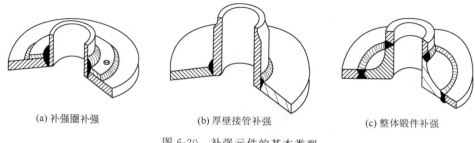

|（a）补强圈补强|（b）厚壁接管补强|（c）整体锻件补强|

图 6-20　补强元件的基本类型

　　补强圈补强是使用最为广泛的结构形式，它是在开孔接管周围壳体外壁或内壁焊上补强圈，使其与壳体、接管相连。补强圈的厚度一般取与补强壳体的厚度相同，补强圈的基本形式如图 6-21 所示。

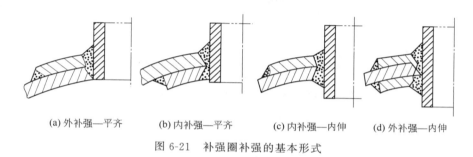

|（a）外补强—平齐|（b）内补强—平齐|（c）内补强—内伸|（d）外补强—内伸|

图 6-21　补强圈补强的基本形式

　　厚壁接管补强是在开孔处焊接壁厚较厚的接管。由于接管的加厚部分正处于最大应力分布区域，故能有效地降低开孔周围的应力集中系数。厚壁管补强结构简单、焊缝少，是一种较为理想的补强形式。

　　与前两种补强形式比较而言，整体锻件补强是最为合理和有效的补强结构。其优点是补强金属集中于开孔应力最大的部位，应力集中系数最小，且与壳体采用对接焊缝，使焊缝及热影响区离开最大应力点的位置，故抗疲劳性能好。因此，整体锻件补强一般用于有严格要求的重要压力容器。

6.1.3　焊接结构件的疲劳试验

　　（1）结构件或模拟件的疲劳试验

　　焊接结构件或模拟件的疲劳试验应接近真实结构状态，试验结果比较真实，试验规模比全尺寸结构试验小，可进行多种方案的比较、多个数据结果的统计分析，是研究和验证重要焊接结构疲劳完整性的重要手段。焊接接头的疲劳研究要考虑接头类型和焊缝形状的影响（图 6-22）。

　　① 试件　试验用的试件一般为结构的关键焊接构件、重要承力焊件或它们的模拟件，如焊接梁、容器、管节点等。试件应按实际焊接条件进行焊接，试件的数量应根据试验规模和可靠性要求来确定。如果需要研究疲劳裂纹扩展行为，则需要在最可能的疲劳裂纹萌生区预制裂纹，试验过程中采用可靠的检测手段监测裂纹扩展。

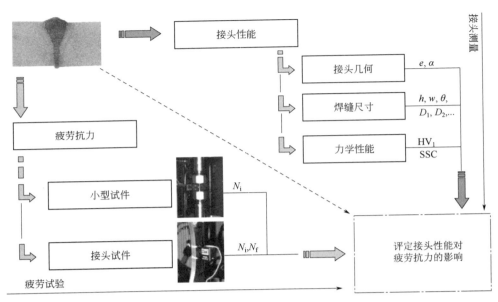

图 6-22　焊接接头的疲劳研究路线

图 6-23 为焊接结构模拟件的设计。图 6-24 为焊接接头试件的截取。

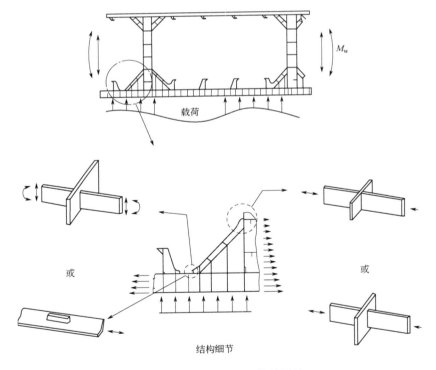

图 6-23　焊接结构模拟件的设计

　　② 边界支持　边界支持是结构件或模拟件的疲劳试验中非常重要的一环，应尽量选择实际焊接结构的自然边界条件，需要设计专门的夹具予以保证。

　　③ 加载方式　加载方式的选择取决于试验条件，当试件比较简单、载荷比较单一时，

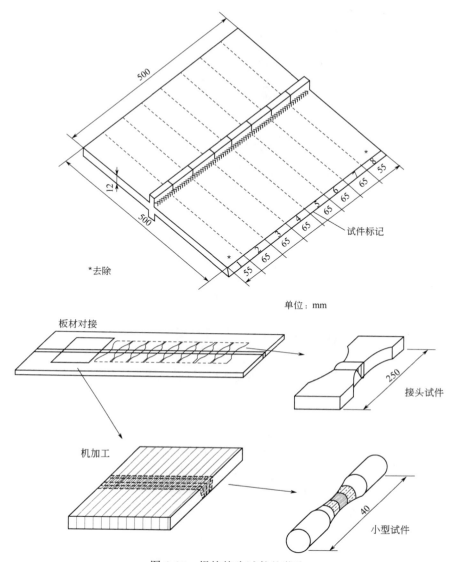

图 6-24　焊接接头试件的截取

应尽量在疲劳试验机上进行（图 6-25）。如不具备条件，则需要设计专用的加载系统进行试验。

④ 试验加载要求　结构件或模拟件的疲劳试验加载（图 6-26），应尽量按全尺寸结构试验加载的要求进行，采用实际载荷谱，以使试验结果更加真实。但结构件或模拟件多为局部结构，外加载荷为试件的边界内力，因此，在满足试验目的的条件下，实际试验中可以对载荷进行简化。

（2）数值模拟试验

通过计算机模拟进行结构分析也是获取完整性信息的有力手段。近年来，有限元分析方法已成为结构强度分析的基本方法。有限元分析软件强大的计算功能及数据的前、后置处理功能，大大提高了工程技术人员对结构响应的认识，对于优化结构设计、完整性评定等具有指导作用。

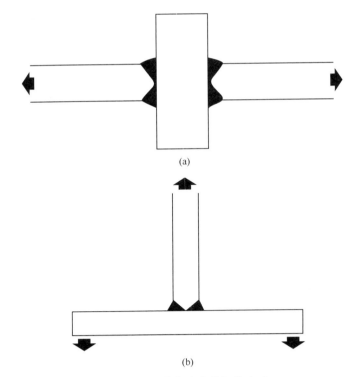

图 6-25   焊接接头疲劳加载方式

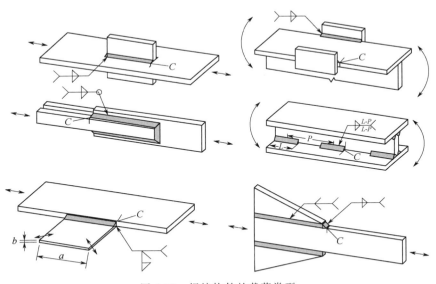

图 6-26   焊接构件的载荷类型

图 6-27 为船体结构焊接节点的有限元建模过程。

总之，焊接结构件或模拟件的试验结果与标准试验和理论计算的结合，是焊接结构疲劳寿命预测和结构完整性分析的重要基础，也是焊接结构完整性数据库的重要信息来源。在此基础上不断完善和发展符合工程应用的结构完整性分析方法，以使工程技术人员能够对焊接结构完整性做出快速、可靠的评定。

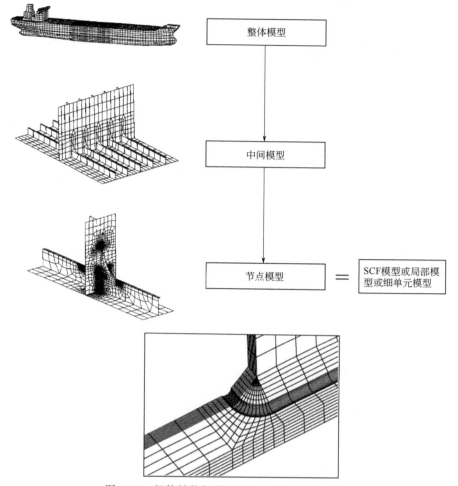

图 6-27　船体结构焊接节点的有限元建模过程

在有限元软件中，有的软件已经增加了专门的疲劳处理模块，使其软件功能更加强大。常用的有限元疲劳处理模块包括 ANSYS-SAFE、MSC. FATIGUE 以及 nCode 公司 nSoft 疲劳求解器，此外挪威船级社 DNV 提供的 SESAM 程序包还包含了丰富的谱分析等疲劳前处理功能。

6.2　焊接接头的抗疲劳措施

6.2.1　焊接接头的抗疲劳基本方法

焊接结构的疲劳破坏多起源于焊接接头应力集中区。为保证焊接结构的疲劳完整性要求，必须对焊接接头进行疲劳完整性设计，以改善和提高焊接接头抗疲劳开裂和裂纹扩展的性能。焊接接头的疲劳完整性设计应做到既满足所需的疲劳强度、使用寿命和安全性，又能使焊接结构全寿命周期费用尽可能降低。

焊接接头的疲劳断裂多始于形状不连续、缺口和裂纹等局部应力峰值区。对于整个焊接结构而言，应力峰值区所占的比例不大，但对结构疲劳完整性可能起决定性的作用。在焊接结构设计和制造过程中，采取有效的措施降低和消除应力峰值的不利影响，则能够显著提高焊接结构的抗疲劳性能。因此，必须重视提高焊接接头抗疲劳性能的各项措施的设计和应用。

焊接接头抗疲劳的措施可分为焊缝形状改善方法（图 6-28）和调整残余应力方法（图 6-29）。图 6-30 为这两类方法对焊趾局部循环应力的影响。

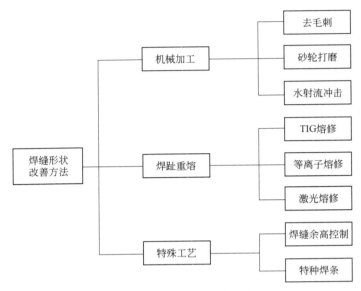

图 6-28　焊缝形状改善方法

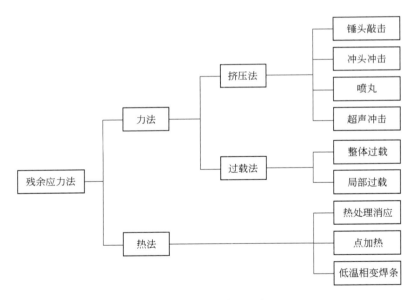

图 6-29　调整残余应力方法

6.2.2　焊接接头抗疲劳的工艺措施

（1）焊缝外形修整方法

① 表面机械加工　采用表面机械加工减少焊缝及附近的缺口效应，可以降低构件的应力集中程度，提高接头的疲劳强度。在焊接接头中，可以用机械打磨的方法使母材与

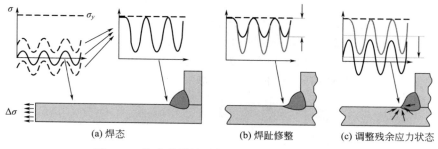

(a) 焊态　　　　　　(b) 焊趾修整　　　　(c) 调整残余应力状态

图 6-30　抗疲劳措施对焊趾局部循环应力的影响

焊缝之间平缓过渡（图 6-31），打磨应顺着力线传递方向，垂直力线方向打磨往往产生相反的效果。

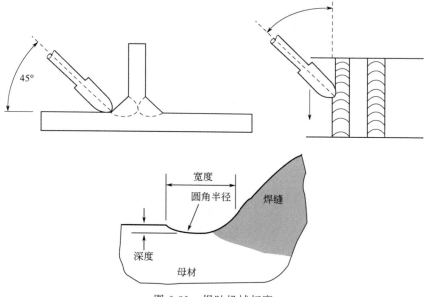

图 6-31　焊趾机械打磨

打磨焊趾时，仅仅打磨出一个与母材板面相切的圆弧是不够的［图 6-32（a）］，应如图 6-32（b）那样，磨掉焊趾区母材的一部分材料，以消除焊趾过渡区微小的缺陷为限，不得产生新的缺口效应，这种方法对于改善横向焊缝的强度特别有用。

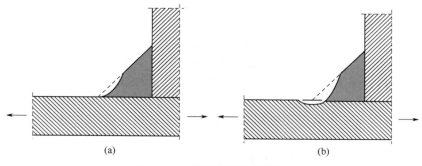

(a)　　　　　　　　　　　　　(b)

图 6-32　焊趾机械打磨要求

表面机械加工的成本较高，只有在确认有益和可加工到的地方，才适合采用这种修整方法。对存在未焊透、未熔合的焊缝，其表面不完整性已不起主要作用，采用焊缝表面的机械加工将变得毫无意义。焊趾机械打磨可有效提高 FAT90 及以下的钢结构焊接接头的疲劳质量等级。图 6-33 比较了焊态接头与经过机械打磨处理后的接头疲劳质量等级。例如，焊态下疲劳质量为 FAT90 和 FAT80 的接头经机械打磨后可分别达到 FAT112 和 FAT100 的水平。

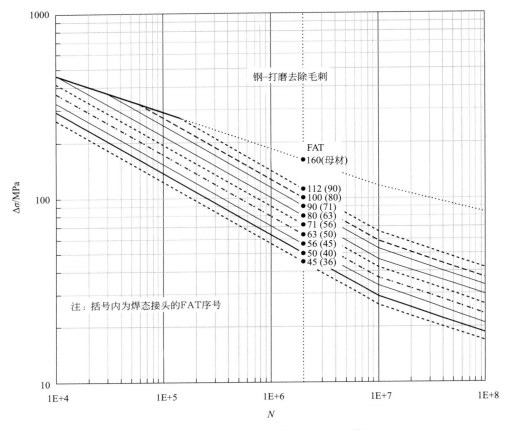

图 6-33　机械打磨处理后的接头疲劳质量等级

② 电弧整形　采用电弧整形的方法可以替代机械加工的方法使焊缝与母材之间平滑过渡。这种方法常采用钨极氩弧焊在焊接接头的过渡区重熔一次（常称 TIG 熔修），TIG 熔修不仅可使焊缝与母材之间平滑过渡，而且还减少了该部位的微小非金属夹杂物，从而提高了接头的疲劳强度。

图 6-34 为焊趾局部几何形状及测量示意图。图 6-35 为熔修对焊趾局部几何形状的影响。TIG 熔修工艺要求焊枪一般位于距焊趾根部 0.5～1.5mm 处（图 6-36），距离偏近或偏远的效果都不好。这种工艺适用于与应力垂直的横向焊缝。熔修过程要注意起弧和熄弧位置（图 6-37）。实验结果表明，焊趾的 TIG 熔修可使承载的横向焊缝接头的疲劳强度平均提高 25%～75%。非承载焊缝的接头疲劳强度平均提高 95%～250%（图 6-38）。TIG 熔修对焊接接头疲劳强度的提高与钢材的强度级别有关（图 6-39）。

③ 特殊焊接工艺　在焊接过程中采用特殊处理方法来提高接头的疲劳强度，比在焊后修整更为简单和经济，因此越来越受到重视。这种方法主要是在焊接过程中控制焊缝

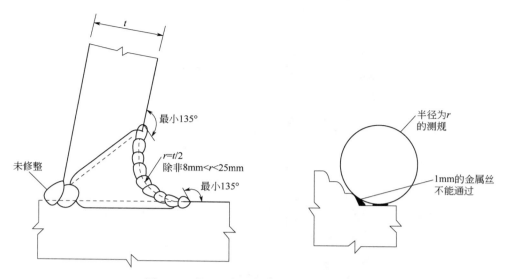

图 6-34　焊趾局部几何形状及测量示意图

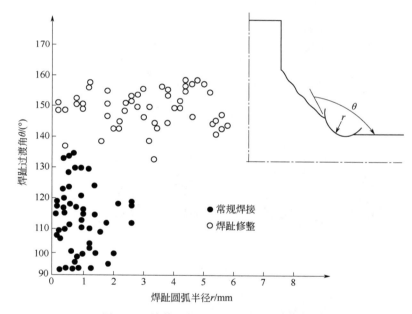

图 6-35　熔修对焊趾局部几何形状的影响

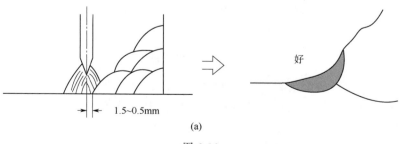

(a)

图 6-36

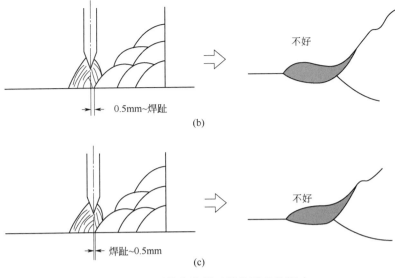

图 6-36　电弧熔修位置对焊趾形状的影响

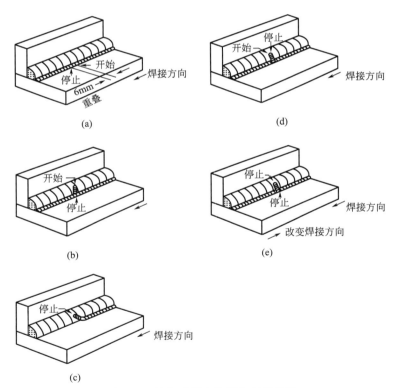

图 6-37　熔修过程中熄弧和起弧位置

形状，降低应力集中。如采用多道焊修饰焊缝表面，可以使焊缝的表面轮廓和焊趾根部过渡更为平缓。焊后使用轮廓样板检验焊趾过渡情况，若不满足要求，则需要进行熔修整形。也可以采用特殊药皮焊条进行焊接，改善熔渣的润湿性和熔融金属的流动性，使焊缝与母材的过渡平缓，降低应力集中，从而提高疲劳性能。

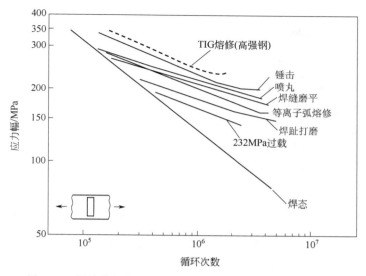

图 6-38　焊缝修整方法对非承力角焊缝接头疲劳强度的影响

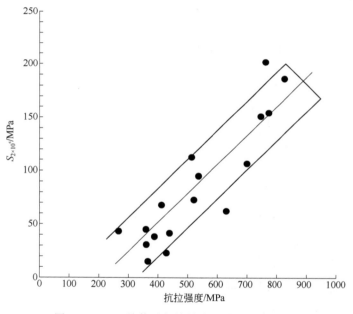

图 6-39　TIG 熔修对焊接接头疲劳强度的影响

（2）调整残余应力方法

消除接头应力集中区的残余拉应力或使该处产生残余压应力都可以提高接头的疲劳强度。主要方法如下。

① 应力释放　采用整体热处理是消除焊接残余应力的有效方法。但整体消除残余应力热处理后的焊接构件在某些情况下能提高疲劳强度，而在某些情况下反而使疲劳强度有所降低。一般情况下，在循环应力较小或应力比较低、应力集中较高时，残余应力的不利影响增大，整体消除残余应力的热处理是有利的。

② 超载预拉伸　采用超载预拉伸方法可降低残余应力，甚至在某些条件下可在缺口尖端处产生残余压应力（图 6-40），可提高接头的疲劳强度（图 6-41）。

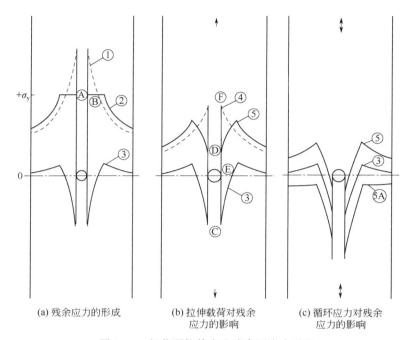

(a) 残余应力的形成　　　(b) 拉伸载荷对残余　　　(c) 循环应力对残余
　　　　　　　　　　　　　　应力的影响　　　　　　　应力的影响

图 6-40　超载预拉伸产生残余压应力过程

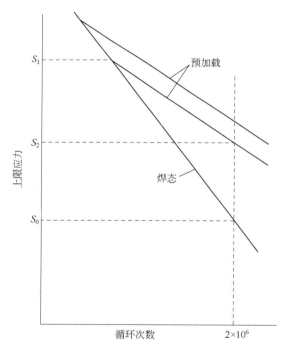

图 6-41　超载预拉伸应力对焊接接头疲劳强度的影响

由图 6-38 可见，超载预拉伸方法的效果较其他方法差。TIG 熔修对疲劳强度的改善效果最大，因此该方法在提高焊接接头疲劳抗力方面最具吸引力。

焊接接头的腐蚀疲劳强度与焊接工艺、焊接材料和接头形式等因素有关。焊接接头焊趾的应力集中对腐蚀疲劳强度有较大影响，降低焊趾的应力集中程度能够显著提高焊接接头的腐蚀疲劳强度。如采用打磨焊趾或 TIG 熔修来降低应力集中，同时消除表面缺陷，有利于改善焊接接头的腐蚀疲劳性能。

③ 局部处理 因为疲劳裂纹的萌生大多起源于材料或接头表面，采用局部加热或加压、滚压或喷丸时，表面的塑性变形受到约束，使表面产生很高的残余压应力，这种情况下表面就不易萌生疲劳裂纹，即使表面有小的微裂纹，裂纹也不易扩展。

a. 局部加热与加压 图 6-42 和图 6-43 为纵向焊缝端部的加热和加压点位置。图 6-44 比较了局部加热与加压对纵向筋板焊接接头疲劳强度的影响。局部加热与加压作用介于超载预拉伸方法和 TIG 熔修之间。

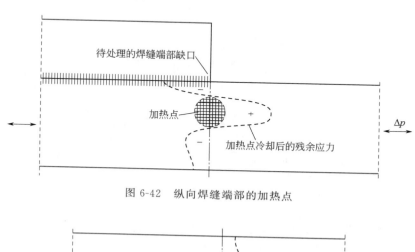

图 6-42 纵向焊缝端部的加热点

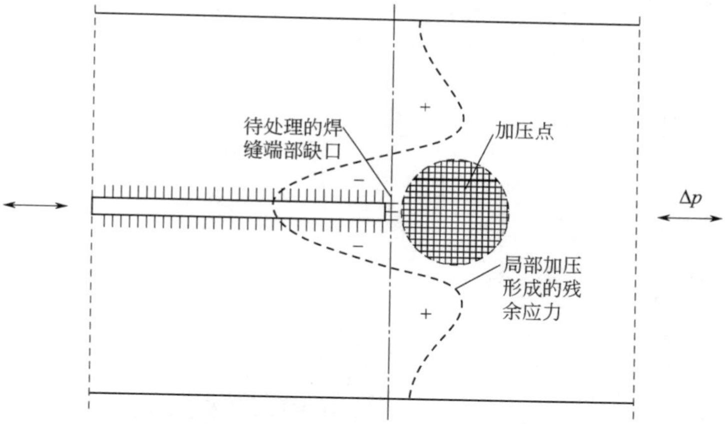

图 6-43 纵向焊缝端部的加压点

b. 喷丸强化 喷丸强化是当前国内外广泛应用的一种表面强化方法，即利用高速弹丸强烈冲击零件表面（图 6-45），使之产生形变硬化层并引进残余压应力，已广泛用于弹簧、齿轮、链条、轴、叶片、火车轮等零部件，可显著提高金属的抗疲劳、抗应力腐蚀破裂、抗腐蚀疲劳、抗微动磨损、耐点蚀等能力。

喷丸强化所用设备简单、成本低、耗能少，并且在零件的截面变化处、圆角、沟槽、危险断面以及焊缝区等都可进行，故在工业生产中获得了广泛应用。常用的喷丸设备类型主要有两类：一类为机械离心式喷丸机，适用于要求喷丸强度高、品种少、批量大、形状简单、尺寸较大的零件；另一类是压缩空气式的气动式喷丸机，适用于要求喷丸强度较低、品种多、批量小、形状复杂、尺寸较小的零件。

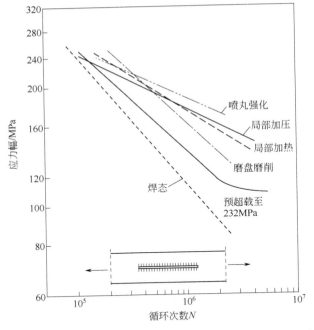

图 6-44　焊缝修整方法对纵向筋板焊接接头疲劳强度的影响

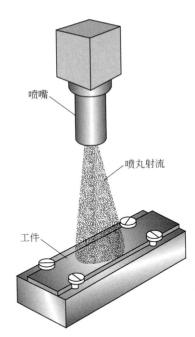

图 6-45　喷丸强化示意图

金属表面形变强化原因是材料表面组织结构的变化、引入残余压应力和表面形貌发生变化。例如，在喷丸过程中（图 6-46），材料表层承受剧烈的弹丸冲击产生形变硬化层，在此层内产生两种变化：一是在组织结构上，亚晶粒极大地细化，位错密度增高，晶格畸变增大；二是形成了高的宏观残余压应力。

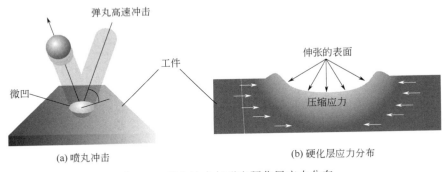

(a) 喷丸冲击　　　　　　　　　　　　(b) 硬化层应力分布

图 6-46　喷丸冲击与形变硬化层应力分布

喷丸强化是一种改善金属零件疲劳性能的良好工艺。对燃气轮机叶片采用喷丸强化处理，以增加其疲劳极限就是一个重要的例证。由于空气穿过压缩机时温度升高，燃气轮机压缩机叶片承受机械负荷和热负荷，温度升高时由于应力消除，可能使喷丸强化的效果有所损失。因此，确定服役时的温度和时间对应力消除的影响是很有意义的。

现代商业喷气发动机用 Inconel718 涡轮盘，经过放电加工之后，规定一律进行喷丸强化处理，这是因为放电加工会使 Inconel 合金制件的疲劳强度降低 20%～60%，而通过喷丸强化能使其恢复并超过其初始疲劳强度。

喷丸强化工艺在改善材料抗应力腐蚀疲劳性能中的应用，虽尚未像在改善疲劳性能中那样普遍和广泛，但是许多试验结果表明，喷丸强化可以较显著地提高金属材料抗应力腐蚀破坏的能力。

　　曾发现少量用于液体火箭推进剂容器的试制品发生了过早破坏，从表面上看似乎是由于压力引起的。后来的研究工作表明，这是由于应力腐蚀造成的破坏。在其内表面用玻璃珠进行喷丸强化后，这种推进剂容器在 40℃下试验 30 天没有产生破坏，而在同样条件下，未喷丸强化处理的容器 14h 就发生了破坏。

　　c. 高频机械冲击（HFMI）处理　近年来，高频机械冲击（HFMI）处理在焊接结构中得到广泛应用。高频机械冲击包括超声冲击、超声喷丸、高频冲击处理、气动冲击等。高频机械冲击所用的设备简单、成本低、耗能少，并且在零件的截面变化处、圆角、沟槽、危险断面以及焊缝区等都可进行。

　　高频机械冲击（HFMI）的作用原理类似于喷丸处理（图 6-47），可减缓焊接接头的应力集中（图 6-48）。钢结构焊接接头高频机械冲击（HFMI）处理的研究表明，焊接接头疲劳强度提高的水平与钢材强度等级有关（图 6-49），钢材强度等级越高，疲劳强度提升效果越好。图 6-50 比较了焊态接头与经过锤击或高频机械冲击（HFMI）处理后的接头疲劳质量等级，可见高频机械冲击（HFMI）处理后的接头疲劳质量等级明显提高，对于高强度钢焊接接头尤为显著。

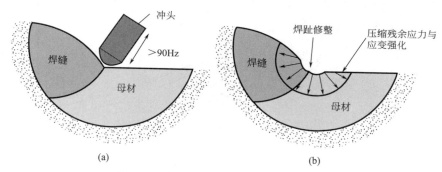

图 6-47　高频机械冲击（HFMI）示意图

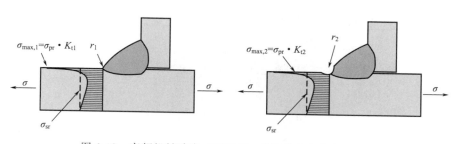

图 6-48　高频机械冲击（HFMI）对焊趾应力集中的影响

　　d. 滚压强化　滚压强化是利用滚轮对焊趾连续、缓慢、均匀地挤压，形成塑性变形的硬化层。塑性变形层内组织结构发生变化，引起形变强化，并产生残余压应力，降低了孔壁粗糙度，对提高材料疲劳强度和应力腐蚀能力很有效。

　　图 6-51 为典型滚压工具及滚压强化示意图。

　　e. 表面处理　利用表面化学热处理的方法，如渗碳、氮化等，也能显著提高材料或接头的疲劳强度（当然，化学热处理的方法也有其他功用，如耐磨、抗蚀等）。其表面强

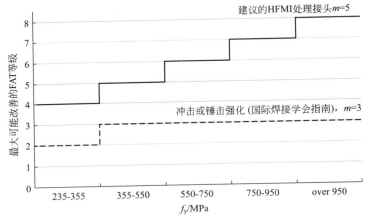

图 6-49　HFMI 处理接头疲劳质量提高与钢材屈服强度的关系

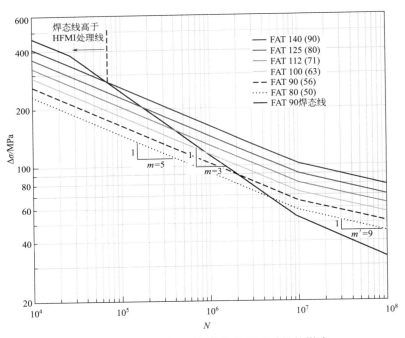

图 6-50　HFMI 处理对焊接接头疲劳质量的影响

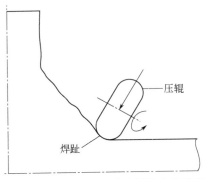

图 6-51　滚压工具及滚压强化示意图

化的原理和上述的局部处理方法是相同的，是在渗层表面产生残余压应力。

采用一定的保护涂层可提高焊接接头抗大气及介质侵蚀对疲劳强度的影响。

● 表面强化 如喷丸、感应加热淬火、氮化等方法，对提高腐蚀疲劳强度仍然是有效的。

● 表面镀层或喷涂 阳极镀层如镀锌、镀镉作为阳极溶解保护了阴极，改善了腐蚀疲劳的抗力。而镀铬、镀镍因电位较高，是阴极镀层，使表面产生了不利的拉应力，出现发状裂纹和氢脆，所以要避免阴极镀层。

● 氧化物保护层 对提高腐蚀疲劳抗力也是有利的。特别是高强度铝合金表面包覆一层纯铝，纯铝表面产生一层致密的 Al_2O_3 薄膜能显著提高腐蚀疲劳抗力。

表 6-1 汇总了典型抗疲劳措施的主要作用。

表 6-1 典型抗疲劳措施的主要作用

方法	焊缝形状改善		力学影响
	平滑过渡	消除缺陷	引入残余压应力
打磨	+	+	－
TIG 熔修	+	+	－
喷丸	－	－	+
锤击或冲击	+	+	+
HFMI	+	+	+

注："+"表示起作用。

6.3 焊接结构的合于使用评定

6.3.1 焊接结构完整性及合于使用性

（1）焊接结构完整性概念

结构完整性是指影响工程结构安全使用和使用费用的结构强度、刚度、损伤容限、耐久性和功能，即结构的完整性是保证结构的安全性和经济性，所考虑的对象是结构及其构件，涉及的主要内容一方面考虑了传统的强度和刚度要求，另一方面又强调了耐久性和损伤容限的抗断裂性能，并要求从这两个方面同时保证结构的使用功能，因此该方法具有系统性、整体性与综合性。完整性是结构抵抗破坏的重要属性，结构的可靠性与安全性在很大程度上依赖于结构的完整性。结构完整性是材料性能、结构构造、制造工艺、载荷与环境、使用与维护等多种因素所决定的。

焊接结构的显著特点之一就是整体性强，焊接结构的完整性就是要保证焊接结构在承受外载和环境作用下的整体性要求。焊接结构的整体性要求包括接头的强度、结构的刚度与稳定性、抗断裂性、耐久性等。焊接接头的性能不均匀性、焊接应力与变形、接头细节应力集中、焊接缺陷等因素对焊接结构的完整性都有不同程度的影响，充分考虑这些因素是焊接结构完整性分析的重点内容。

完整性指标是评价焊接结构完整程度的依据。目前，尚未建立完善的焊接结构完整性指标体系。根据结构完整性的要求，结合焊接结构的特点，焊接结构完整性指标应当包括强度、刚度、断裂韧性、损伤容限、疲劳性能、耐腐蚀性能等。每一项指标都受到焊接接头区不均匀性和焊接残余应力的影响，因此，焊接结构完整性指标的确定要比均质材料结构复杂得多。

完整性是结构系统全寿命周期管理的重要内容。从结构的设计到制造，以及使用和维护等各个阶段都需要建立具体的工作计划。在现代结构完整性计划中是以指导性大纲的形式安排各环节的完整性工作任务。焊接结构的完整性计划要根据产品结构的性能要求，在设计、制造、使用及维护各个阶段制定具体的分析方法、试验项目、评价准则等具体工作内容，以保证焊接结构的完整性目标。

对含缺陷焊接接头的疲劳完整性进行评定，需要根据缺陷的类型选择不同的评定方法。缺陷的类型分为平面缺陷、体积缺陷和形状不完整等类型。

（2）焊接结构的合于使用原则

焊接结构在制造及运行过程中不可避免地存在或出现各种各样的缺陷或损伤、材料组织性能劣化以及可能超出设计预期的载荷等因素对结构使用性能产生影响。特别是随着结构服役时间的增长，损伤的累积与扩展将破坏结构的完整性，进而威胁结构系统的安全性。根据工程结构的经济可承受性要求，焊接结构的合于使用性（或适用性）是指含缺陷或损伤的焊接结构在规定的寿命期内应具有足够的可以承受预见的载荷和环境条件（包括统计变异性）的功能以保证结构安全使用。合于使用是结构完整性要求所要达到的目标，而如何证明结构的功能或能力是否足够，则是合于使用研究所要探索的内容。

焊接结构的合于使用原则是考虑如何在经济可承受的条件下保证结构的完整性。焊接结构的绝对完整往往是很难做到的，其完整程度被接受的准则是合于使用性，或者说其损伤程度不影响使用性能。在焊接结构的发展初期，要求结构在制造和使用过程中均不能有任何缺陷存在，即结构应"完美无缺"，否则就要返修或报废。后来大量研究表明，即使焊接接头中存在一定的缺陷，对焊接接头的强度的影响很小，而返修却会造成结构或接头使用性能的降低。因此，出现了"合于使用"的概念。在断裂力学出现和广泛应用后，这一概念更受到了人们的注意，成为焊接结构完整性研究的重要课题，现已逐渐发展成为原则，内容也逐渐得到充实，并且有了明确的定义。

对于工程结构而言，一切都不合于使用，则结构肯定是不安全的；一切都合于使用，系统也不一定绝对安全；某些部分不合于使用，系统不一定不安全；合于使用原则就是在纷繁的影响结构安全性的因素中进行权衡，为防范风险提供基础。

焊接结构的合于使用性是保证结构的安全性和经济性，所考虑的对象是含缺陷结构及其构件。合于使用评定就是分析损伤对焊接结构完整性的影响，确定焊接结构的完整程度。合于使用评定是分析焊接结构在诸多危险因素作用下的完整性的现实状态，并将其与初始状态、前一状态及临界（失效）状态进行比较，以确定现实状态的演化情况及完整性。在此基础上，提出焊接结构完整性监控措施，确保焊接结构的安全运行。

合于使用评定就是分析损伤对焊接结构完整性的影响，确定焊接结构的完整程度。合于使用评定又称工程临界分析（Engineering Critical Assessment，ECA），是以断裂力学、弹塑性力学及可靠性系统工程为基础的工程分析方法。在制造过程中，结构中出现了缺陷，根据"合于使用"原则确定该结构是否可以验收。在结构使用过程中，评定所发现的缺陷是否允许存在；在设计新的焊接结构时，规定了缺陷验收的标准。国内外长期以来广泛开展了断裂评估技术的研究工作，形成了以断裂力学为基础的合于使用评定方法，有关应用已产生显著的经济效益和社会效益。多个国家已经建立了适用于焊接结构设计、制造和验收的"合于使用"原则的标准，成为焊接结构设计、制造、验收相关标准的补充。

结构合于使用评定是结构系统全寿命周期管理的重要内容。从结构的设计到制造，以及使用和维护等各个阶段都需要建立具体的工作计划。基于合于使用原则的结构全寿命周期管理特别强调检测的作用，检测如同人的体检，就是检查结构的损伤情况，为完整性诊断提供"病情"。结构合于使用评定就是要监控结构全寿命周期的完整性状态的变化过程。

合于使用评定的结果是决定焊接结构能否继续使用、维修、报废的重要依据。焊接结构剩余寿命分析也是合于使用评定的内容，其结果用于确定未来检测时间间隔并提供经济性决策的参考。因此，焊接结构的合于使用评定具有多重意义。

合于使用评定也称为缺陷评定，缺陷是否被接受的经济学意义是不可忽视的。如果在结构正常使用条件下发现缺陷，通过合于使用评定要决定在下次检修之前是否能安全运行。如果评定结果认为缺陷是可以接受的，则使用者可以避免因非正常中断运行所带来的损失。即使在维修期间（正常或非正常），如果评定结果认为在下次正常维修之前可以安全运行，则可以免去或推迟结构运行期间的非必要维修。此外，构件的非正常报废也是不经济的，替代构件的延期到货更会影响生产，依据合于使用评定受损构件能否继续使用至替代构件的到货同样具有经济意义。如果焊接结构寿命消耗速率能够通过合于使用评定精确评估，结构效用将得到充分发挥，从而大大提高产出以获得显著的经济效益，这将是合于使用评定技术发展的重要目标。

6.3.2　含缺陷焊接结构的失效评定

（1）失效评定图

含裂纹构件有两种失效机制，即由裂纹尖端应力应变场特征参量所控制的脆性断裂和以极限载荷控制的塑性失稳破坏。以何种机制破坏出现，取决于两种控制参量的竞争结果。因此，很难用单一参数作为判据评定含裂纹结构的弹塑性断裂行为（图 6-52）。双判据法是综合考虑两种破坏机制对构件失效的作用，建立两种失效机制共存情况下的断裂评定准则。双判据法使用失效评定图（失效评定曲线）对含缺陷结构的完全性进行评定。

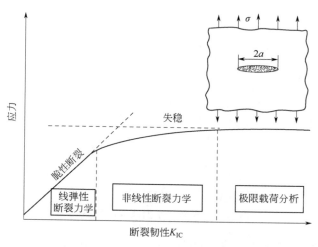

图 6-52　含裂纹结构的强度与断裂韧度

失效评定图的概念最早是由英国中央电力局（CEGB）提出的，又称为 R6 评定方法。CEGB R6 评定方法——带缺陷结构的完整性评定的 R/H/R6 报告于 1976 年发表，后来不断进行修定，该方法集中反映了弹塑性断裂力学的发展。

失效评定图 [图 6-53（a）] 纵轴和横轴分别代表断裂驱动力与断裂韧性的比率以及施加载荷与塑性失稳载荷的比率，以如下两个参量表示：

$$K_r = \frac{K}{K_{mat}} \ 或 \ K_r = \sqrt{\delta_r} = (\delta/\delta_{mat})^{1/2} \tag{6-4}$$

$$L_r = \frac{P}{P_L(\sigma_y)} \tag{6-5}$$

式中，K 或 δ 为断裂驱动力；K_{mat} 或 δ_{mat} 为断裂阻力；P 为作用载荷；P_L 为含缺陷结构的极限载荷。K_r 和 L_r 取决于施加载荷、材料性能以及裂纹尺寸、形状等几何参数。

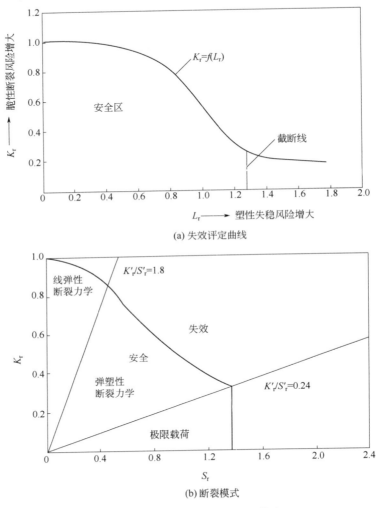

图 6-53　失效评定曲线及断裂模式

失效评定曲线根据材料、载荷数据的不同，有多种评定选择。当仅知道材料屈服应力时，失效评定曲线最为简单，由下式定义

$$f(L_r) = (1 + 0.5L_r^2)^{-1/2}[0.3 + 0.7\exp(-0.6L_r^6)] \tag{6-6}$$

截断线位于塑性失稳点 $L_r < L_{rmax} \equiv \frac{1}{2}\left(1 + \dfrac{\sigma_u}{\sigma_y}\right)$，$\sigma_u$ 为流变应力。

采用上述方法对有缺陷构件进行失效分析时，需要按有关规范要求对缺陷进行规则化处理，然后分别计算 K_r 和 L_r 并标在失效评定图上作为评定点，如果评定点位于坐标轴与失效评定曲线之间，则结构是安全的，根据评定点的位置可评估缺陷的危险程度；如果评定点 A（K_r，L_r）位于失效曲线之外的区域，则结构是不安全的；如评定点落在失效评定曲线、截断线（$L_r = L_r^{max}$）以及纵横坐标之间，则缺陷是安全的，否则缺陷是不安全的。若评定点落在失效曲线上，则结构处于临界状态。

截断线（$L_r = L_r^{max}$）的位置取决于材料：对于奥氏体不锈钢，$L_r^{max} = 1.8$；对于无平台的低碳钢及奥氏体不锈钢焊缝，$L_r^{max} = 1.25$；对于无平台的低合金钢及焊缝，$L_r^{max} = 1.15$；对于具有长屈服平台的材料，$L_r^{max} = 1.0$。

根据评定点在失效评定图所处的区域，可判断结构断裂的模式［图 6-53（b）］，结构的不同断裂模式与其断裂控制参量相对应。

（2）失效评定曲线的选择

失效评定曲线根据已知材料、载荷数据的不同，共有三种类型评定曲线供选择。当仅知道材料屈服应力时，可以采用选择 1；选择 2 评定则需要材料的应力-应变关系曲线；选择 3 相对复杂，要有材料性能、裂纹尺寸等详细数据，但可大大降低评定结果的保守性。

① 选择 1　选择 1 根据材料有无屈服平台情况选择曲线类型。

a. 材料是无屈服平台的失效评定曲线的函数为

$$\begin{cases} f(L_r) = (1 + 0.5L_r^2)^{-1/2}[0.3 + 0.7\exp(-0.6L_r^6)] & L_r \leqslant L_r^{max} \\ f(L_r) = 0 & L_r > L_r^{max} \end{cases} \tag{6-7}$$

截断线为：

$$L_r^{max} = \frac{\sigma_y + \sigma_b}{2\sigma_y} = 1 + (150/\sigma_y)^{2.5} \tag{6-8}$$

计算中所需的抗拉强度 σ_b 是由屈服强度 σ_y 保守估算的。

图 6-54 为选择 1 曲线的截断线位置。

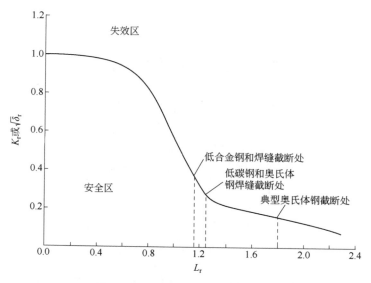

图 6-54　选择 1 曲线的截断线位置

b. 当材料具有屈服平台或者不能排除材料不具有屈服平台时，失效评定曲线的函数为

$$\begin{cases} f(L_r) = (1 + 0.5L_r^2)^{-1/2} & L_r \leqslant L_r^{max} \\ f(L_r) = 0 & L_r > L_r^{max} \end{cases} \quad (6\text{-}9)$$

截断线为 $L_r^{max} = 1$。

② 选择 2　选择 2 有三种曲线。

a. 已知材料应力应变关系数据时的选择 2 曲线为：

$$\begin{cases} f_2(L_r) = \left(\dfrac{E\varepsilon_{ref}}{L_r\sigma_y} + \dfrac{L_r^3\sigma_y}{2E\varepsilon_{ref}} \right)^{-1/2} & L_r \leqslant L_r^{max} \\ f(L_r) = 0 & L_r > L_r^{max} \end{cases} \quad (6\text{-}10)$$

截断线为 $L_r^{max} = \dfrac{1}{2} \left(1 + \dfrac{\sigma_b}{\sigma_y} \right)$

式中，ε_{ref} 为参考应变，是单轴拉伸真实应力应变曲线上真实应力等于 $\sigma_{ref} = L_r\sigma_y$ 时的真实应变（图 6-55）。图 6-56 为式（6-7）和式（6-10）所表示的失效评定曲线。

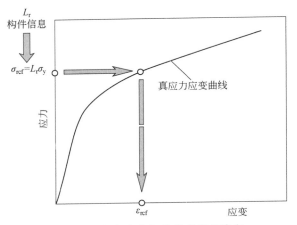

图 6-55　参考应力与参考应变的确定

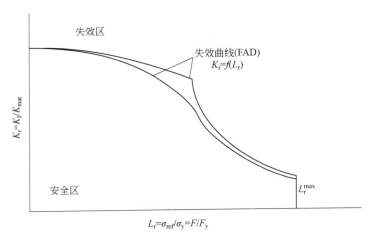

图 6-56　失效评定曲线的比较

在不知道材料应力应变关系数据时，采用 SINTAP 第 1 级（基本级）失效评定曲线的研究成果，给出两种可供选择的近似曲线，分别用于无屈服平台的连续屈服材料和有屈服平台的非连续屈服材料，只要求知道材料的屈服强度、抗拉强度和弹性模量，不需要知道应力应变关系曲线。

b. 具有连续屈服（即无屈服平台）材料选用的近似选择 2 曲线的分段函数为

$$
\begin{cases}
f(L_r) = (1+0.5L_r^2)^{-1/2}[0.3+0.7\exp(-0.6\mu L_r^6)] & L_r \leqslant 1 & [6\text{-}11(a)] \\
f(L_r) = f(1)L_r^{(N-1)/2N} & 1 < L_r \leqslant L_r^{\max} & [6\text{-}11(b)] \\
f(L_r) = 0 & L_r > L_r^{\max} & [6\text{-}11(c)]
\end{cases}
$$

截断线为 $L_r^{\max} = \dfrac{1}{2}\left(1+\dfrac{\sigma_b}{\sigma_y}\right)$

其中　$\mu = \min[0.001(E/\sigma_y),\ 0.6]$。

$f(1)$ 是按式 $[6\text{-}11(a)]$ 计算的 $L_r = 1$ 时的 $f(L_r)$，以保证 $f(L_r)$ 在 $L_r = 1$ 时连续。

N 为材料应力-塑性应变关系用幂函数拟合得到的指数，其估计值为 $N = 0.3(1 - \sigma_y/\sigma_b)$，这是根据 19 种材料数据整理得到的下限值，实际值可能是计算值的 $1 \sim 5$ 倍，也就是说，$L_r > 1$ 的 $f(L_r)$ 的计算是非常保守的。

c. 具有不连续屈服（有屈服平台）材料的近似选择 2 曲线的分段函数为：

$$
\begin{cases}
f(L_r) = (1+0.5L_r^2)^{-1/2} & L_r < 1 \\
L_r = 1 & f(1^-) < f(L_r) < f(1^+) \\
f(L_r) = f(1^+)L_r^{(N-1)/2N} & 1 < L_r \leqslant L_r^{\max} \\
f(L_r) = 0 & L_r > L_r^{\max}
\end{cases}
\tag{6-12}
$$

从式（6-12）可以看出，该曲线在 $L_r = 1$ 处有出现陡降的直线段（图 6-57），从 $f(1^-)$ 下降至 $f(1^+)$。其中 $f(1^-)$ 是按式（6-10）计算的 $L_r = 1$ 时的 $f(L_r)$。

$$
f(1^+) = (\lambda + 0.5\lambda)^{0.5}
\tag{6-13}
$$

$$
\lambda = 1 + E\Delta\varepsilon/\sigma_y
\tag{6-14}
$$

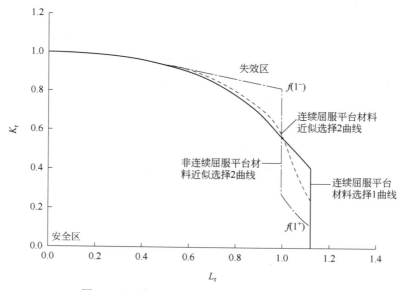

图 6-57　近似选择 2 曲线与选择 1 曲线的比较

这里 $\Delta\varepsilon$ 为屈服平台长度（图 6-58），其估计值为 $\Delta\varepsilon = 0.0375(1 - \sigma_y/1000)$。

式（6-12）中的 N 值及截断线与式（6-11）相同。

如果既无应力应变关系数据，又不知道其是否为非连续屈服（有屈服平台）材料，可根据材料屈服强度、材料化学组成及热处理方式按规范要求判断是否为不连续屈服材料。

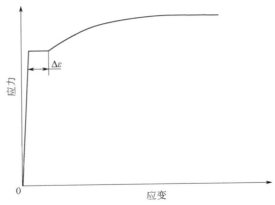

图 6-58　具有屈服平台的应力应变曲线

③ 选择 3　如果知道 J 积分，就可以进行选择 3 评定，选择 3 曲线为

$$\begin{cases} f(L_r) = (J/J_e)^{-1/2} & L_r \leqslant 1 \\ f(L_r) = 0 & L_r > L_r^{\max} \end{cases} \tag{6-15}$$

截断线为 $L_r^{\max} = \dfrac{1}{2}\left(1 + \dfrac{\sigma_b}{\sigma_y}\right)$。

式中，J 和 J_e 分别代表在同一载荷下用弹塑性分析和弹性分析得到的 J 积分值。该方程同时取决于材料性能和试样的几何形状，J 积分通常表示为 $J = K^2\left[E'f(L_r)^2\right]$。

（3）疲劳失效评定

应用失效评定图可对含裂纹焊接构件的临界条件及剩余强度进行预测。若给定初始裂纹尺寸，可依据 Prais 公式等模型计算裂纹扩展量，然后按有关规范分别计算评定点 K_r 和 L_r，并标在失效评定图（图 6-59）上，随着裂纹扩展，评定点不断接近失效评定曲线，评定点轨迹与失效评定曲线的交点为失效临界点。根据临界点可计算临界裂纹尺寸及临界载荷，根据临界点和安全点可预测剩余强度、剩余寿命及安全裕度。

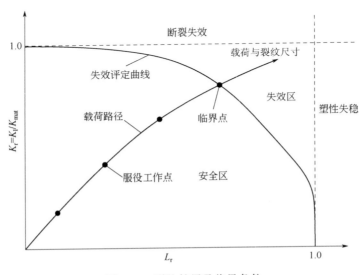

图 6-59　裂纹扩展及临界条件

根据评定点比值 K_r/L_r 可将失效评定图划分为不同的区域，表示具有潜在影响的参数在不同区域对失效的作用。对焊接构件疲劳裂纹扩展进行评定时，按照评定点轨迹的走向确定断裂主控参数，以此指导疲劳断裂控制设计。

若评定点位于失效评定图的安全区域，可以用载荷、缺陷尺寸、断裂韧性、屈服应力等参数来表征含裂纹结构安全裕度。

以载荷为依据的安全裕度为

$$F^L = \frac{有缺陷结构的极限状态载荷}{在评定状态下的施加载荷}$$

以缺陷尺寸为依据的安全裕度为

$$F^a = \frac{结构的极限缺陷尺寸}{在评定状态下的缺陷尺寸}$$

以断裂韧性为依据的安全裕度为

$$F^K = \frac{结构极限状态下的材料断裂韧性}{在评定状态下的材料断裂韧性}$$

以屈服应力为依据的安全裕度为

$$F^\sigma = \frac{结构极限状态下的材料屈服应力}{在评定状态下的材料屈服应力}$$

其中较常用的安全裕度为导致结构处于某一极限状态的载荷与评定条件下结构所受载荷之比值。安全裕度随裂纹扩展或服役时间的增长而降低，根据结构的安全性要求可确定裂纹扩展寿命，也可通过寿命期维护减缓安全裕度降低（图 6-60），从而保证结构的可靠性要求，达到延寿的目的。

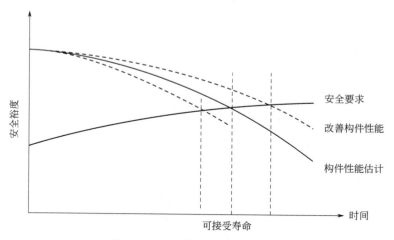

图 6-60　安全裕度随时间的变化

考虑材料性能和环境条件的统计分散性，评定点 (K_r, L_r) 是散布在 K_r-L_r 二维平面上的随机点，其二维概率密度为 $f(K_r, L_r)$，见图 6-61。给定缺陷尺寸 a_i 的条件下，评定点落在失效线以外的概率即为失效概率，可以表示为

$$P_f(a_i) = \iint f(K_r, L_r) dK_r dL_r$$

积分域为失效线以外的平面域 A_f。二维概率密度 $f(K_r, L_r)$ 与缺陷、载荷条件和材料特性的统计分布有关。

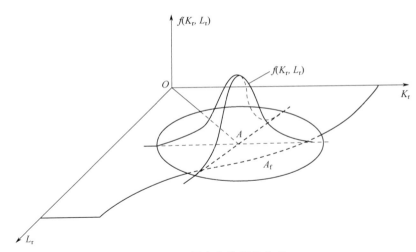

图 6-61　评定点的概率分布

参考文献

[1] GHOSH U K. Design of welded steel structures：principles and practice［M］. Boca Raton：Taylor & Francis Group，LLC，2016.

[2] TADEUSZ Ł. Lifetime Estimation of Welded Joints［M］. Heidelberg：Springer-Verlag Berlin Heidelberg，2008.

[3] LIPPOLD J C. Welding Metallurgy and Weldability［M］. Hoboken：John Wiley & Sons，Inc. 2015.

[4] ZERBST U，SCHÖDEL M，WEBSTER S，et al. Fitness-for-Service Fracture Assessment of Structures Containing Cracks［M］. Oxford：Elsevier Ltd.，2007.

[5] API RP 579-1/ASME FFS-1，Fitness-For-Service［S］.

[6] KOÇAK M，WEBSTER S，JANOSCH J J，et al. FITNET Fitness-for service（FFS）Procedure［S］. Geesthacht：GKSS Research Center，2008.

[7] ZERBST U，AINSWORTH R A，SCHWALBE K-H. Basic principles of analytical flaw assessment methods［J］. International Journal of Pressure Vessels and Piping，2000，77（14-15）：855-867.

[8] MOORE P，BOOTH G. The Welding Engineer's Guide to Fracture and Fatigue［M］. Cambridge：Elsevier Ltd.，2015.

[9] 张彦华，夏凡，段小雪. 焊接结构合于使用评定技术［J］. 航空制造技术，2011，（11）：54-56.

[10] 崔德刚，鲍蕊，张睿，等，飞机结构疲劳与结构完整性发展综述［J］. 航空学报，2021，42（5）：524394.

[11] 牛春匀. 实用飞机结构工程设计［M］. 程小全，译. 北京：航空工业出版社 2008.

[12] R/H/R6-ReV4，Assessment of the integrity of structures containing defects［S］.

[13] American Bureau of Shipping，Guide for Fatigue Assessment Of Offshore Structures［S］. American Bureau of Shipping，2020.

[14] KIRKHOPE K J，BELL R，CARON L，et al. Weld detail fatigue life improvement techniques，Part 1：review［J］. Marine Structures，1999，12（6）：447-474.

[15] KIRKHOPE K J，BELL R，CARON L，et al. Weld detail fatigue life improvement techniques，Part 2：application to ship structures［J］. Marine Structures，1999，12（6）：477-496.

[16] Al-KARAWI H. Fatigue design and assessment guidelines for high-frequency mechanical impact treatment applied on steel bridges［J］. Welding in the World，2023，67：1809-1821.

[17] HAAGENSEN P J，MADDOX S J. IIW recommendations on methods for improving the fatigue strength of welded joints [M]. Cambridge：Woodhead Publishing Limited，2013.

[18] MARQUIS G B，BARSOUM Z. IIW Recommendations for the HFMI Treatment For Improving the Fatigue Strength of Welded Joints [M]. Singapore：Springer Science＋Business Media Singapore，2016.